Süd- und Mittelamerika sowie Karibik – physisch

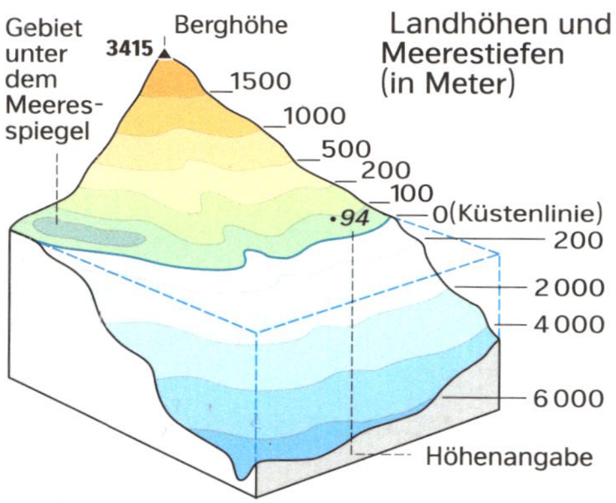

Gewässer

- Fluss
- periodischer Fluss
- Kanal
- See
- Salzsee
- Salzpfanne
- Sumpf, Moor

Ballungsräume, Orte

Einwohner

- über 10 000 000
- 5 000 000 – 10 000 000
- 1 000 000 – 5 000 000

108 Seite im Schulbuch

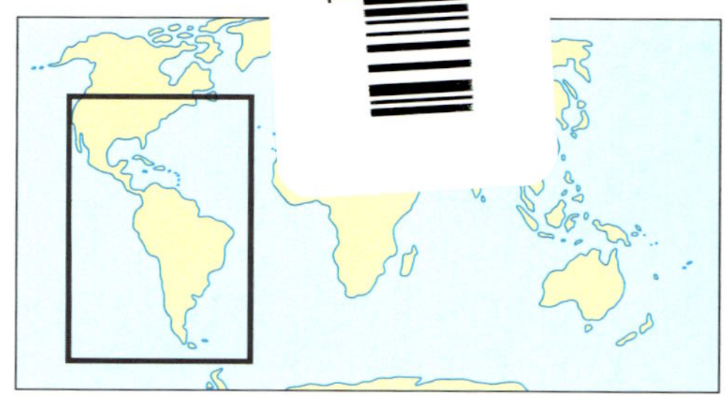

Maßstab 1 : 38 000 000

Wie man mit Diercke Geographie 10 arbeitet

Diese grün unterlegte Fläche zeigt immer einen **Impulstext,** mit dem Sie in ein neues Thema eingeführt werden. Er stellt Ihnen eine Aufgabe, die Sie mit den Materialien auf der Seite lösen sollen.

INFO

Solche **Infokästen** geben Ihnen in knapper Form zusätzliche Informationen.

Es gibt in Ihrem **Diercke** verschiedene Typen von Materialien, mit denen Sie arbeiten können:

1. **Texte** geben Ihnen Sachinformationen zu einem bestimmten Thema.
2. **Grafiken** zeigen Ihnen vereinfacht den vielschichtigen Charakter eines Sachverhalts.
3. **Karten** helfen Ihnen, sich zu orientieren und wichtige Informationen zu einem bestimmten Raum anzueignen.
4. **Diagramme** veranschaulichen Ihnen Datenmaterial und können Strukturen und Entwicklungen aufzeigen.
5. Auch **Fotos** (M4) und **Tabellen** (M2) sind wichtig.

M1 Fertigkeiten und Kompetenzen entwickeln

M4 Fotos bringen die Wirklichkeit näher und verdeutlichen oft geographische Sachverhalte (hier: Kernsprung)

Landwirtschaftliche Produkte (1975 / 2018)	Tschad	Mali	Burkina Faso
Rinderbestand in Mio.	3,3 / 29,1	3,5 / 11,4	2,5 / 9,8
Anbaufläche Baumwolle in Hektar	331 962 / 120 000	87 411 / 577 841	68 005 / 473 375
Anbaufläche Hirse in Hektar	508 000 / 1 138 787	451 000 / 1 346 544	1 138 390 / 1 907 650

M2 Tabellen geben Zahlenmaterial geordnet wieder und dienen der Beschreibung von Zuständen und Entwicklungen

GeoMethode

Mit GeoMethoden arbeiten

1. Über die Seiten verteilt finden Sie immer wieder GeoMethoden.
2. Diese machen Vorschläge, wie Sie systematisch geographisch arbeiten können.

1. Auf den Karten im **Einband** finden Sie die Orte und Gebiete eingetragen, die in den einzelnen Kapiteln vorkommen.
2. Vor jedem Hauptkapitel führt Sie eine **Auftaktseite** mit großformatigem Bild und den Hauptkompetenzen in die jeweilige Thematik ein.
3. Am Ende eines Hauptkapitels können Sie Ihre erworbenen Kompetenzen auf einer **Kompetenzcheck**-Seite unter Beweis stellen. Außerdem befinden sich dort zusätzliche Kartenteile zur Orientierung und zum Üben.
4. Ein **Mini-Lexikon** auf den letzten Seiten erklärt Ihnen kurz und knapp die wichtigsten Grund- und Fachbegriffe.

M3 Was Sie sonst noch über dieses Buch wissen sollten – ein Schulbuchexperte zählt auf

❶ Arbeitsaufträge und Aufgaben versuchen, Sie beim Arbeiten anzuleiten, aber sollen Ihnen auch ermöglichen, die erworbenen Fertigkeiten und Fähigkeiten zu üben und zu festigen.

GeoKompakt

GeoKompakt bringt die fachlichen Ergebnisse aus der Bearbeitung einer Doppelseite auf den Punkt.

GeoPlus

GeoPlus ist ein Auftrag, der das behandelte Thema vertieft und durch neue Impulse erweitert.

Leben in der Einen Welt 6

Eine Welt – unterschiedliche Entwicklungen, unterschiedliche Lebensrealitäten? 8
Eine Welt – ungleiche Entwicklungsstände 10
Eine Welt – Unterschiede in der soziokulturellen Entwicklung 12
Entwicklungszusammenarbeit – ein Ziel, viele Wege 14
Entwicklungszusammenarbeit – Disparitäten ausgleichen 16
Kompetenzcheck: Klassifizierung von Ländern nach ihrem Entwicklungsstand – digitale Karten selbst erstellen 18
Kartenteil des Kapitels 20

Klima- und Vegetationszonen der Tropen und Ariden Subtropen 22

Vom Äquator zu den Wendekreisen – Tropen und Aride Subtropen 24
In den Immerfeuchten Tropen 26
In den Ariden Subtropen 28
Die Passatzirkulation – Windsystem der Tropen 30
ITC und Zenitalregen 32
Ökosystem tropischer Regenwald 34
Das Ökosystem der Savannen 36
Das Ökosystem der subtropischen Wüsten 38
Klima- und Vegetationszonen der Erde 40
Kompetenzcheck: Kreisläufe und Wirkungsgefüge in unterschiedlichen Ökozonen 42
Kartenteil des Kapitels 44

Traditionsreicher Kulturraum im Spannungsfeld aktueller Geopolitik – Nordafrika, Naher und Mittlerer Osten 46

Der Orient – einheitlicher Raum oder Konstrukt? 48
Der Orient – ein einheitlicher Kulturraum auf zwei Kontinenten? 50
Die orientalische Stadt – Spiegel der Kultur und Geschichte 52
Nomadismus – traditionelle Wirtschaftsweise im Wandel? 54
Oasen – grüne Inseln in der Wüste 56
Wüsten werden grün durch Wasser aus der Tiefe 58
Das Niltal – die längste Oase der Welt 60
Naher Osten – Konfliktstoff Wasser 62
Erdöl – Entwicklungsfaktor mit geopolitischer Bedeutung 64
Groß, größer, Dubai – Metropole auf Sand gebaut? 66
Nordafrika und Naher Osten – Konflikte ohne Ende? 68
Migration in Nordafrika und im Nahen Osten 70
Kompetenzcheck: Mit geographischen Modellen arbeiten 72
Kartenteil des Kapitels 74

Entwicklungsperspektiven in tropischen Räumen – Afrika südlich der Sahara 76

Die Großlandschaften Afrikas 78
Klima- und Vegetationszonen in Afrika südlich der Sahara 80
Afrika südlich der Sahara – Aufbruch in eine bessere Zukunft? 82
Nutzungskonflikte in der Landwirtschaft der wechselfeuchten Savannen 84
Mystery Teil 1: Warum soll es in der Sahelzone eine grüne Mauer geben? 86
Mystery Teil 2: Warum soll es in der Sahelzone eine grüne Mauer geben? 88
Niger – Bevölkerungswachstum und nachhaltige Entwicklung 90
Nigeria – eine Nation, viele gesellschaftliche Herausforderungen 92
Nigerias Erdöl – Entwicklungspotenzial oder -hemmnis? 94
Botsuana – Umsetzung von Millenniumszielen durch wirtschaftlichen Aufschwung 96
Tansanias Landwirtschaft – neue Wege, alte Probleme 98

Chinesische Direktinvestitionen – Hoffnung für Afrika? 100

Kompetenzcheck: Geographisches Fachreferat zu einem Projekt deutscher Entwicklungszusammenarbeit mit Ländern Afrikas südlich der Sahara 102

Kartenteil des Kapitels 104

Herausforderungen der Entwicklung in tropischen Räumen – Mittel- und Südamerika, Karibik 106

Die Naturräume Mittel- und Südamerikas und der Karibik 108

Klima- und Vegetationszonen in Südamerika 110

Höhenstufen in den Anden – vom Regenwald ins ewige Eis 112

Landwirtschaft im tropischen Regenwald – von der Landwechselwirtschaft zum Dauerfeldbau 114

Tropische Früchte aus den Plantagen Mittel- und Südamerikas für den Weltmarkt 116

Amazonien – ein Naturraum wird erschlossen 118

Amazonien – Ressourcennutzung und die Folgen 120

Die Regenwälder Amazoniens – bedroht und geschützt 122

São Paulo – von der Kolonialstadt zur Megastadt 124

São Paulo – Stadt mit Gegensätzen 126

Probleme der Megacitys – nachhaltige Stadtentwicklung als Lösung? 128

Weiße Strände und Palmen – Segen oder doch Fluch der Karibik? 130

Tropische Wirbelstürme – Urlaubsparadiese der Karibik und ihre Anfälligkeit 132

All-inclusive, Kreuzfahrt, Rucksack oder? Welche Art von Reise soll es sein? 134

Kompetenzcheck: Länderporträt Costa Ricas 136

Kartenteil des Kapitels 138

Klima im Wandel 140

Das Klima verändert sich – beständig 142

Der natürliche Treibhauseffekt 144

Extraterrestrische Ursachen von Klimaänderungen 146

Terrestrische Ursachen von Klimaänderungen 148

Der anthropogene Treibhauseffekt – wie der Mensch das Klima beeinflusst 150

Klimaszenarien und Extremwetterereignisse 152

Geoökosystem und Mensch: Wer passt sich wem an? 154

Die Folgen des globalen Klimawandels im Überblick 156

Anthropogener Klimawandel – Positionen und Meinungen 158

Klimaschutz – global, national und innovativ 160

Kompetenzcheck: Klimawandel und -schutz global bis lokal 162

Kartenteil des Kapitels 164

Anhang

Arbeitsaufträge richtig verstehen 166

Maße, Gewichte und andere Einheiten 167

Methoden und Arbeitsweisen der Jahrgangsstufe 10 168

Klimatabellen 170

Lexikon aus den Jahrgangsstufen 5 und 7 172

Lexikon der Jahrgangsstufe 10 178

Bildquellenverzeichnis 184

Leben in der Einen Welt

Wir sind Eine Welt

In diesem Kapitel erfahren Sie ...

... wie die Lebensrealitäten von Kindern und Jugendlichen in Ländern mit unterschiedlichem Entwicklungsstand aussehen,

... wie man Regionen unterschiedlichen Entwicklungsstandes anhand kartographischer Darstellungen und Statistiken charakterisieren kann,

... welche Merkmale und Indikatoren zur Bestimmung des Entwicklungsstandes von Ländern herangezogen werden,

... wie man diese Merkmale und Indikatoren kritisch hinterfragen sollte,

... wie man zur Einsicht gelangt, dass die ungleiche Entwicklung in der Einen Welt Entwicklungszusammenarbeit benötigt,

... wie man komplexere geographische Sachverhalte anhand digitalen und interaktiven Kartenmaterials analysiert.

M1 Selection of Top 50 "first world problems"

Eine Welt – unterschiedliche Entwicklungen, unterschiedliche Lebensrealitäten?

Rund 2,3 Milliarden Kinder und Jugendliche lebten 2020 auf unserer „Einen Welt". Doch inwieweit sind die Lebensumstände dieser Kinder und Jugendlichen in den verschiedenen Regionen der Welt vergleichbar?

INFO

Entwicklung bedeutete früher vor allem wirtschaftliches Wachstum, technologischen Fortschritt und materiellen Wohlstand. Heute umfasst dieser Begriff die Schaffung von befriedigenden Lebensbedingungen, Menschenwürde, Gleichberechtigung, Sicherheit, Gerechtigkeit sowie von einer nachhaltigen Entwicklung, die den Bedürfnissen der heute lebenden Menschen entspricht, ohne die Möglichkeiten künftiger Generationen zu gefährden.

1 Mit neun Jahren wurde Ahmed von seinem älteren Bruder aus einem Armutsviertel Gizehs nach Kairo mitgenommen, um dort in einer Werkstatt Hilfsarbeiten zu verrichten, zu putzen und Tee für die Arbeiter zu kochen. Zwar war er ein paar Jahre zur Schule gegangen, allerdings ohne einen Abschluss zu erzielen. Doch die demütigende und anstrengende Kinderarbeit erweckte seinen Ehrgeiz. Mit 16 Jahren ging er zurück zur Schule und als er anfing, bei einem Elektriker zu lernen, besuchte er die Abendschule. Heute, 23-jährig, verdient er als Elektriker ein Einkommen, das gerade für seinen Lebensunterhalt reicht. Obwohl Ahmed seine eigene Zukunft optimistisch einschätzt, sieht er Ägyptens Zukunft aufgrund der hohen Inflation, der Bevölkerungsexplosion und des Wohnungsmangels nicht so rosig. Zudem beunruhigt ihn der Sittenverfall. Er, der ein Mädchen immer so wie seine Schwester behandeln würde, stellt entsetzt fest, dass manche Männer Mädchen verbal, aber auch handgreiflich belästigen. Zudem herrscht eine hohe Jugendarbeitslosigkeit, obwohl Ägypten mit seiner Bauwirtschaft, Textilindustrie und seinem Tourismus mit 4 % ein deutliches Wirtschaftswachstum aufweist. Wie viele seiner Altersgenossen hat auch Ahmed den Wunsch, in die Golfstaaten zu migrieren und dort genug zusammenzusparen, um nach einigen Jahren in ein politisch stabiles Ägypten zurückzukehren, ein eigenes Geschäft aufzubauen und eine Familie zu gründen.

1. Arbeiten Sie aus den Schilderungen der Jugendlichen (M2) deren jeweilige Lebensumstände und -ziele heraus.
2. Ordnen Sie die Bedürfnisse der Jugendlichen (M2) entsprechend in die Pyramide nach Maslow (M3) ein.
3. Wählen Sie aus M3 drei Aspekte aus, die Ihnen in Ihrer derzeitigen Situation am wichtigsten sind, und begründen Sie Ihre Entscheidung.
4. Diskutieren Sie in der Klasse mögliche Unterschiede und Gemeinsamkeiten Ihrer Lebensrealität im Vergleich mit der der Jugendlichen aus M2.

2 Mutia (24) kam in einer Hütte im Dorf Musalala bei Nairobi zur Welt. Eine Hebamme half bei der Geburt. „Meine nächste Sorge" nannte ihn seine Mutter, denn die Familie war sehr arm. Seine Geschwister nennen ihn Boss, denn er sorgt heute für sie.

Den Weg vom armen Bauernkind zum Studenten der Ökonomie ermöglichte ihm eine deutsche Hilfsorganisation, die das Schulgeld und den Aufenthalt im Internat bezahlte. So konnte er am Kaimosi Friends College nahe Kisumu studieren. Dort kochte er in seinem Studentenzimmer, besaß einen Plastikteller, eine Bratpfanne und ein Moskitonetz. Mit 50 Studenten teilte er sich einen Brunnen und eine Toilette. Für Partys oder um ins Kino zu gehen fehlte ihm das Geld. Den Tag verbrachte er an der Uni und ging vor Sonnenuntergang nach Hause, denn es wäre zu gefährlich gewesen, nachts mit Computer und Handy durch den Ort zu laufen. Die wichtigste Verbindung zur Welt war sein Smartphone. Damit verwaltete er sein Geld, kontaktierte seine Freunde in den sozialen Netzwerken, erfuhr seine Prüfungsergebnisse, las Manuskripte und in der Bibel. Heute arbeitet er in einer Bank und hofft, eine Frau zu heiraten, die die Kinder großzieht und die Hausarbeit verrichtet.

3 Jôane (22) war noch nie in einer Disco, hat kein Bankkonto, schläft in einer Hängematte und schaut dabei in die Sterne. Aber als arm empfindet sie sich nicht, denn sie liebt ihre Heimat, den Regenwald Amazoniens. Sie kennt jede Pflanze, jede Tierart. Ganz nah liegt ihre Badestelle mit glasklarem Wasser, in die Stadt braucht sie hingegen vier Stunden mit dem Schnellboot. Im einzigen Dorfladen gibt es nur Reis, Bohnen und Wasser. Alles andere wie Früchte, Maniok, Fleisch und Fisch schenkt ihr die Natur. Wenn der Stromgenerator läuft, können die Dorfbewohner am Computer arbeiten oder ihre Handys laden. Jôane programmiert dann Apps oder repariert Smartphones mit großem technischen Talent. Jôanes Mutter ist Lehrerin in der Dorfschule. Wie ihren anderen vier Kindern hat sie auch Jôanes Studium in Manaus finanziert. Doch dort hielt es Jôane nicht lange aus und kehrte nach Hause zurück. Ein winziges Zimmer im 11. Stock eines Hochhauses, Verkehrslärm, Straßengangs und Drogendealer, für Eier bezahlen zu müssen und den Stress, den die Städter ertragen, kannte sie bisher nicht. In der Stadt fühlte sie sich zum ersten Mal in ihrem Leben arm. Doch sie will im Augenblick ihr Leben mit der Natur genießen und nicht über ihre Zukunft grübeln.

M2 Drei junge Erwachsene (Text 1, 2, 3) in der Einen Welt – wie sie fühlen, was sie wollen

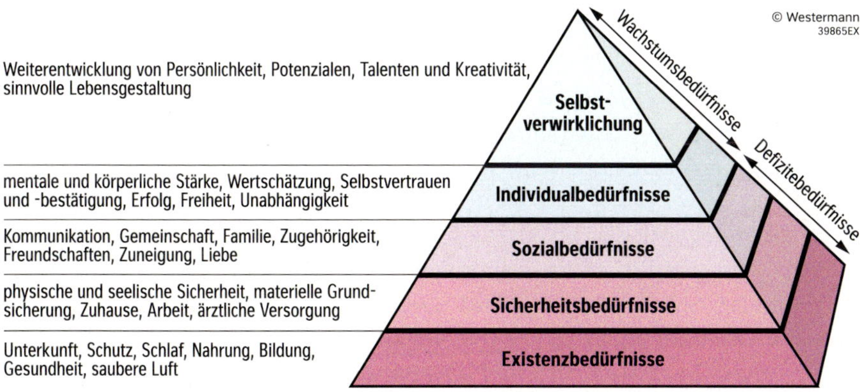

M3 Die Bedürfnispyramide nach Maslow

GeoKompakt

Kinder und Jugendliche weltweit suchen generell die Erfüllung ihrer Existenz-, Sicherheits- und Sozialbedürfnisse. Alltagsprobleme, über die man sich in den Industrieländern mitunter beschwert, erscheinen im Vergleich zu den grundlegenderen Problemen von Menschen, die um ein selbstbestimmtes und menschenwürdiges Leben bangen, banal und unreflektiert.

M1 Rio de Janeiro, Brasilien – lokale Disparitäten

INFO

Vereinfachte Klassifizierung von Ländern nach Entwicklungsstand

Industrieland: Land mit hohem Grad an industrieller Produktion, Dienstleistungen und Wohlstand

Schwellenland: Land meist aufgrund wirtschaftlichen Fortschritts auf der „Schwelle" zum Industrieland

Entwicklungsland: Land im Vergleich mit Industrieländern mit starken Defiziten hinsichtlich wirtschaftlicher, sozialer und politischer Entwicklung

1 Gestalten Sie entsprechend M2 jeweils Kärtchen für Länder, z. B. aus dem Nahen und Mittleren Osten, Afrika bzw. Südamerika. Erklären Sie, warum man die Indikatoren dieser Länder aus unterschiedlichen Erdteilen nicht ohne Weiteres vergleichen kann.

Eine Welt – ungleiche Entwicklungsstände

Wenn Volkswirte vom Bruttonationaleinkommen (BNE) sprechen, meinen sie damit eine der wichtigsten Kennzahlen zur Messung der wirtschaftlichen Leistungsfähigkeit eines Landes. Können Indikatoren wie das BNE aber den wirklichen Entwicklungsstand eines Landes widerspiegeln?

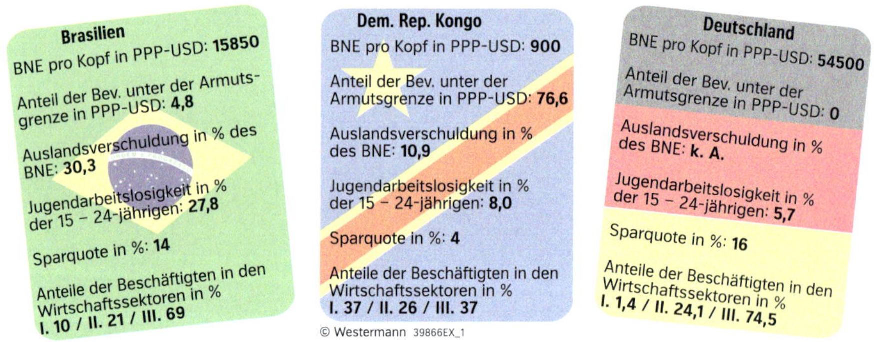

M2 Ökonomische Indikatoren ausgewählter Länder – nationale Disparitäten (2019, Fischer WA)

Zur Messung von Entwicklungsstand und Wirtschaftskraft der Länder unserer Erde verwendet die Weltbank als Indikator, also als messbare Kennzahl, das durchschnittliche **Bruttoinlandsprodukt** (BIP), neuerdings das **Bruttonationaleinkommen** (BNE) pro Kopf in PPP-US-Dollar (**Kaufkraftparität**, engl. purchasing power parity). Ein weiterer ökonomischer Indikator ist beispielsweise die **Sparquote** der Bevölkerung, die in Ländern mit Entwicklungsdefiziten sehr gering ist. Um Entwicklungsdefizite beschreiben zu können, wurde der Indikator der **absoluten Armut** eingeführt. Hierbei wird der Anteil der Menschen berechnet, die unter der Armutsgrenze leben. Das Konzept des Ländervergleichs mittels BNE und anderer ökonomischer Indikatoren unterliegt heute starker Kritik, weil man davon ausgeht, dass das Wohlergehen eines Staates und seiner Bewohner nicht allein von wirtschaftlichen Einflussgrößen abhängen kann. Andere Faktoren, wie z. B. Ausbildungsstand, soziale Leistungen, nachhaltige wirtschaftliche Entwicklung und vieles andere mehr, werden dabei nicht berücksichtigt.

M3 Ökonomie – entscheidende Klassifizierung von Staaten?

Korrespondent: Mit einem BNE von 900 US-Dollar pro Kopf zählt Ihr Land zu den ärmsten Ländern der Erde. Und über 70 Prozent Ihrer Bevölkerung leben unter der Armutsgrenze.
Minister: Gemessen am BNE, das nur marktwirtschaftlich erfasste Güter und Dienstleistungen berücksichtigt, stimmt das. Aber in unserem durch Landwirtschaft geprägten Land herrschen größtenteils Subsistenzwirtschaft, Schattenwirtschaft und Tauschhandel, die in unserer wirtschaftlichen Gesamtbilanz nicht auftauchen. Unser größter Produktions- und Beschäftigungsbereich, die Landwirtschaft, ist sehr arbeitsintensiv. Daher arbeiten dort meist statistisch nicht erfasste Familienmitglieder. Wegen der teils widrigen natürlichen Anbaubedingungen, aber auch aufgrund von veralteten Produktionsmethoden bleiben die Erträge, die vor allem der Selbstversorgung dienen, gering und erzielen so keine große gesamtwirtschaftliche Wertschöpfung.
Korrespondent: Wie geht es dann der städtischen Bevölkerung Ihres Landes?
Minister: In den Städten hat der reguläre Arbeitsmarkt nur eine sehr begrenzte Aufnahmefähigkeit. Die Arbeitslosigkeit ist hoch. Immer mehr Menschen arbeiten im **informellen Sektor**. Sie versuchen mit Tätigkeiten, die keine besondere Qualifikation erfordern, ihren Lebensunterhalt zu verdienen. Dies ist zwar illegal, wird aber von uns zur Wahrung des sozialen Friedens und als wichtige Einnahmequelle der armen Bevölkerung weder verfolgt noch verboten. Da dieser informelle Sektor volkswirtschaftlich überhaupt nicht erfasst wird, taucht er auch nicht im BNE auf.

M4 Aus einem Interview mit dem Innenminister der D. R. Kongo

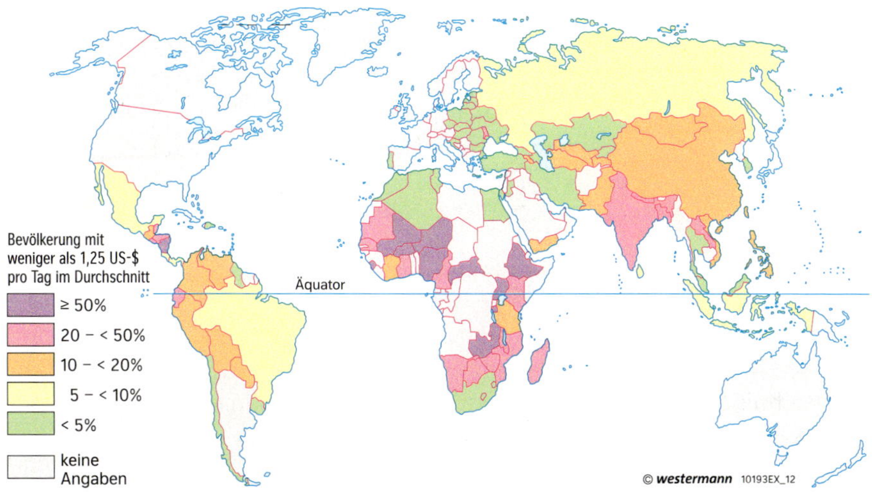

M5 Absolute Armut – globale Disparitäten (2019)

GeoKompakt

Zur Bestimmung des Entwicklungsstandes werden oftmals ökonomische Daten herangezogen. Konkrete Zahlen, sogenannte Indikatoren, bilden eine vergleichbare Datengrundlage. Eine geringe Wirtschaftskraft sowie eine oft ungleiche Verteilung des Einkommens sind Merkmale vieler Länder mit Entwicklungsdefiziten. Um ein zuverlässiges Bild zu gewinnen, sollte man eine möglichst große Zahl von Indikatoren heranziehen und zueinander in Beziehung setzen.

INFO

Absolute Armut
Der Weltbank folgend liegt die absolute Armutsgrenze bei 1,90 USD (Kaufkraft) pro Tag. Menschen mit geringerem Einkommen können ihre Grundbedürfnisse nicht mehr befriedigen, d. h. sie können sich eine erforderliche Ernährung sowie lebenswichtige Bedarfsartikel des täglichen Lebens nicht mehr leisten.

2 Beurteilen Sie die Aussagekraft des Indikators BNE pro Kopf in PPP-US-Dollar und erläutern Sie, inwieweit rein wirtschaftliche Indikatoren zur Klassifizierung des Entwicklungsstandes von Ländern genügen.

3 Erläutern Sie mithilfe von M1 und den Daten in der Karte 1 (→ S. 20) die Bedeutung und Funktion des Gini-Koeffizienten zur ökonomischen Klassifizierung des Entwicklungsstandes von Staaten.

GeoPlus
In Deutschland gibt es keine absolute Armut. Diskutieren Sie, warum aber sowohl die relative als auch die individuell gefühlte Armut hierzulande immer mehr zunehmen.

Eine Welt – Unterschiede in der soziokulturellen Entwicklung

Im Jahr 2020 betrug die durchschnittliche Lebenserwartung der Bevölkerung in Bolivien 69, in Marokko 76, in Côte d'Ivoire sogar nur 54 und in Deutschland hingegen 81 Jahre. Wozu werden Indikatoren dieser Art verwendet und warum kommt es auf unserer Einen Welt zu solch starken Unterschieden?

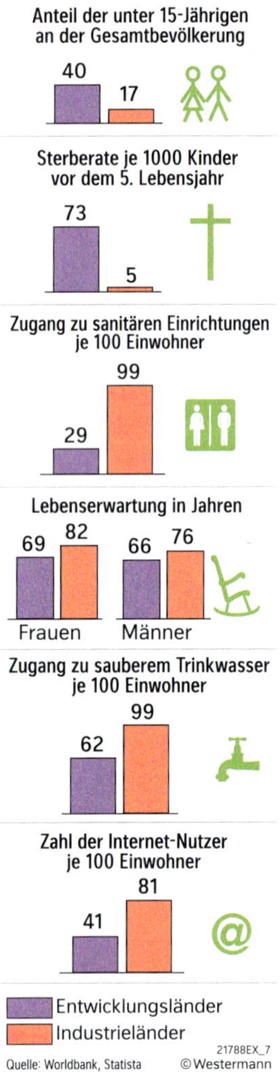

M1 Gesellschaftliche und demographische Indikatoren im Vergleich

Um ein umfassenderes Bild vom Entwicklungsstand bzw. den Lebensbedingungen der Menschen eines Landes zu gewinnen, genügen allein wirtschaftliche Indikatoren wie das BNE nicht, sondern es müssen auch gesellschaftliche und demographische Merkmale herangezogen werden. Daher entwarf im Jahr 1990 das „United Nations Development Programm (UNDP)" einen Index, mit dem der „Grad der menschlichen Entwicklung" eines Landes ermittelt und in eine Rangfolge aller Länder eingeordnet werden kann. In diesen Human Development Index (HDI) fließen drei Merkmale ein: Lebenserwartung, Bildungsniveau und Bruttonationaleinkommen pro Kopf. Zur Berechnung des HDI werden die Werte für die drei Einzelindikatoren auf einer Skala von 0 (Mindestwert) bis 1 (Höchstwert) eingetragen. Im Falle der Lebenserwartung beispielsweise beträgt der niedrigste Wert 25 Jahre, der oberste Wert 85 Jahre. Der rechnerische Mittelwert aus den drei Einzelwerten ergibt dann den HDI.
Ein großer Vorteil des HDI ist, dass die Bedeutung von Bildung und Gesundheit für die menschliche Entwicklung in den Vordergrund gestellt wird. Die jährliche Veröffentlichung eines Weltentwicklungsberichts der Weltbank mit den entsprechenden HDIs erlaubt einen aktuellen Vergleich des Entwicklungsstandes von Ländern. Er gibt auch Auskunft über den Fort- bzw. Rückschritt eines Landes hinsichtlich seiner menschlichen Entwicklung und kann so die Effizienz von Fördermaßnahmen bzw. Entwicklungszusammenarbeit überprüfen. Der HDI berücksichtigt allerdings nicht andere wichtige Kriterien wie ökologische Bedingungen, die Menschenrechtssituation, den informellen Sektor oder die Stellung von Minderheiten.

M2 Der Human Development Index (HDI)

1. Erörtern Sie Aussagekraft und Nutzen der Klassifizierung der Länder nach dem HDI-Index (M2, 3).

2. Erstellen Sie anhand von M4 eine Rangfolge der Länder mit den jeweils höchsten und niedrigsten HDI-Werten für Europa, Afrika und Südamerika.

3. Ordnen Sie den Ziffern im Wirkungsgefüge zum Entwicklungsdefizit Armut (→ S. 21, M1) die entsprechenden Begriffe zu. Entwerfen Sie selbst mit Hilfe von M2 (→ S. 21) ein Wirkungsgefüge, z. B. zum Entwicklungsdefizit in den Bereichen Gesundheit, Bildung oder Ernährungssituation.

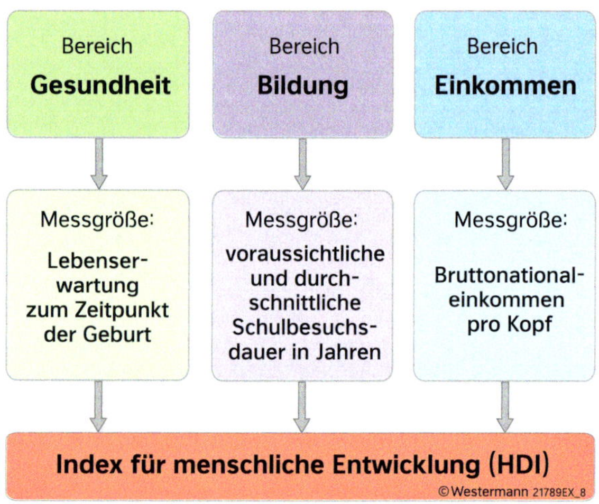

M3 Merkmale und Indikatoren des HDI

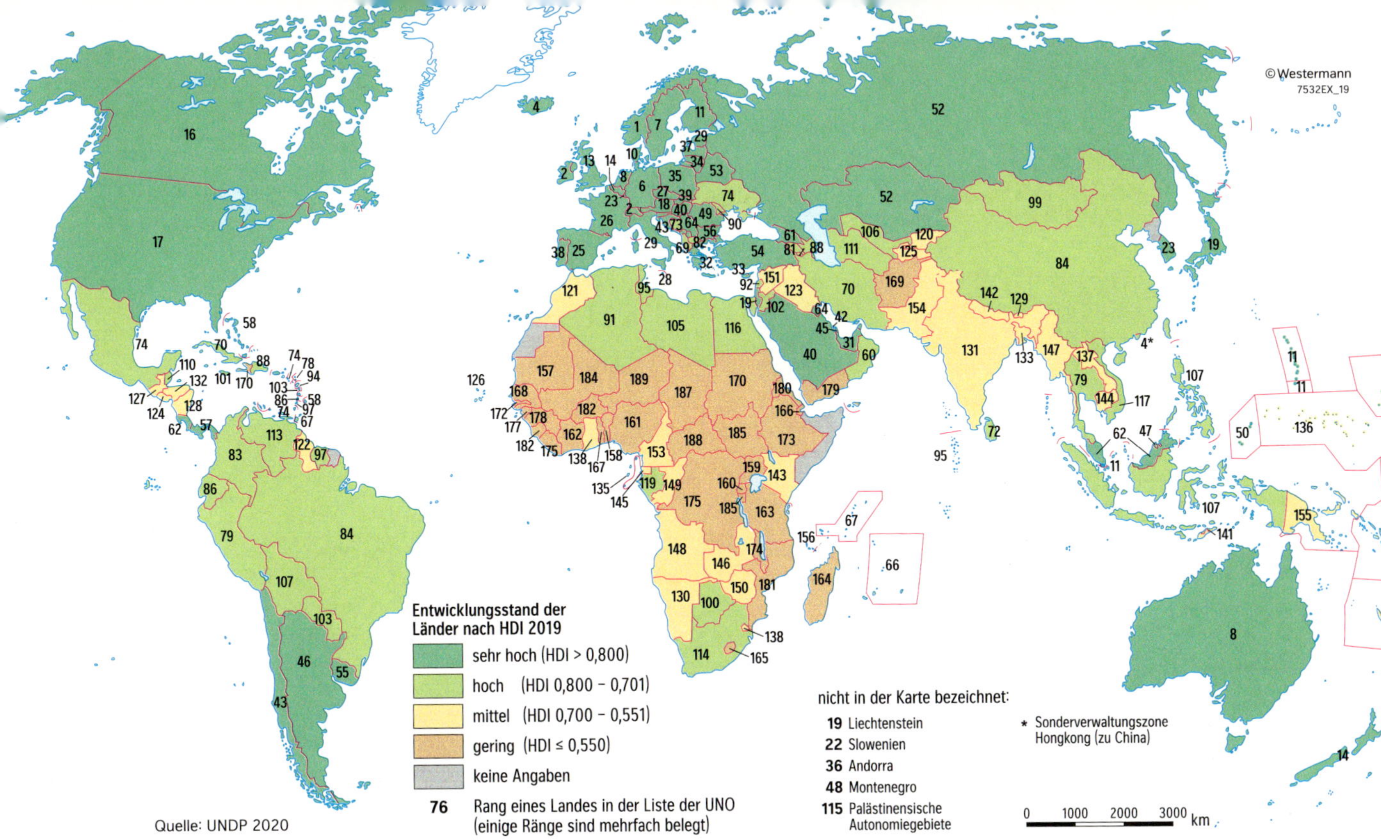

M4 Lebensbedingungen nach dem Human Development Index (2019)

Kinder bedeuten in vielen entwicklungsdefizitären Ländern immer noch soziale Absicherung, günstige Arbeitskräfte und gesellschaftliches Ansehen. Die hohen Geburtenraten bei gleichzeitig rückläufigen Sterberaten im Zuge des medizinischen Fortschritts und zunehmender Hygiene führen zu vielfältigen Herausforderungen. Das betrifft beispielsweise die Bereitstellung von Nahrungsmitteln, Wohnraum, Bildungseinrichtungen, Arbeitsplätzen und Infrastruktur.

Dem UN-Umweltprogramm UNEP zufolge finden derzeit die gravierendsten Umweltschäden durch Artensterben, Bodenerosion bzw. -degradation und Waldrodung in Ländern mit starken Entwicklungsdefiziten statt. Sie sind Folge einer Übernutzung der verfügbaren Boden-, Wasser- und Vegetationsressourcen, um den Nahrungs- und Energiebedarf der wachsenden Bevölkerung zu decken. Zudem weisen diese Länder in ihren Metropolen eine extreme Luftverschmutzung bzw. hohe CO_2-Emissionen pro Kopf auf.

Die Rückständigkeit vieler Entwicklungsländer ist oft das Ergebnis des Unvermögens schwacher bzw. autoritärer Regime (**Bad Governance**). In vielen Ländern spielen Gerechtigkeit, Achtung der Menschenrechte und Rechtsstaatlichkeit eine noch untergeordnete Rolle.
Zudem führen korrupte Strukturen zur unsachgemäßen Verwendung von Staatseinnahmen und Hilfsgeldern. Die Bevölkerung leidet mancherorts unter inner- und zwischenstaatlichen Konflikten, die neben wirtschaftlichen Schäden auch zu Folter, Misshandlung, Tod, Flucht und Vertreibung führen können.

M5 Demographische, ökologische, politische Ursachen und Probleme für Entwicklungsdefizite

GeoKompakt

Um Länder nach dem Grad der menschlichen Entwicklung einzuordnen, berechnen die UN jährlich den „Human Development Index" (HDI). In die Berechnung des HDI fließen neben dem Pro-Kopf-Einkommen die Lebenserwartung und das Bildungsniveau ein. Um die Entwicklungsdefizite von Ländern noch besser vergleichen zu können, muss man noch zusätzlich demographische, ökologische und politische Merkmale heranziehen.

M1 Durch Zusammenarbeit Ziele erreichen

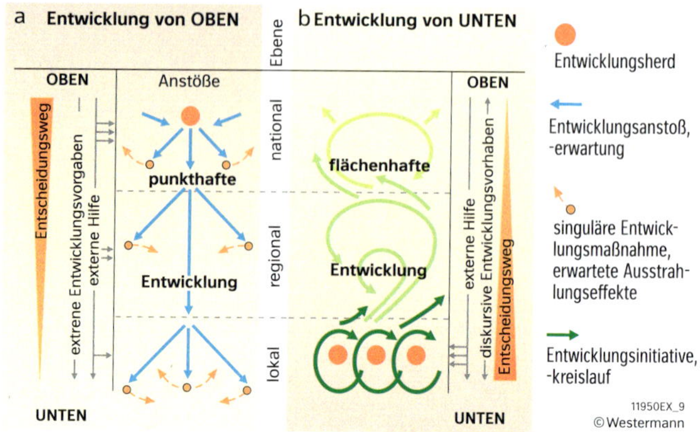

M5 Modelle der Entwicklung

INFO

Entwicklungszusammenarbeit bedeutet, dass durch gemeinsames Handeln gleichberechtigter Akteure wirtschaftliche, soziale und ökologische Entwicklungsdefizite weltweit verringert werden, um allen Menschen in der Einen Welt eine lebenswerte Gegenwart, aber auch eine nachhaltige Zukunft zu ermöglichen.

1 Stellen Sie in einem Kurzvortrag jeweils eines der drei Leitbilder der Entwicklungspolitik vor.

2 Erläutern Sie den Unterschied zwischen Entwicklungshilfe und Entwicklungszusammenarbeit.

3 Ordnen Sie die in M5 dargestellten Modelle der Entwicklung a und b jeweils einem Leitbild der Entwicklungspolitik (M3, M4) zu, indem Sie die darin dargestellten Maßnahmen erläutern.

Entwicklungszusammenarbeit – ein Ziel, viele Wege

In den 1960er-Jahren bestand Entwicklungspolitik darin, dass reiche Industrienationen den weniger entwickelten Ländern Geld und Güter zukommen ließen. Finden Sie heraus, wie sich die Entwicklungspolitik im Laufe der Zeit wandelte und welche veränderte Denkweise die Begriffe Entwicklungshilfe und Entwicklungszusammenarbeit widerspiegeln.

Um die Lebensverhältnisse der Menschen weltweit zu verbessern und dabei globale Probleme zu lösen, bedarf es der Anstrengung aller Staaten in der Einen Welt. Generelle Aufgabe der Entwicklungspolitik ist es daher, auf der Grundlage von wissenschaftlichen Theorien realisierbare Strategien zu entwickeln, hierfür Ziele festzulegen und diese mit geeigneten Maßnahmen umzusetzen.

M2 Entwicklungspolitik

Ziele: nachholende Entwicklung durch wirtschaftliches und technisches Wachstum auf das Niveau der Industrieländer sowie die Integration in die Weltwirtschaft und den Welthandel
Instrumente: Kapitalhilfe und Technologietransfer von außen
Maßnahmen: Bau industrieller, infrastruktureller oder touristischer Großprojekte in sogenannten Wachstumspolen sowie Aufbau des Bildungs- und Gesundheitswesens mit der Hoffnung auf positive Auswirkungen für die gesamte Bevölkerung und die peripheren Räume (*Trickle-Down-Effekt*)
Kritik: kaum Durchsickereffekte, Verstärkung der räumlichen und sozialen Disparitäten, steigende Auslandsverschuldung durch Import von Maschinen und Gütern

M3 Leitbild der 1950/60er-Jahre: Modernisierung

Ziele: Überwindung von Armut durch Befriedigung von Grundbedürfnissen (Nahrung, Kleidung, Unterkunft, Gesundheit, Bildung, Rechtssicherheit, Infrastruktur), Aktivieren des Potenzials der Menschen (*Bottom-up*)
Instrumente: finanzielle, personelle und technische Anstöße von außen, Programme zur Aus- und Weiterbildung, Gesundheitsvorsorge, Kleinkreditvergabe
Maßnahmen: Förderung von Eigeninitiative und Selbstorganisation (Hilfe zur Selbsthilfe), produktive Nutzung lokaler Ressourcen und an örtliche Gegebenheiten angepasster, kostengünstiger und arbeitsintensiver Technologien
Kritik: Verfestigung der Rückständigkeit durch Vorenthaltung von Innovationen und modernen Technologien

M4 Leitbild der 1970er-Jahre: Befriedigung der Grundbedürfnisse

M6 Ziele (Sustainable Development Goals / SDGs) der Agenda 2030 der Vereinten Nationen

Ziele: sozial, ökologisch und ökonomisch nachhaltige Entwicklung entsprechend den Bedürfnissen der gegenwärtigen und zukünftigen Generationen (z. B. Würde des Menschen, Schutz des Planeten Erde, Förderung des Wohlstands, Friedenssicherung, **Good Governance**, Gleichberechtigung der Frau) mit genereller Gültigkeit für alle Länder, d. h. sowohl für (Post-) Industrieländer als auch für Länder mit Entwicklungsdefiziten

Instrumente: Unterstützung umwelt- und sozialverträglicher Projekte, die eine langfristige Nutzung der natürlichen Ressourcen garantieren und nach ihrer externen Finanzierung selbstständig fortbestehen können

Maßnahmen: Beteiligung von Bürgern an Entscheidungsprozessen (Agenda 21), verantwortliches Konsumverhalten (Müllvermeidung, sparsamer Umgang mit Ressourcen), Produktion und Kauf umwelt- und sozialgerechter Produkte (Fairtrade, keine Kinderarbeit), Förderung der ökologischen Landwirtschaft

Kritik: Erkenntnis der Notwendigkeit nachhaltigen Handelns, aber durch Komplexität des Leitbilds kaum greifbare Ergebnisse in der praktischen Umsetzung, Konkurrenz der Länder und Unternehmen im Rahmen der Globalisierung und damit oftmals keine nachhaltige Inwertsetzung der Ressourcen

M7 Leitbild seit den 1990er-Jahren: Nachhaltigkeit

4 Ordnen Sie die Kernaussage von M1 einem Leitbild der Entwicklungszusammenarbeit zu und begründen Sie dies.

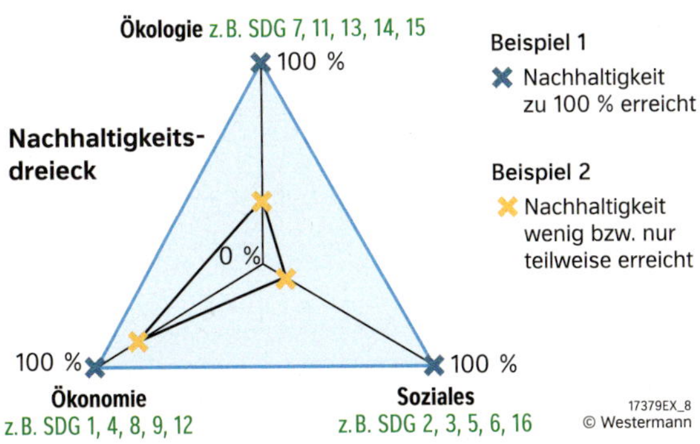

M8 Nachhaltigkeit bewerten

GeoPlus

Führen Sie in den folgenden Kapiteln anhand geeigneter Beispiele mithilfe des Nachhaltigkeitsdreiecks eine Bewertung bezüglich der Nachhaltigkeit eines Sachverhalts durch (M8). Vergleichen und diskutieren Sie Ihre Ergebnisse.

GeoKompakt

Entwicklungszusammenarbeit leistet unterschiedlichste Beiträge zur Verbesserung der weltweiten wirtschaftlichen, sozialen, ökologischen und politischen Verhältnisse, damit die Menschen eigenverantwortlich ihr Leben gestalten und ihren Kindern eine gute Zukunft ermöglichen können.

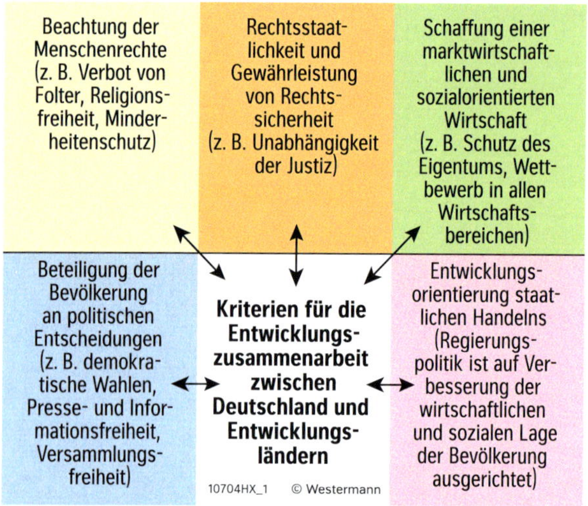

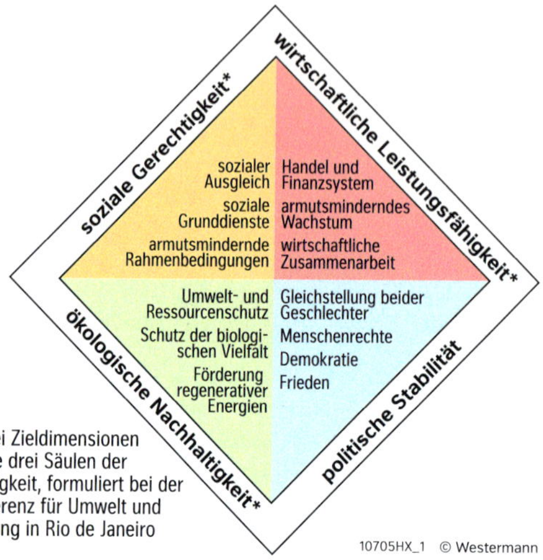

* Diese drei Zieldimensionen bilden die drei Säulen der Nachhaltigkeit, formuliert bei der UN-Konferenz für Umwelt und Entwicklung in Rio de Janeiro

M1 Grundprinzipien, Ziele und Zieldimensionen der deutschen Entwicklungszusammenarbeit

Entwicklungszusammenarbeit – Disparitäten ausgleichen

Im Jahr 2019 betrug die Summe der von Deutschland für wirtschaftliche Zusammenarbeit und Entwicklung zur Verfügung gestellten Mittel 21,3 Milliarden Euro. Wer erhält dieses Geld und für welche Maßnahmen wird es verwendet?

Die Entwicklungszusammenarbeit wird von vielen Akteuren getragen. Auf der Geberseite stehen dabei internationale Institutionen, so etwa die Weltbank oder die UN. Hinzu kommen nationale staatliche Institutionen wie das Deutsche Bundesministerium für wirtschaftliche Zusammenarbeit und Entwicklung (BMZ). In ihrer Bedeutung kaum weniger wichtig sind nicht-staatliche, private Organisationen (→ S. 20, M1). Auch die Formen der Entwicklungszusammenarbeit sind vielfältig. Sie reichen von Kapitalhilfe und technischer Hilfe bis hin zur Hilfe zur Selbsthilfe und der Förderung nachhaltiger Projekte. Die Unterstützung ist meist mit bestimmten Auflagen verbunden und hat das Ziel, Länder so zu fördern, dass sie sich auf lange Sicht selbstständig entwickeln können.

M2 Formen und Ziele der Entwicklungszusammenarbeit

Wenn die Entwicklungszusammenarbeit eingestellt würde, würden die Machtstrukturen der politischen Elite schneller gesprengt.

Entwicklungszusammenarbeit macht abhängig und mindert den Willen, das Schicksal selbst in die Hand zu nehmen.

Wer selbst keine Anstrengungen unternimmt, sollte mit weniger Unterstützung rechnen.

Ziel sollte eher eine faire Einbindung in den Weltmarkt sein.

Die zwei Billionen Dollar Entwicklungshilfe der letzten 50 Jahre haben nirgendwo auf der Welt einen wirtschaftlichen Aufschwung gebracht.

Wir können nicht mit einer Gießkanne über einen Kontinent wie Afrika gehen, der hundertmal so groß ist wie Deutschland. So erzielen wir keine Wirkung.

Fördermittel landen oftmals über Umwege in den Taschen von lokalen Machthabern.

Nach Abzug der Entwicklungshelfer funktioniert die angestrebte Selbstorganisation oft nicht mehr.

M3 Karikatur und kritische Meinungen zur „Entwicklungshilfe“ (heute: Entwicklungszusammenarbeit)

„Vor einigen Jahren bin ich vor dem Bürgerkrieg im Südsudan nach Nyala im Sudan geflohen. Hier hielt ich mich in einem Flüchtlingslager mit Handy- und Smartphone-Reparaturen über Wasser. Eines Tages kam der Besitzer einer örtlichen Werkstatt auf mich zu und fragte mich, ob ich bei ihm lernen wolle, Autos zu reparieren. Es gebe ein Programm, das berufliche Ausbildung fördert. Heute bin ich qualifiziert und verdiene damit genug, um ausreichend zum Lebensunterhalt meiner Familie beizutragen", sagt der 25-jährige Batool. In Nyala unterstützt das BMZ die berufliche Ausbildung von Flüchtlingen für den lokalen Arbeitsmarkt. Derzeit leben im Sudan knapp 1,1 Millionen Flüchtlinge, meist aus dem Nachbarland Südsudan. Gleichzeitig ist das Land Transitgebiet von Migranten, Flüchtlingen und Binnenvertriebenen auf deren Weg nach Europa.

M4 Ausbildung für junge Flüchtlinge

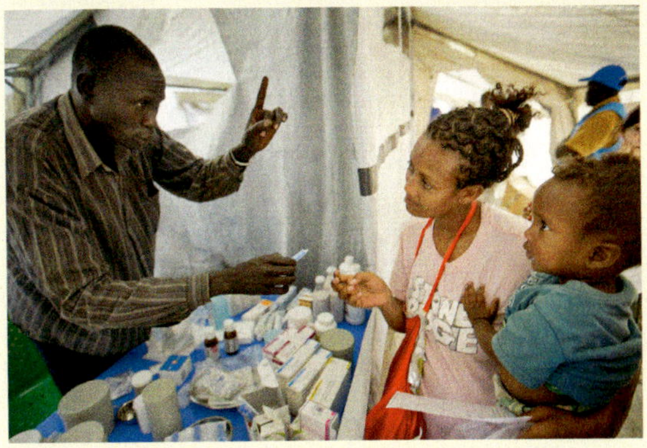

Seit vielen Jahren herrscht Bürgerkrieg in der Zentralafrikanischen Republik. Tausende Einwohner haben vor der Gewalt in ihren Dörfern Zuflucht in der Kathedrale der Stadt Bouar gesucht. „Ich weiß nicht, wohin ich gehen soll", sagt Rolande, eine junge Mutter. Die Aufständischen haben mich aus meinem Dorf vertrieben. Mein Baby ist krank, aber ich habe kein Geld, um einen Arzt oder Medikamente zu bezahlen." Die Flüchtlinge werden jetzt von der privaten Hilfsorganisation „Ärzte ohne Grenzen" versorgt. Helfer und Ärzte aus vielen europäischen Ländern richten Wasserstellen ein, bauen Duschen und Toiletten und eine mobile Klinik. Jeden Tag werden über einhundert Kranke kostenlos versorgt, vor allem Frauen und Kinder, die an Malaria und Durchfall leiden. Doch selbst die ausländischen Helfer werden manchmal Opfer der Gewalt und einige bezahlen ihren humanitären Einsatz sogar mit dem Leben.

M5 Ärzte ohne Grenzen – humanitäre Hilfe

1. Erläutern Sie anhand von M1 die grundlegenden Prinzipien und Ziele der deutschen Entwicklungszusammenarbeit.

2. Interpretieren Sie die Karikatur in M3 und diskutieren Sie deren Aussage.

3. Diskutieren Sie die kritischen Aussagen in M3 und begründen Sie, warum Entwicklungszusammenarbeit notwendig ist, warum sie aber allein die Probleme der Länder mit Entwicklungsdefiziten nicht lösen kann.

4. Arbeiten Sie aus M4 und M5 die jeweiligen Akteure, Maßnahmen und Ziele der Entwicklungsprojekte heraus.

5. Präsentieren Sie anhand von Wandbildern Projekte der deutschen Entwicklungszusammenarbeit in der Klasse (→ S. 20, M1).

6. Informieren Sie sich im Internet über den Freiwilligendienst „weltwärts" des BMZ (M2) und diskutieren Sie, inwieweit dieses Projekt für Sie später einmal in Frage käme (→ S. 159, M3).

GeoKompakt

Entwicklungszusammenarbeit ist ein gemeinschaftliches Unterfangen von politischen, kirchlichen, wirtschaftlichen und zivilgesellschaftlichen Initiativen. Moderne Entwicklungspolitik hat das Ziel, unter Beachtung der Nachhaltigkeitsprinzipien *Hilfe zur Selbsthilfe* zu ermöglichen. Die Geberländer verknüpfen die Zusammenarbeit jedoch häufig auch mit konkreten Erwartungen an die politische und sozioökonomische Entwicklung in den Empfängerländern.

Kompetenzcheck Klassifizierung von Ländern nach ihrem Entwicklungsstand – digitale Karten selbst erstellen

Geographische Informationssysteme (GIS) arbeiten Daten aus verschiedenen Datenbanken, z. B. der Statistischen Ämter Deutschlands, der EU und der UNO, in darstellbare graphische Formen wie Tabellen, Diagramme und Karten um. Wie lässt sich z. B. so der HDI graphisch darstellen?

GeoMethode

Mit GIS arbeiten (z. B. den HDI von Staaten bestimmen)

1. Abruf einer Karte

- Gehen Sie im Browser auf die Seite **www.diercke.de/diercke-webgis**.
- Finden Sie den Abschnitt **Erde – Entwicklungsstand der Staaten** und öffnen Sie den Kartendienst per Mausklick.
- Nun können Sie links in der Legende vor den Themennamen deren Sichtbarkeit ein- und ausschalten.
- Über die Zoomfunktion können Sie die Kartenansicht vergrößern und verkleinern.

2. Abruf von Informationen

Man kann zu einem Kartenthema Informationen aus der Datenbank abrufen und diese in Tabellenform darstellen lassen.

- Stellen Sie zunächst sicher, dass nur das gewünschte Kartenthema sichtbar ist.
- Dann klicken Sie in der Legende auf das Symbol **Tabellenansicht öffnen** neben dem Namen des Kartenthemas. Es öffnet sich die Tabellenansicht, in der alle verfügbaren Informationen zu einem Staat dargestellt werden.
- Nun können Sie den Namen eines Staates und dessen genauen HDI-Wert oder HDI-Rang notieren.
- Scrollen Sie in der Tabellenansicht weiter nach unten, um die Werte bestimmter Staaten zu finden. Welcher Staat hat den höchsten Wert, welcher den niedrigsten?
- Schließen Sie die Tabellenansicht über das x und überprüfen Sie anhand der Kartenansicht, wo z. B. der Staat mit dem höchsten/niedrigsten HDI liegt.

3. Veränderungen einer Karte

Die Karten im Diercke WebGIS haben alle eine Grundeinstellung. Diese legt fest, welche Farben benutzt werden, wie viele Farbstufen es gibt und welche Farbe welchem Wert entsprechen soll (z. B. HDI-Werte in sieben Stufen, grün = sehr hoch). Werden andere Einteilungen gewünscht, so können jederzeit andere Parameter eingestellt werden.

- Stellen Sie die Sichtbarkeit so ein, dass nur das Kartenthema „Lebensbedingungen nach dem HDI (HDI-Werte)" zu sehen ist.
- Klicken Sie dann auf das Symbol **Ebene filtern und neu klassifizieren**.
- Reduzieren Sie die Sichtbarkeit auf vier Klassen, indem Sie bei den drei mittleren Klassen auf das Augensymbol klicken.
- Verändern Sie die Klassengrenzen so, dass z. B. vier Klassen entstehen (M2). Bitte achten Sie darauf, dass zur Abtrennung der Dezimalen ein Punkt verwendet wird (US-amerikanische Schreibweise).
- Ändern Sie die Beschriftungen der Klassen, sodass sie mit der Klassendefinition übereinstimmen.
- Wenn Sie zufrieden sind, klicken Sie auf **Anwenden**. Nun erhalten Sie eine neue Karte mit den gewünschten Abstufungen und Farben.

Mithilfe der Zoomfunktionen kann man den Kartenausschnitt verändern: Mit einem Klick auf das Plus vergrößern Sie die Karte, zum Verkleinern klicken Sie auf das Minus.

Die Checkbox vor dem Namen eines Themas steuert, ob es sichtbar geschaltet ist.

Über das Tabellensymbol öffnet man die Tabellenansicht eines Themas. Das zweite Symbol ermöglicht eine Änderung der Klassifikation in der Karte.

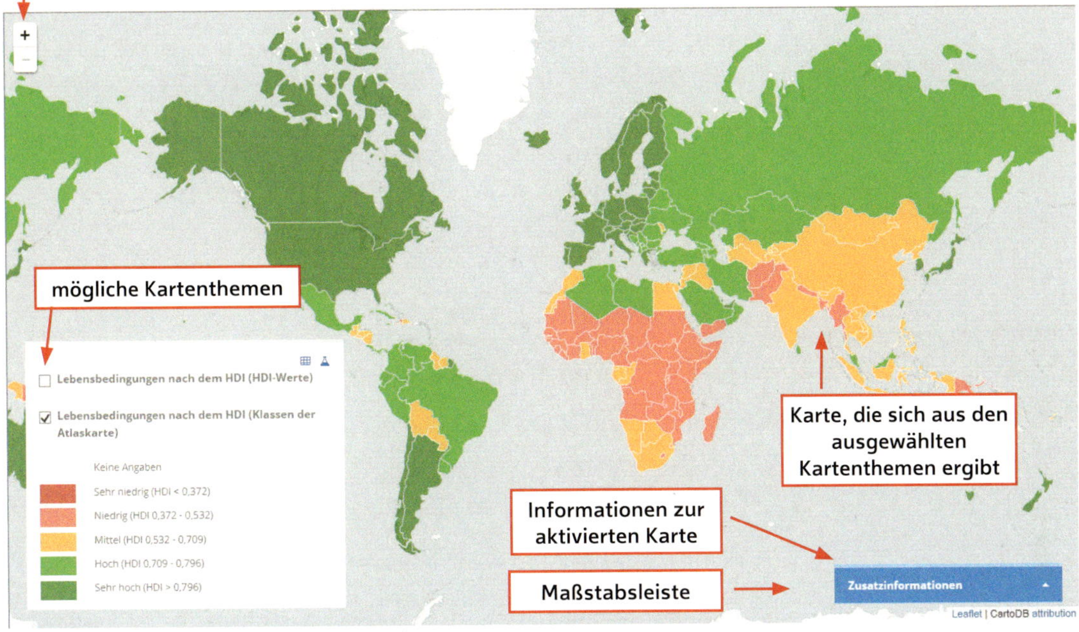

M1 Karte zum Entwicklungsstand der Staaten – hier Lebensbedingungen nach dem HDI

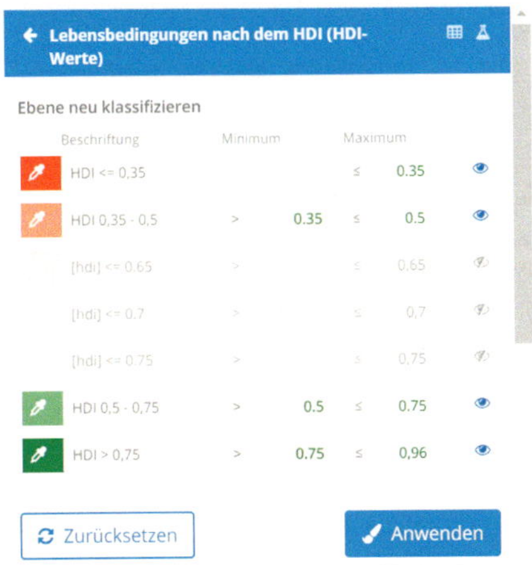

M2 Ebenen neu klassifizieren – hier: vier Klassen

WebGIS ermöglicht Ihnen einerseits die Beantwortung der nachfolgenden Fragestellungen, andererseits die Übertragung von WebGIS, also das Abrufen und Verarbeiten bestimmter Daten, auf in diesem Buch angesprochene Raumbeispiele. Nutzen Sie dabei die Möglichkeit, eine vorhandene Klassifizierung zu verändern.

1 Bestimmen Sie mit der Karte „Erde – Entwicklungsstand der Staaten“ in Nordafrika, im Nahen Osten, in Afrika südlich der Sahara und Südamerika die fünf Länder mit dem höchsten und niedrigsten HDI-Wert.

2 Erstellen Sie eine Karte zum Entwicklungsstand der Erde mit sechs, vier oder zwei Klassen. Entscheiden und begründen Sie, welche Variante Ihnen am aussagekräftigsten erscheint.

3 Erstellen Sie eine Karte der Länder, bei denen das Bruttonationaleinkommen (BNE) in US-Dollar nach Kaufkraft pro Einw./Jahr über dem Mittelwert von 2000 US-Dollar liegt (Karte „Erde-Bruttonationaleinkommen“). Bestimmen Sie auf dieser Grundlage die Staaten mit der jeweils geringsten ökonomischen Leistungsfähigkeit in den in diesem Buch angesprochenen Räumen.

4 Interpretieren Sie den Indikator Säuglingssterblichkeit in den im Inhaltsverzeichnis ausgewiesenen Regionen anhand einer Karte „Erde-Säuglingssterblichkeit“ auf der Basis einer selbst erstellten Klassifizierung (Durchschnitt der Säuglingssterblichkeit weltweit 36 ‰).

5 Belegen Sie die These, dass Afrika ein ländlicher und Südamerika eine verstädterter Kontinent ist, indem Sie mit der Karte „Erde – Verstädterung“ die Länder auf beiden Kontinenten herausfiltern, bei denen der Anteil der Stadtbevölkerung größer als 80 % ist.

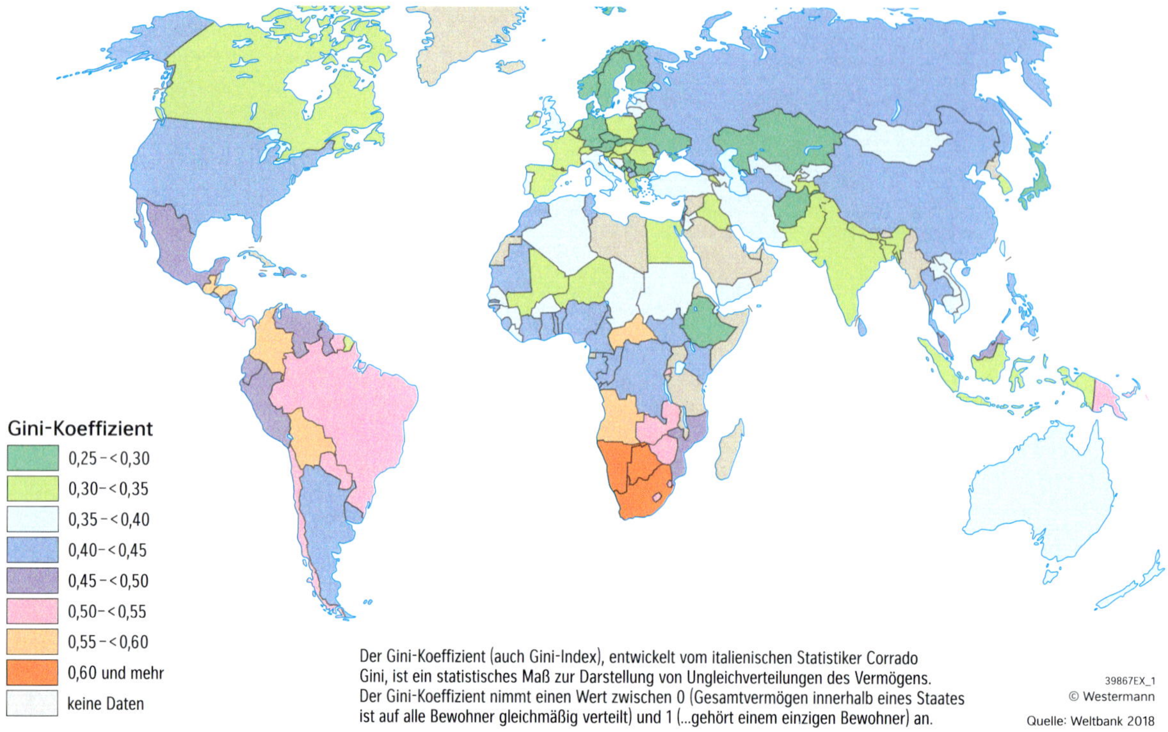

Der Gini-Koeffizient (auch Gini-Index), entwickelt vom italienischen Statistiker Corrado Gini, ist ein statistisches Maß zur Darstellung von Ungleichverteilungen des Vermögens. Der Gini-Koeffizient nimmt einen Wert zwischen 0 (Gesamtvermögen innerhalb eines Staates ist auf alle Bewohner gleichmäßig verteilt) und 1 (...gehört einem einzigen Bewohner) an.

39867EX_1

Quelle: Weltbank 2018

Karte 1 Einkommens- und Vermögensverteilung nach dem Gini-Koeffizienten

Bundesministerium für wirtschaftliche Zusammenarbeit und Entwicklung (BMZ)

staatlich z. B.

Nachgeordnete Organisationen z. B.:

- Kreditanstalt für Wiederaufbau (KfW) KfW-Entwicklungsbank
- Deutsche Gesellschaft für internationale Zusammenarbeit (GIZ)
- Deutsche Investitions- und Entwicklungsgesellschaft (DEG)
- Deutscher Akademischer Austausch-Dienst (DAAD)

nicht staatlich z. B.

Politische Stiftungen

- *Friedrich-Ebert-Stiftung*
- *Konrad-Adenauer-Stiftung*
- *Friedrich-Naumann-Stiftung*
- *Hanns-Seidel-Stiftung*
- *Heinrich-Böll-Stiftung*
- *Rosa-Luxemburg-Stiftung*

Kirchliche Institutionen z. B.

- Diakonisches Werk/ Brot für die Welt
- Evangelischer Entwicklungsdienst/Zentralstelle für Entwicklungshilfe
- Misereor/ Zentralstelle für Entwicklungshilfe

Zivilgesellschaftliche Gruppen, NGO z. B.:

- *Deutsche Welthungerhilfe*
- *Kindernothilfe*
- *Amnesty International*
- *Terre des Hommes*
- *Ärzte ohne Grenzen*

Privatwirtschaft z. B.:

- Arbeitsgemeinschaft Entwicklungspolitik der Deutschen Wirtschaft
- Entwicklungsorganisation der Deutschen Wirtschaft
- Lokale Initiativen

... erhalten Mittel/Förderung vom/durch BMZ

Quelle: Geographie 12 Schroedel Diercke Seite 23 M4 PS 52153

2533HX_2

M1 Organisationen der Entwicklungszusammenarbeit in Deutschland

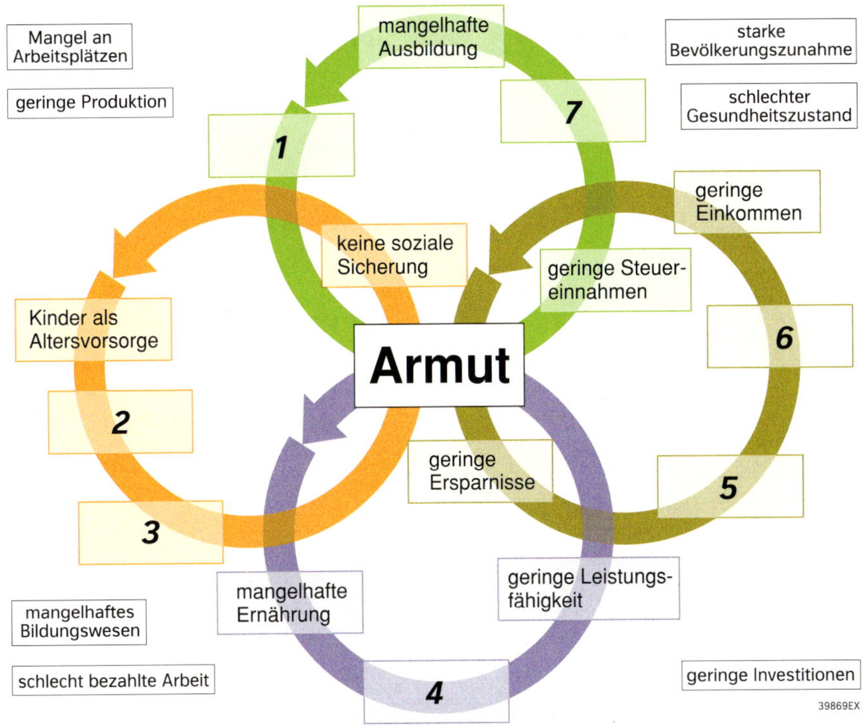

M1 Wirkungsgefüge – Armut als Verursacher von Entwicklungsdefiziten

Entwicklungsdefizite
(individuelle Mischung verschiedener Ursachen für jedes Entwicklungsland)

ökonomische Defizite	soziokulturelle Defizite	demographische Defizite
geringe Wirtschaftskraft: • geringes Bruttonationaleinkommen und Pro-Kopf-Einkommen • hoher Anteil armer Bevölkerung • ungleiche Einkommensverteilung • niedrige Spar- / Investitionsquote • hohe Auslandsverschuldung • geringe Steuereinnahmen	**Ernährungssituation:** • Unter- und Mangelernährung • geringe Nahrungsmittelproduktion pro Kopf • Energiegehalt und Qualität der Nahrung gering	• starkes Bevölkerungswachstum • hohe Geburten- und Sterberate • hohe Geburtenzahl pro Frau • hohe Säuglings- und Kindersterblichkeit • geringe Lebenserwartung
geringe Wirtschaftsproduktivität: • hoher Anteil des primären Sektors am BNE • hoher Anteil der Erwerbstätigen im primären Sektor • geringe Produktivität in der Industrie • geringe Flächenerträge in der Landwirtschaft • traditionelle Produktionsmethoden • hohe Arbeitslosigkeit • Mangel an Arbeitsplätzen im formellen Sektor • hohe Beschäftigung im informellen Sektor	**Gesundheitswesen:** • zu hohe Einwohnerzahl pro Arzt • mangelnde Hygiene • geringe medizinische Vorsorge • fehlender Zugang zu sauberem Trinkwasser • unzureichende Sanitäreinrichtungen **Bildungswesen:** • geringe Bildungsausgaben • hoher Anteil der Analphabeten • geringe Einschulungsrate • kaum qualifizierte Ausbildungsabschlüsse	**ökologische Defizite** • starke Bodendegradation • hohe Grundwasserbelastungen • Desertifikation und intensive Abholzung • hohe Schadstoffemissionen **politische Defizite** • autoritärer Staat, Militärdiktatur • geringes Vertrauen in politische Institutionen • ***Bad Governance*** • zahlreiche Verletzungen der Menschenrechte • keine unabhängige Justiz • keine freie Presse • gewaltsame Konflikte, Bürgerkrieg

M2 Probleme und Merkmale von Ländern mit niedrigem Entwicklungsstand

Klima- und Vegetationszonen der Tropen und Ariden Subtropen

Collage afrikanischer Landschaften

In diesem Kapitel erfahren Sie ...

- ... wie die Klima- und Vegetationszonen in den Tropen und Subtropen angeordnet sind,
- ... wie Sonneneinstrahlung, Zenitalregen, Passatzirkulation, Meeresströmungen und Relief tropische und arid-subtropische Klimate beeinflussen,
- ... wie man Hypothesen zu naturgeographischen Sachverhalten mithilfe klimakundlicher Experimente überprüft,
- ... wie Tages- und Jahreszeitenklimate, hygrische Jahreszeiten sowie Hoch- und Tiefdruckgebiete entstehen,
- ... wie man Klimadiagramme begründet einzelnen Klimazonen zuordnet,
- ... wie natur- und humangeographische Faktoren in tropischen und subtropischen Ökosystemen zusammenwirken,
- ... welche Merkmale und landwirtschaftlichen Nutzungsformen die Geoökosysteme Regenwald, Savanne und Wüste aufweisen,
- ... welche Unterschiede zwischen einem tropischen und unserem heimischen Ökosystem hinsichtlich ihrer Biodiversität bestehen.

M1 Zenitstand

Vom Äquator zu den Wendekreisen – Tropen und Aride Subtropen

Zweimal im Jahr steht die Sonne am Äquator im Zenit und das ganze Jahr über ist es hier etwa zwölf Stunden Tag und zwölf Stunden Nacht. In München hingegen steht die Sonne maximal bei 63,3° Mittagshöhe und die Tageslänge schwankt zwischen etwa 8 Stunden im Dezember und 16 Stunden im Juni. Finden Sie heraus, wie es zu diesen Unterschieden kommt.

INFO

Beim **Zenitstand** befindet sich die Sonne genau senkrecht über dem Beobachtungsort auf der Erdoberfläche. Ein dort senkrecht stehender Pfahl wirft dann keinen Schatten.

Die **Tropen** (griechisch trópoi hēliou: Sonnenwende) sind als die Zone zwischen den **Wendekreisen**, also zwischen 23,5° nördlicher und südlicher Breite, definiert. Zwischen den beiden Wendekreisen verlagert sich entsprechend der Umlaufbahn der Erde um die Sonne (M2) der **Zenitstand** der Sonne (M4) im Laufe eines Jahres. Folglich steht die Sonne auf ihrer „Wanderung" zwischen den Wendekreisen an jedem Ort zweimal im Jahr im Zenit. An den Wendekreisen selbst steht sie einmal jährlich senkrecht zur Erdoberfläche (Punkt der Sonnenwende). Die **Erdrevolution**, also die Bewegung der Erde um die Sonne, führt zusammen mit der Schiefe der **Ekliptik**, der Schrägstellung der Erdachse gegenüber der Umlaufbahnebene um 23,5°, und der Erdrotation, also der Drehung der Erde um ihre Achse, zu jahres- und tageszeitlichen Unterschieden in den globalen Einstrahlungsverhältnissen.

M3 Die Tropen – eine Beleuchtungszone

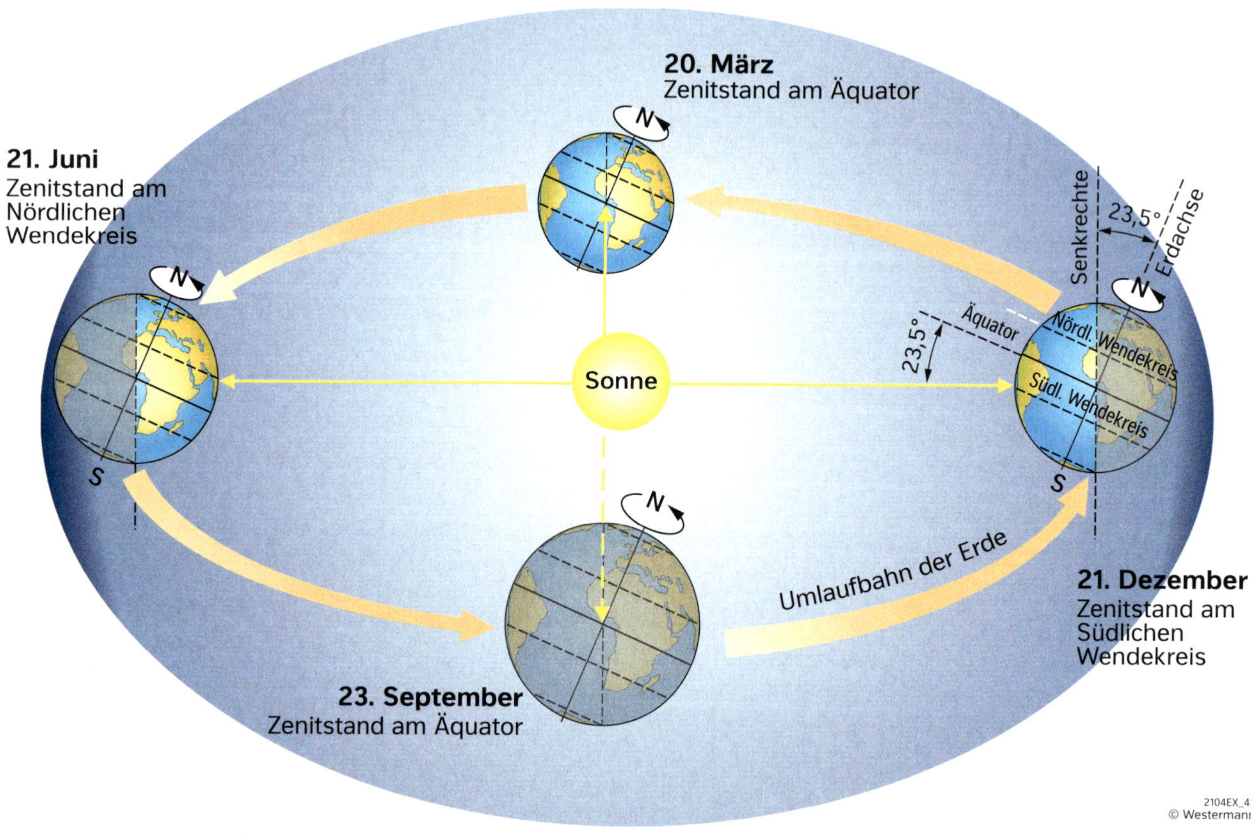

M2 Globale Beleuchtungsverhältnisse und Zenitstand – Folge von Erdrotation, Erdrevolution und Schiefe der Ekliptik

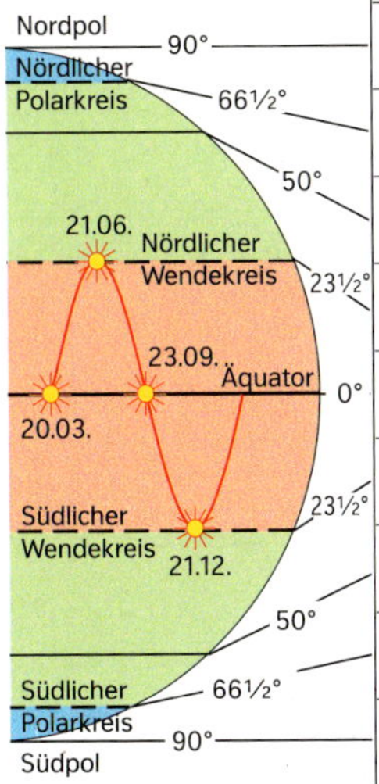

Einstrahlungswinkel am 20.3. und 23.9.	Tageslänge in Stunden			Mittagshöhe der Sonne		Temperatur im Jahresdurchschnitt
	21.6.	20.3. 23.9.	21.12.	höchster Wert	niedrigster Wert	
-	24	12	0	23,5°	-	-23 °C
23,5°	24	12	0	47°	0°	-7 °C
40°	16	12	8	63,5°	16,5°	+6 °C
66,5°	13,5	12	10,5	90°	43°	+24 °C
90°	12	12	12	90°	66,5°	+26 °C
66,5°	10,5	12	13,5	90°	43°	+22 °C
40°	8	12	16	63,5°	16,5°	+4 °C
23,5°	0	12	24	47°	0°	-8 °C
-	0	12	24	23,5°	-	-33 °C

M4 Globale Verteilung von Tageslänge und Temperatur

durchschnittliche Strahlungsenergie	
Breitengrad	kJ/cm²/Tag
90°	1,52
80°	1,58
70°	1,74
60°	2,09
50°	2,52
40°	2,91
30°	3,24
20°	3,48
10°	3,63
0°	3,67

M6 Strahlungsenergie

Aufgrund des ständig steilen Einfallswinkels der Sonneneinstrahlung wird der Tropenzone ganzjährig viel kurzwellige Energie zugeführt, die in der Atmosphäre und an der Erdoberfläche in langwellige **Wärmestrahlung** umgewandelt wird. Die Jahresmitteltemperatur beträgt hier daher meist über 24 °C, das Monatsmittel des kältesten Monats fällt nicht unter 18 °C.
Da sich die Temperaturen in den Tropen im Jahresverlauf nur wenig ändern, gibt es keine ausgeprägten Jahreszeiten. Nur nachts, wenn die Sonneneinstrahlung fehlt, kühlt es sich merklich ab. Daher ist in den Tropen die Tagesamplitude der Temperatur immer größer als die Jahresamplitude. Man nennt dies **Tageszeitenklima**. Im Gegensatz zu den Temperaturen verringern sich die Jahresniederschlagssummen vom Äquator zu den Wendekreisen. Die tropische Zone gliedert sich entsprechend dieser Niederschlagsmengen und der Niederschlagsverteilung über das Jahr hinweg in Immerfeuchte, Wechselfeuchte und Aride Tropen.

M5 Die Tropen – eine Klimazone

INFO

Subtropen
Diese Klimazone mit heißen Sommern und gemäßigten Wintern liegt zwischen den Tropen und der gemäßigten Zone, etwa zwischen 25° und 40° nördlicher und südlicher Breite. Die Immerfeuchten Subtropen mit ganzjährigen Niederschlägen bei einem sommerlichen Maximum befinden sich an den Ostseiten der Kontinente, die Winterfeuchten bzw. Mediterranen Subtropen an den Westseiten der Kontinente mit ariden Sommern und Winterregen, die Ariden Subtropen jenseits der Wendekreise, zum Teil aber auch in die Tropenzone hineinreichend, zeigen ein semi- bis vollarides Klima.

GeoKompakt

Die Tropen sind die Gebiete zwischen den beiden Wendekreisen, in denen die Sonne mindestens einmal im Jahr im Zenit steht. Sie weisen infolge der steilen Sonneneinstrahlung tagsüber ganzjährig hohe Temperaturen auf. Die Tropen haben ein Tageszeitenklima mit höheren tageszeitlichen als jahreszeitlichen Temperaturunterschieden. Die Tages- und Nachtlängen schwanken nur gering. Die Jahresniederschlagsmengen nehmen vom Äquator zu den Wendekreisen stetig ab.

1. Erklären Sie Ihrer Mitschülerin bzw. Ihrem Mitschüler den Einfluss von Erdrotation und -revolution auf die Beleuchtungsverhältnisse in den Tropen (M2).

2. Sie verbringen Ihre Ferien auf Trinidad und Tobago. Begründen Sie die unterschiedlichen Tageslängen zwischen Trinidad und Tobago und Ihrem Heimatort zur Weihnachts- und zur Pfingstferienzeit (Atlas).

3. Erläutern Sie, inwieweit die Beleuchtungszonen auch die Klimazonen auf der Erde bedingen (M4).

4. Arbeiten Sie aus einer geeigneten Atlaskarte die Teile der Kontinente heraus, die durch tropisches Klima und subtropische Trockenklimate geprägt sind.

M1 Klimaexperiment

In den Immerfeuchten Tropen

Lust auf ein klimakundliches Experiment? Was wird wohl passieren, wenn man ein gekühltes Schälchen über ein Gefäß mit heißem, evtl. leicht kochendem Wasser hält? Welche Beobachtung machen Sie? Erklären Sie diese und erläutern Sie, inwieweit dieses Experiment das Klima der Immerfeuchten Tropen veranschaulicht.

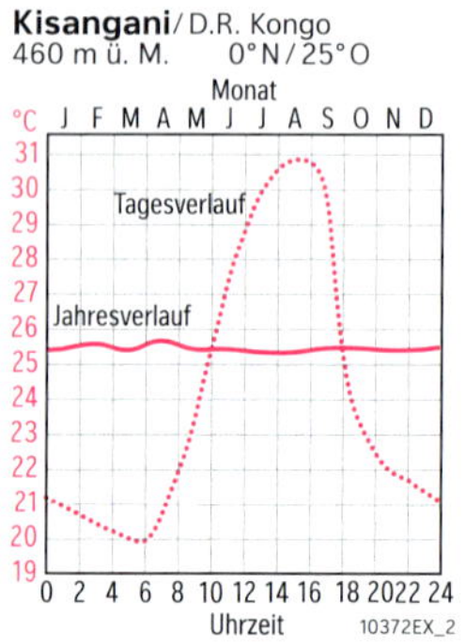

M2 Kisangani: Mitteltemperaturen im Jahres- und Tagesverlauf

In Kisangani, einer Stadt in der afrikanischen Demokratischen Republik Kongo, herrscht mit bis zu 35° C tagsüber das ganze Jahr drückende Hitze und auch nachts sinken die Temperaturen fast nie unter 20° C. Tatsächlich sind die täglichen Temperaturunterschiede größer als die Unterschiede im jährlichen Temperaturverlauf. Am Morgen ist es noch relativ kühl und Nebelschwaden hängen über den tropischen Regenwäldern. Doch im Laufe des Tages lösen sich diese auf. Gegen Mittag hat die Sonne ihren Höchststand erreicht, die Sonnenstrahlen fallen nun sehr steil ein. Die Wärme sowie die hohe Luftfeuchtigkeit machen jetzt allen zu schaffen. Im Laufe des frühen Nachmittags bilden sich meist mächtige Gewitterwolken am Himmel. Diese führen fast täglich zu heftigen, aber kurzen wolkenbruchartigen Regengüssen. Die Tagesniederschläge erreichen sogar manchmal bis zu 50 mm, im Durchschnitt fällt pro Jahr mit 2 000 bis 4 000 mm äußerst viel an Niederschlag. Die relative Luftfeuchtigkeit liegt meistens nahe 100 % – man spricht von tropischer Schwüle. Kisangani liegt in den Immerfeuchten Tropen, in denen in mindestens neun von zwölf Monaten die Niederschläge die mögliche (potenzielle) Verdunstung überschreiten.

M4 Kisangani – jeden Tag beinahe das Gleiche (idealtypischer Verlauf)

1 Zeichnen Sie unter Verwendung untenstehender Daten ein Diagramm (M2) von Berlin, das den Jahres- (Daten → S. 166) sowie Tagesverlauf eines Sommertages zeigt (Z Tageszeit, T Temperatur).

Z	1	3	5	7	9	11	13	15	17	19	21	23
T	13	14	16	16	17	18	20	20	19	18	14	13

2 Arbeiten Sie aus M2, M3 und M4 die Kennzeichen des Klimas der Immerfeuchten Tropen heraus.

3 Begründen Sie den Morgennebel im tropischen Regenwald (M5, M8).

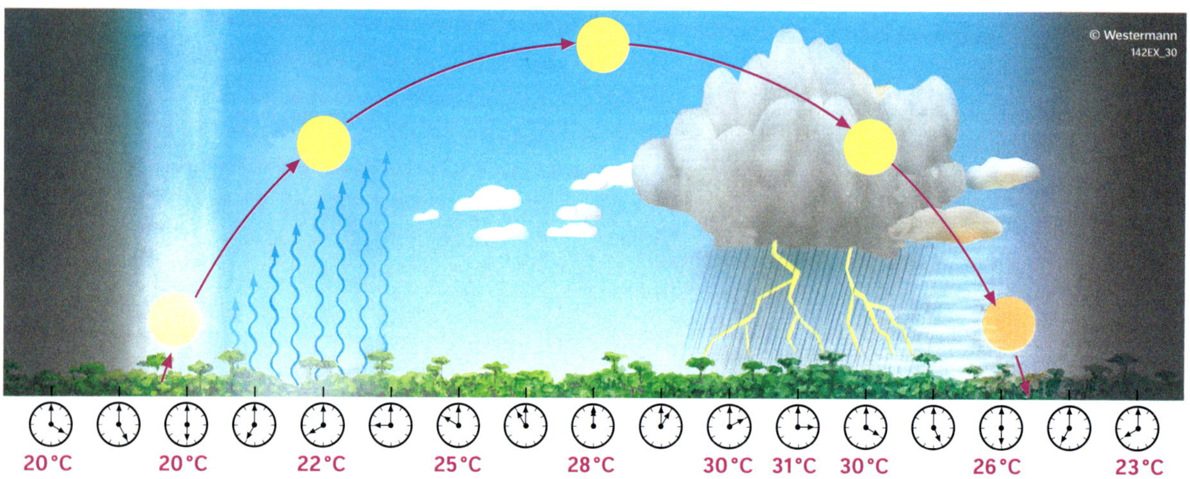

M3 Sonnenstände und Wetterereignisse in den Immerfeuchten Tropen

M5 Morgennebel im Regenwald

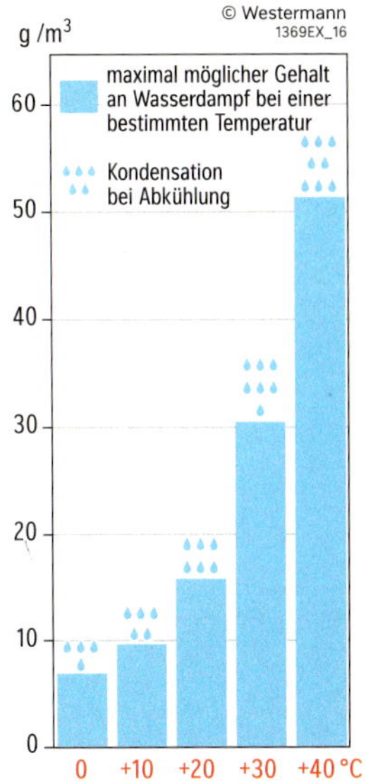

M8 Wasserdampf in der Atmosphäre

Die Sonnenstrahlen fallen im Bereich der Inneren Tropen zwischen 10 Grad nördlicher und südlicher Breite das ganze Jahr über sehr steil mit einem Einfallswinkel zur Erdoberfläche von 70° bis 90 ° ein. Zweimal im Jahr, am 20. März und 23. September, steht die Sonne um 12.00 Uhr Ortszeit direkt über dem Äquator im Zenit. Die ganzjährig hohe Energiemenge der Sonneneinstrahlung wird auf der Erdoberfläche in langwellige Wärmestrahlung umgewandelt. Die so erwärmte Luft dehnt sich dann aus, wird spezifisch leichter und steigt viele Kilometer in die Höhe auf. Dadurch entsteht am Boden ein Tiefdruckgebiet, in das immer wieder neue Luftteilchen aus den Passatwinden einströmen. Diese Tiefdruckzellen bilden aneinandergereiht rund um die Erde die **äquatoriale Tiefdruckrinne**. Mit zunehmender Höhe kühlt sich die aufsteigende Luft ab, der darin enthaltene Wasserdampf kondensiert und bildet kilometerhohe Wolkentürme, aus denen heftige **Zenitalregen** fallen. In der Höhe strömen die aufgestiegenen Luftmassen als Antipassate dann polwärts ab, werden umgelenkt und strömen teilweise nach dem Absinken wieder als Passatwinde in die äquatoriale Tiefdruckrinne ein.

M6 Das Klima der Immerfeuchten Tropen

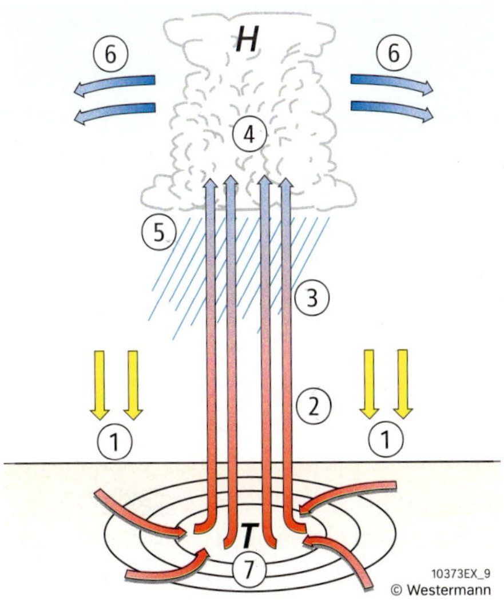

M7 Modell der atmosphärischen Vorgänge in den Immerfeuchten Tropen

GeoKompakt

Das Klima in den Inneren Tropen lässt alle Tage des Jahres einander ähneln. Da in den Inneren Tropen große Energiemengen eingestrahlt werden, führen die hohen Temperaturen zu einem Aufstieg der erwärmten Luftmassen. Diese kühlen sich mit zunehmender Höhe ab und kondensieren zu heftigen Zenitalregen. Solche hohen Lufttemperaturen und Niederschläge schaffen für den Menschen eine oftmals schwer ertragbare Schwüle, für das Wachstum der Pflanzen sind dies hingegen ideale Bedingungen.

4 Verfassen Sie mithilfe der Materialien einen kurzen, detaillierten Wetterbericht für einen Tag in den Immerfeuchten Tropen (M3). Belegen Sie dabei Ihre Aussagen mit konkreten Daten.

5 Übertragen Sie die Abbildung M7 in Ihre Aufzeichnungen und beschriften diese, indem Sie für die Zahlen die Begriffe für die jeweiligen atmosphärischen Merkmale und Vorgänge einsetzen.

Siwa/Ägypten, -18 m
29° 11′ 26″ N, 25 32′ 57″ O

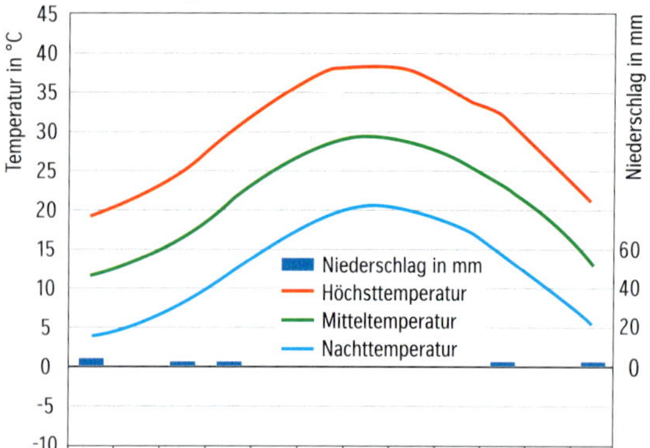

Jan	Feb	März	Apr	Mai	Jun	Jul	Aug	Sep	Okt	Nov	Dez
3	0	2	1	0	0	0	0	0	2	0	1
19,4	21,7	25,0	30,0	34,2	37,3	38,3	37,3	34,8	32,0	26,6	21,1
11,7	13,4	16,5	21,0	25,3	28,4	29,5	28,9	26,3	32,2	18,4	13,1
4,0	5,2	8,0	12,0	16,4	19,1	20,7	20,1	17,9	14,5	10,2	5,2

M1 Klimadiagramm und -tabelle

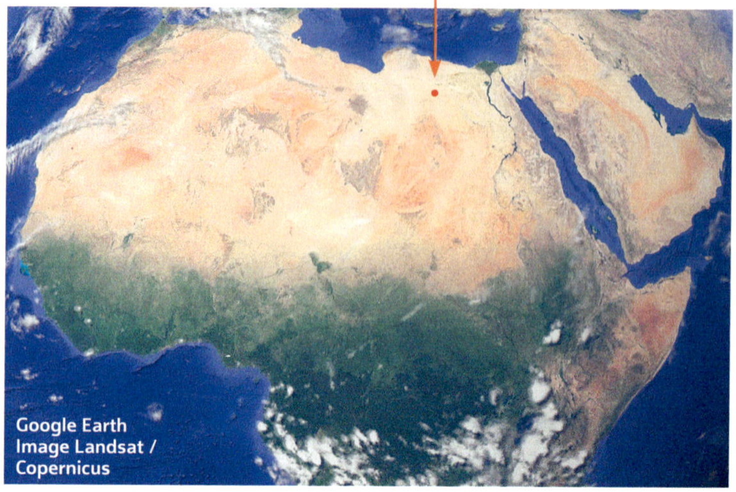

M3 Subtropischer Wüstengürtel in Afrika und Westasien

In den Ariden Subtropen

In zwei breiten Bändern umspannen in einer Breitenlage zwischen ungefähr 20 bis 30° beiderseits des Äquators zwei Wüstengürtel große Teile der Erde, die sogenannten subtropischen Wüsten (Passat- oder Wendekreiswüsten). Finden Sie die charakteristischen Merkmale des dort herrschenden Klimas heraus und erklären Sie die räumliche Verbreitung der Ariden Subtropen.

1. Benennen Sie die an den beiden Wendekreisen liegenden Wüstenregionen weltweit (Atlas).

2. Arbeiten Sie aus M1 konkrete Daten heraus, die belegen, dass die Station Siwa die charakteristischen Kennzeichen des arid-subtropischen Klimas aufweist.

3. Diskutieren Sie, inwieweit es sich an der Klimastation Siwa (M1) um ein Tageszeiten- oder Jahreszeitenklima handelt.

4. Übertragen Sie die Abbildung M6 in Ihre Aufzeichnungen und beschriften diese, indem Sie die Zahlen durch die jeweiligen atmosphärischen Vorgänge ersetzen.

Da in den subtropischen Wüsten eine Wolkendecke meist fehlt, ist die auf der Erdoberfläche auftreffende Sonnenenergie mit ca. 108 Kilowatt je Hektar höher als in jeder anderen Beleuchtungszone. Da auch die helleren Wüsten- und Sandoberflächen wegen ihrer hohen **Albedo** einen großen Teil der kurzwelligen Strahlung reflektieren und somit Wärmeenergie nur kurzfristig speichern können bzw. diese wieder abstrahlen, wird die Luft in Bodennähe tagsüber schnell auf bis zu 40 °C (im Schatten) aufgeheizt. Die weltweit höchste Lufttemperatur wurde mit 57,7 °C in der Libyschen Wüste gemessen.
Besonders nachts sind in den subtropischen Wüsten die Strahlungsabgaben durch Reflexion und langwellige Wärmeausstrahlung sehr hoch, wodurch es dann zu einer raschen, deutlichen Abkühlung der Luft kommt. Dieser Effekt ermöglicht aber auch ein bescheidenes Leben. Wegen der starken Abkühlung wird in Bodennähe der Taupunkt erreicht. Pflanzen und andere Lebewesen können dann von den durch Kondensation gebildeten Tautropfen leben. Besonders im Winter kann es nachts sogar zu Minustemperaturen kommen – der Kälterekord im Tibesti-Massiv in der Sahara liegt z. B. bei –16 °C. Hohe Einstrahlung bei Tag sowie nächtliche Ausstrahlung sorgen für eine große **Tagestemperaturamplitude**, die durchschnittlich etwa zwischen 15 °C und 20 °C liegt, stellenweise aber auch weit höher. Zudem sind diese Wüstenzonen mit meist weniger als 25 mm pro Jahr – häufig verursacht durch nur ein Niederschlagsereignis – quasi niederschlagsfrei. Demgegenüber steht die Tatsache, dass in der trockenen Luft der Sahara etwa 1200 – 2000 mm Niederschlag pro Jahr verdunsten könnten.

M2 Klimatische Kennzeichen der Ariden Subtropen

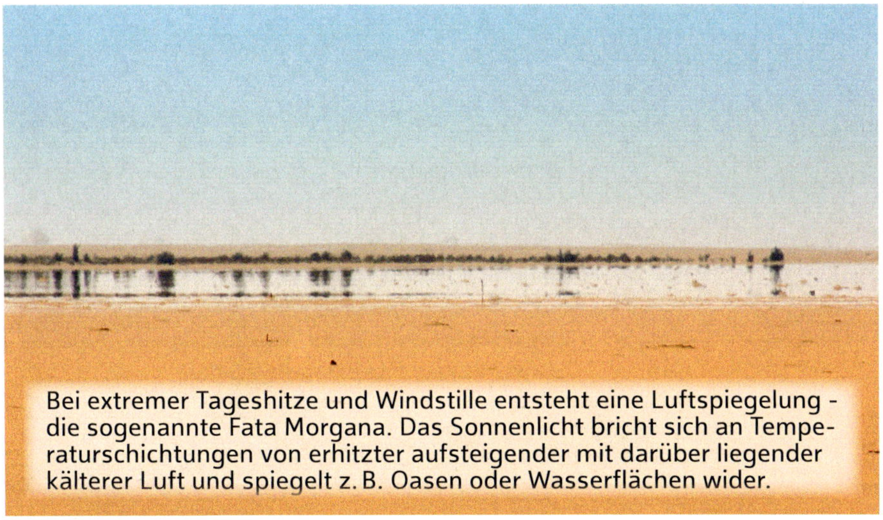

Bei extremer Tageshitze und Windstille entsteht eine Luftspiegelung - die sogenannte Fata Morgana. Das Sonnenlicht bricht sich an Temperaturschichtungen von erhitzter aufsteigender mit darüber liegender kälterer Luft und spiegelt z. B. Oasen oder Wasserflächen wider.

M4 Fata Morgana in der Wüste

INFO

Rossbreiten
Der Name stammt aus der Zeit der Segelschifffahrt, saßen doch früher die Segelschiffe oft für Tage oder Wochen im Bereich dieser windstillen Zone fest, sodass die mitgeführten Pferde (= Rosse) verdursteten und geschlachtet oder über Bord geworfen werden mussten.

Im Bereich der Inneren Tropen führt die intensive Sonneneinstrahlung zu einer ganzjährig starken Energiezufuhr. Mit abnehmendem Einstrahlungswinkel der Sonne in Richtung der Pole verringert sich die Energiezufuhr jedoch kontinuierlich. Der Energieüberschuss zwischen den äquatorialen und den polaren Breiten wird in der Höhe der Troposphäre ausgeglichen. Ein Teil dieser polwärts strömenden Luftmassen sinkt im Bereich der Wendekreise zwischen etwa 20 und 30° nördlicher und südlicher Breite ab. Dabei erhöht sich die Lufttemperatur trockenadiabatisch um etwa 1 °C pro 100 m Fallhöhe (→ Jgst. 7 Föhn). Da die erwärmte Luft mehr Wasserdampf aufnehmen kann (→ S. 27, M8) nimmt die relative Luftfeuchte ab, Wolken lösen sich auf. So beträgt die relative Luftfeuchtigkeit am Wüstenboden nur noch etwa 5 Prozent. Das Ergebnis dieses atmosphärischen Vorgangs ist Niederschlagsarmut und damit die Entstehung arider Zonen, den **Wendekreiswüsten**. Durch Absinken von Luftmassen entstehen im Bereich der Wendekreise auf der Nord- und Südhalbkugel aneinandergereihte, bodennahe, stabile Hochdruckgebiete, die die erdumspannenden subtropischen Hochdruckgürtel, auch die Rossbreiten genannt, bilden.

M5 Klimatische Kennzeichen der Inneren Tropen

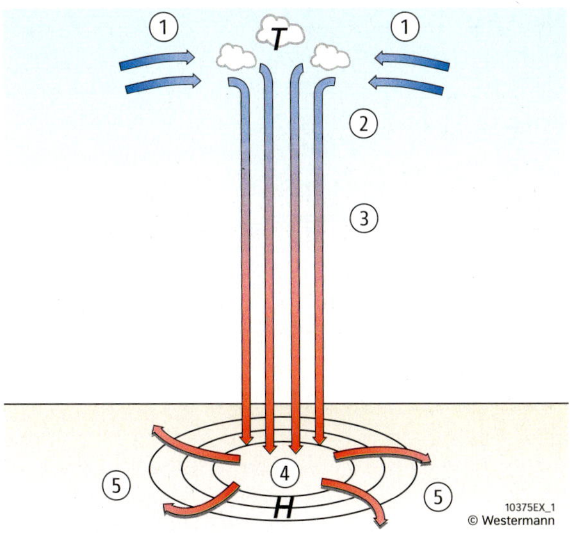

M6 Atmosphärische Vorgänge

5 Schreiben Sie einen Reisebericht zu einer zweitägigen Wüstentour durch die Sahara, bei dem Sie Informationen der Materialien einbinden.

GeoKompakt

Extreme Trockenheit und Hitze sowie große Temperaturschwankungen zwischen Tag und Nacht sind für das arid-subtropische Klima der Wendekreiswüsten charakteristisch. Ursache ist neben der extrem hohen ungehinderten Sonneneinstrahlung die Tatsache, dass hier große Luftmassen absteigen, sich erwärmen, ausdehnen und sich daher die Wolken auflösen. Dieses extreme Klima schafft eine lebensfeindliche Umgebung, in der Menschen, Flora und Fauna kaum dauerhaft bzw. nur mit besonderen Anpassungsstrategien existieren können.

M1 Reiseroute ***Classroom under Sail***

Die Passatzirkulation – Windsystem der Tropen

Classroom under Sail ist ein Projekt der Universität Erlangen-Nürnberg, für das sich Schülerinnen und Schüler anstelle eines einjährigen Auslandsaufenthalts für einen Segeltörn mit täglichem Unterricht beurlauben können. Begründen Sie die nebenstehende Reiseroute (M1) des Segelschiffs auf der Grundlage der nutzbaren großräumigen Windsysteme.

Luft übt auf jede Fläche Druck aus, den Luftdruck. Er wird in Hektopascal gemessen. Orte mit gleichem Druck werden in graphischen Darstellungen, z.B. in Karten, durch sogenannte Isobaren verbunden (M4). Der Ausgleich von Luftdruckunterschieden führt zum Fließen von Luftteilchen, sprich Wind. Dementsprechend wehen Winde von einem Hochdruckgebiet oder Hoch, in dem viele Luftmoleküle relativ starken Druck auf den Boden ausüben, zu einem Tiefdruckgebiet oder Tief, in dem durch eine geringe Zahl von Molekülen ein weniger starker Druck vorliegt. Winde werden nach der Richtung benannt, aus der sie kommen, z.B. kommt ein Westwind aus dem Westen.

M2 Luftdruck und Wind

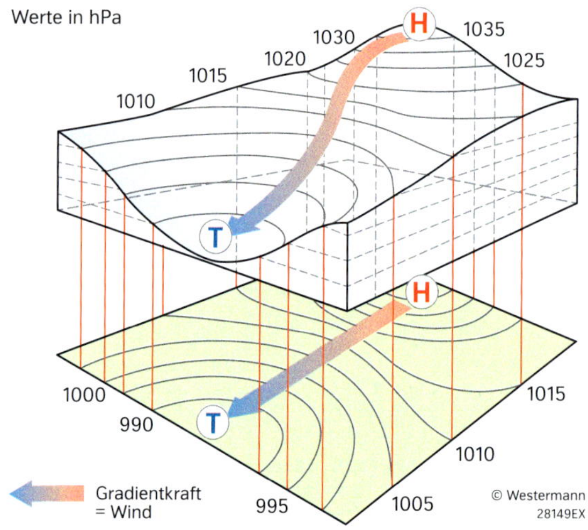

M4 Luftdruckunterschiede und Wind

M3 Luftaustausch beim Lüften des Raumes

❶ M3 zeigt einen Versuch zum Luftaustausch zwischen zwei unterschiedlich temperierten Räumen. Formulieren Sie Thesen hinsichtlich der hier herrschenden Luftdruckgebiete bzw. der Luftströmungen, die nach Öffnung des Fensters in Gang gesetzt werden. Überprüfen Sie mit einer Kerzenflamme die Richtung, mit Ihrer Hand die Temperatur der Luftströmung am unteren und oberen Rand des Fensters.

❷ Übertragen Sie die Skizze des Modells des tropischen Luftkreislaufs (M5) in Ihre Aufzeichnungen. Beschriften Sie die Skizze entsprechend der Buchstaben A bis P mit nachfolgenden Begriffen und diskutieren Sie Ihr Ergebnis in der Klasse: Sonneneinstrahlung, aufsteigende Luft, absinkende Luft, Erwärmung, Abkühlung, Kondensation, H (Hochdruckgebiet), T (Tiefdruckgebiet), Passat, Antipassat, ITC, subtropischer Hochdruckgürtel, äquatoriale Tiefdruckrinne, NO-Passat, SO-Passat.

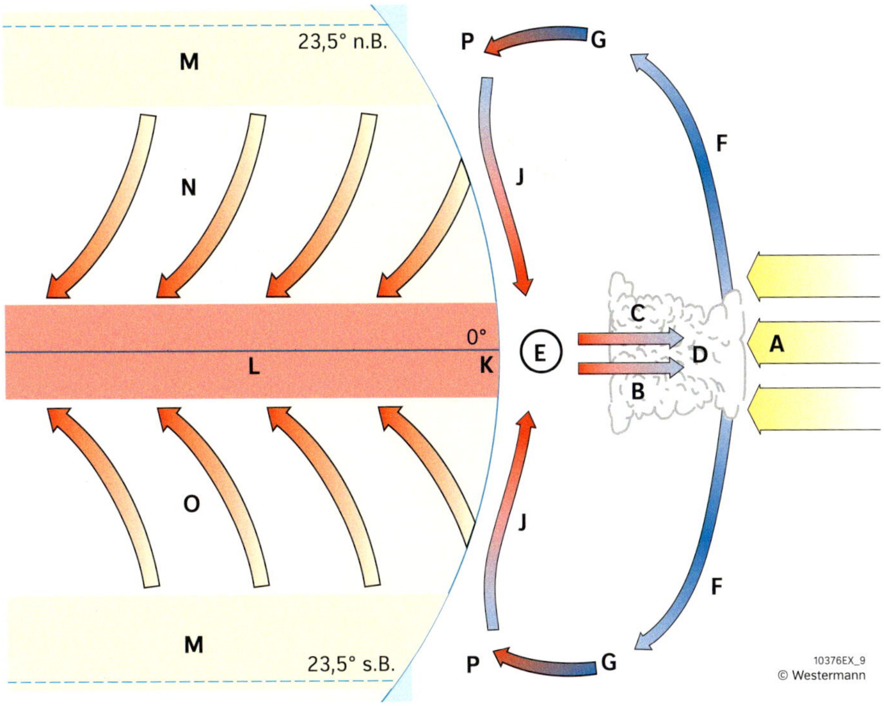

M5 Modell der Passatzirkulation (Sonnenstand am 21.03. und 23.09.)

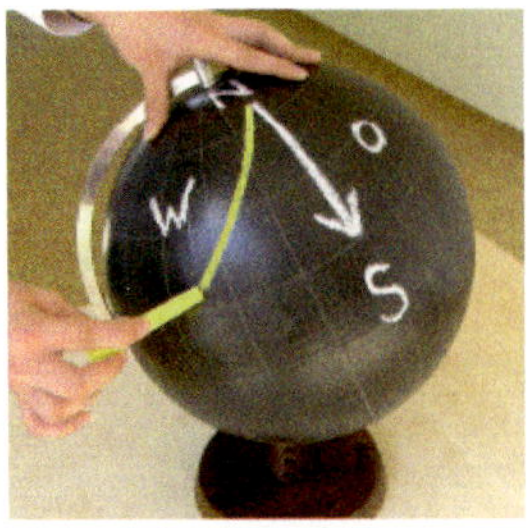

M7 Experiment zur Ablenkung der Passatströmung auf der Nordhalbkugel – theoretischer Nordwind (weißer Pfeil) und Ablenkung durch Erdrotation zum Nordost-Passat (gelbe Linie)

Der Motor für die tropische Luftzirkulation ist die Strahlungsenergie der Sonne. Die Winde, die in diesem System aus den beiden erdumspannenden subtropischen Hochdruckgürteln an den Wendekreisen in Bodennähe zur äquatorialen Tiefdruckrinne am Äquator wehen, heißen **Passate**. Durch die Erdrotation und die **Corioliskraft** erfahren sie hierbei eine Richtungsänderung. Denn am Äquator dreht sich die Erde mit 1666 km/h nach Osten. In Richtung der Pole nimmt diese Geschwindigkeit immer weiter ab. Strömen Luftmassen vom Äquator zum Nordpol, behalten sie die höhere Geschwindigkeit vom Äquator bei und bewegen sich dann schneller als die Erdoberfläche. Von der Erdoberfläche aus betrachtet, ergibt sich daraus eine scheinbare Ablenkung. Diese erfolgt auf der Nordhalbkugel in Fließrichtung nach rechts, auf der Südhalbkugel in Fließrichtung nach links. Umgekehrt werden Luftmassen, die vom Pol zum Äquator strömen, von der Erdoberfläche überholt, werden also auf ihrem Kurs nach Westen – analog auf der Nordhalbkugel nach rechts, auf der Südhalbkugel nach links – jeweils in Fließrichtung – abgelenkt. In der äquatorialen Tiefdruckrinne strömen die beiden Passatzweige NO- und SO-Passat zusammen. Daher nennt man diese Zone **Innertropische Konvergenzzone**, international abgekürzt **ITC**.

M6 Die tropische Passatzirkulation und der Einfluss der Corioliskraft

3 Übertragen Sie das dargestellte Experiment zur Passatströmung auf die Südhalbkugel, indem Sie zuerst mit der Kreide bei stillstehendem Zeichenglobus einen Strich nach Norden ziehen. Formulieren Sie dann zuerst eine These hinsichtlich der veränderten Windrichtung, wenn Sie den Globus dabei von West nach Ost drehen, und führen Sie anschließend das Experiment durch (M7).

GeoKompakt

Die Passatzirkulation ist das Luftdruck- und Windsystem der Tropen. Ihr Antrieb sind die Sonneneinstrahlung sowie das Luftdruckgefälle zwischen dem subtropischen Hochdruckgürtel und der äquatorialen Tiefdruckrinne. In den Tropen ist der Witterungsverlauf daher das ganze Jahr über generell weitaus gleichförmiger, regelmäßiger bzw. weniger rasch wechselnd als etwa in den Subtropen und Mittleren Breiten.

ITC und Zenitalregen

In Mbandaka/Demokratische Republik Kongo (0°N/18°E) fallen im Jahr 1663 mm Niederschlag, in Ndélé/Zentralafrikanische Republik (8°N/20°E) 1258 mm und in Abéché/Tschad (14°N/20°E) nur noch 373 mm, obwohl alle Klimastationen fast auf gleicher östlicher Länge in den Tropen und in einer ähnlichen Höhenlage zwischen 370 und 540 m ü. NN liegen. Aber wie lassen sich die unterschiedlichen Niederschlagsmengen erklären?

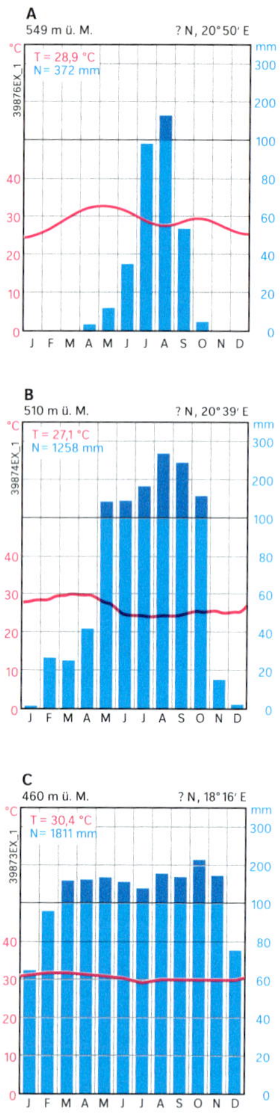

M1 Klimadiagramme afrikanischer Stationen

In den Tropen pendelt der mittägliche Zenitstand der Sonne aufgrund der Erdrevolution in Verbindung mit der Schiefe der Ekliptik im Laufe eines Jahres zwischen dem nördlichen und dem südlichen Wendekreis hin und her (→ S. 24 M2, S. 25 M4). Daher erfahren alle Orte zwischen den Wendekreisen zwei Zenitstände im Jahr. Nur an den Wendekreisen selbst steht die Sonne einmal jährlich im Zenit. Mit dem Zenitstand wiederum sind die typischen wolkenbruchartigen tropischen Gewitterregen verbunden, die durch das Aufsteigen erwärmter feuchter Luftmassen und deren Abkühlung in der Höhe entstehen. Wenn sich im Sommerhalbjahr der Nordhalbkugel, vom 20. März bis zum 23. September, der Zenitstand der Sonne vom Äquator zum nördlichen Wendekreis (Sommersonnenwende am 21. Juni) und wieder zurück verlagert, wandert die ITC bzw. die Zone starker tropischer Niederschläge nahezu breitenkreisparallel um die ganze Erde mit.
Im Sommer der Südhalbkugel, also zwischen dem 23. September und dem 20. März, ist die nunmehr nach Süden verlagerte ITC für die Niederschläge in den Tropen der Südhalbkugel verantwortlich (Wintersonnenwende am 21. Dezember). Nur im März und September befindet sich der Zenitstand der Sonne im Bereich des Äquators. Diese Verlagerung des Zenitstands der Sonne hat in den Tropen weitreichende Auswirkungen auf die thermische Luftzirkulation und die Verlagerung des gesamten Passatkreislaufs im Jahresgang sowie die jährliche Höhe und Verteilung der Niederschläge.

M3 Sonnenstand, Passatzirkulation und Zenitalregen

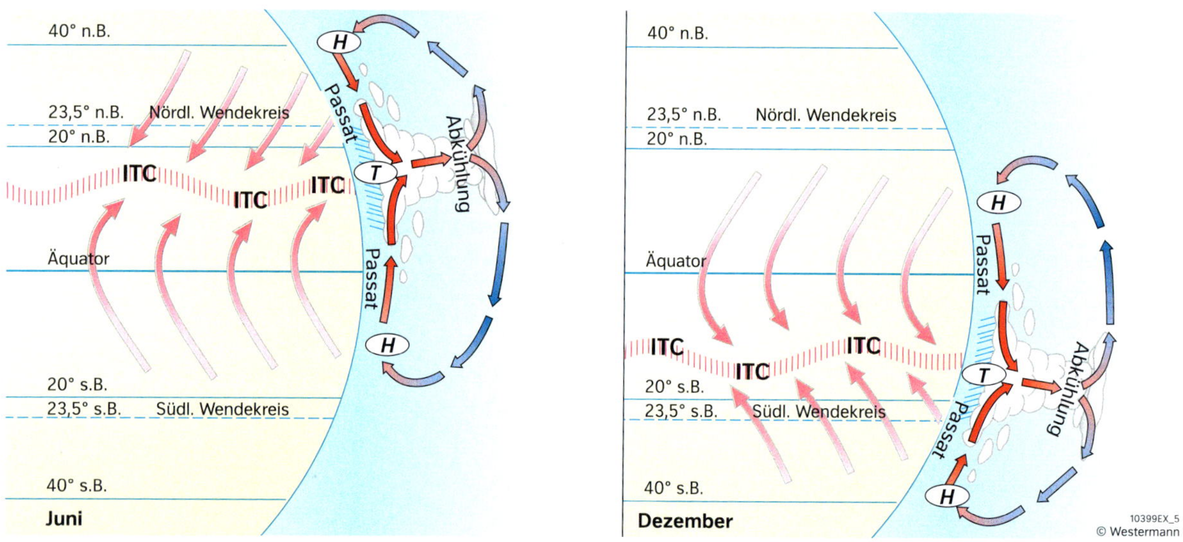

M2 Passatzirkulation im Juni und Dezember

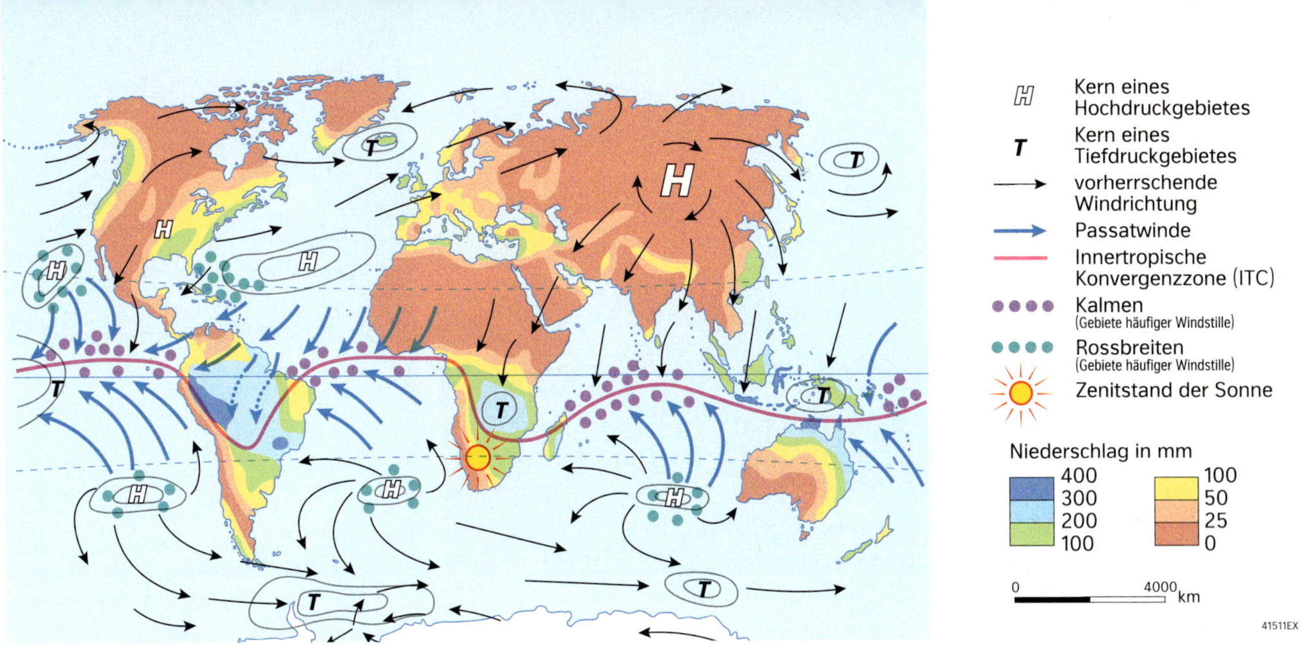

M4 Luftdruck, Winde und Lage der ITC im Januar

Der Zenitstand der Sonne bestimmt die Verlagerung der typischen tropischen Konvektionsniederschläge der ITC. Da es jedoch einige Zeit braucht, bis sich die Luftmassen erwärmt haben, setzen die ergiebigsten Regen erst mit einer Zeitverzögerung von drei bis vier Wochen nach dem Zenitstand der Sonne ein. In Bodennähe entsteht zudem ein Sog, erzeugt von einem Gebiet mit niedrigerem Luftdruck, in dem die Nordost- und Südostpassate zusammenströmen, wodurch die Niederschläge noch verstärkt werden können. Für die Höhe der Niederschläge ist auch entscheidend, ob die Passate vor ihrem Zusammenfließen übers Meer, feuchte Regionen oder über trockenes Land kommen. Mit der jahreszeitlichen Verlagerung der ITC kommt es am Äquator zu zwei Regenzeiten. Hier setzen sich die Regenzeiten aber nur als besonders niederschlagsreiche Zeiten von dem täglichen, Niederschläge bringenden Konvektionsgeschehen ab.
Zu den Wendekreisen hin rücken die beiden Regenzeiten zeitlich immer näher zusammen, bis sie schließlich ab etwa 10° Nord und Süd zu einer Regenzeit verschmelzen. Die Gebiete um die Wendekreise erhalten kaum regelmäßige Niederschläge. Für die Tropen ergibt sich daraus ein markanter jahreszeitlicher Wechsel zwischen Regenzeiten durch Sonnenstand, ITC und Konvektionsvorgänge sowie Trockenzeiten in Folge trockener Passatwinde. Doch die regenbringende ITC verlagert sich nicht gleichmäßig. Über den Landmassen, die sich kräftig aufheizen, dringt sie weiter nach Norden (Nordhalbkugel bis 30° n.Br.) und Süden (Südhalbkugel bis 20° s.Br.) vor als über dem Meer, wo sie sich im Jahresverlauf nur um wenige Grade verschiebt (M4).

M5 Zenitalniederschläge, Regen- und Trockenzeiten

GeoKompakt

In den Tropen pendelt mit dem Zenitstand der Sonne bzw. unter dem Einfluss der ITC die Zone der Niederschläge im Laufe eines Jahres zwischen den Wendekreisen hin und her. Mit Verlagerung der Passatzirkulation bilden sich Regen- und Trockenzeiten, die je nach Entfernung vom Äquator hinsichtlich ihrer Dauer und der Höhe der Niederschläge unterschiedlich ausgeprägt sind.

1 Ordnen Sie die Klimastationen in M1 räumlich einer möglichen Breitenlage zu. Beschreiben und erklären Sie die jeweiligen Niederschlagsverhältnisse hinsichtlich der Menge und der jahreszeitlichen Verteilung.

2 Erläutern Sie Ursachen für den Wechsel von Regen-und Trockenzeiten sowie deren unterschiedliche Dauer an einem selbstgewählten Ort innerhalb der Tropen (M4, Atlas).

3 Erstellen Sie ein Erklärvideo (→ S. 168), das in einem Auf- und Grundriss (M2) die Verlagerung der Passatzirkulation im Laufe eines Jahres mit dem jeweiligen Sonnenstand, der Lage der ITC, dem Zenitalregen und den Passatwindströmungen zeigt.

M1 Immergrüner tropischer Regenwald

M3 Pflegehinweise für die Orchidee Pahlaenopsis

Ökosystem tropischer Regenwald

Die natürlich in den Inneren Tropen wachsenden Orchideen gehören durch ihre Farbenpracht und ihre besonderen Formen zu unseren beliebtesten Zimmerpflanzen. Ihre Pflege ist eine sehr anspruchsvolle Aufgabe. Doch sind die Orchideen etwa die Königinnen unter den Zimmerpflanzen oder liefert die genauere Betrachtung der Wachstumsbedingungen ihrer ursprünglich tropischen Herkunft eine nachvollziehbare Erklärung für derartige Ansprüche?

Wie Sie sehen, dominiert hier als natürliche Vegetation der immergrüne tropische Regenwald, denn 70 % der Pflanzenarten sind Bäume (M1). Pro Hektar gedeihen bis zu 200 verschiedene Baumarten nebeneinander. Die Bäume bilden in ca. 30 bis 40 m Höhe ein annähernd geschlossenes Kronendach – Lebensraum von ca. zwei Dritteln aller Tiere und Pflanzen des Regenwaldes. Einzelne Baumriesen erreichen sogar eine Höhe von bis zu 70 Metern. Am Boden ist es dunkel, denn das Blätterdach der Bäume schränkt den Lichteinfall stark ein. Oft erreicht weniger als ein Prozent der Sonneneinstrahlung den Waldboden. Dort befindet sich deshalb nur eine spärliche Krautschicht aus Kriech- und Schattenpflanzen, wie etwa dem Usambaraveilchen. Aber vor allem bedeckt abgestorbene **Biomasse** den Boden.
Durch das ganzjährig warmfeuchte Klima hat sich hier eine ungeheure Artenvielfalt sowie die höchste Primärpflanzenproduktion der Welt entwickelt. Durch die große vertikale Ausdehnung herrschen in jedem Stockwerk des tropischen Regenwaldes eigene mikroklimatische Bedingungen vor, die von entsprechenden Arten auf engstem Raum genutzt werden. Die Artenvielfalt ist aber auch das Ergebnis eines Überlebenskampfes, der Spezialisierung und Anpassungsstrategien erfordert. Der Mangelfaktor Licht lässt die Bäume in die Höhe wachsen. Zum besseren Halt haben sie stützende Brettwurzeln und relativ kleine Baumkronen. Andere Gewächse wie die Rattanpalme ranken sich als Schlingpflanzen an den Baumstämmen in die Höhe. **Epiphyten** wie die Ihnen bekannte Orchidee (M3), aber auch Farne siedeln sich hingegen in den Baumkronen an. Hier versorgen sie sich, wie auch die Schlingpflanzen, über frei hängende Luftwurzeln mit Niederschlagswasser bzw. dem Wasserdampf der Luft.

M2 Touristische Führung durch den Nationalpark Manú in Peru

1 Beschreiben und begründen Sie die Verbreitung der immergrünen tropischen Regenwälder (Atlas).

2 Fertigen Sie eine Skizze (Vertikalschnitt) an, die das Wirkungsgefüge der Faktoren Klima, Boden und Vegetation im Regenwald anschaulich zeigt.

3 Legen Sie die Ursachen für die hohe Primärpflanzenproduktion sowie Artenvielfalt im tropischen Regenwald dar (M2).

4 Zeigen Sie am Beispiel des Mahagoni- und Kautschukbaums deren Anpassungsstrategien an die Bedingungen des Regenwalds auf (M5, M6).

GeoPlus
Beschreiben Sie weitere ökologische Anpassungsstrategien, etwa von Bromelien oder Würgefeigen (Internet).

Ganzjährig hohe Temperaturen und Niederschläge bewirken eine sehr starke **chemische Verwitterung** und führen zur Bildung tiefgründig verwitterter, aber mineralstoffarmer Böden, deren Mächtigkeit häufig bis zu 20 m beträgt. Charakteristischer Bodentyp ist der Ferralsol. Wie der Name sagt, besteht der Boden (sol) vorwiegend aus Eisen (fe)- und Aluminiumoxiden (al) und den kleinsten bei der Verwitterung entstehenden Mineralen, den **Zweischichttonmineralen**. Diese können für die Pflanzen nicht genügend Nährstoffe zwischenspeichern. Allerdings weisen diese Böden aufgrund der raschen Zersetzung der abgestorbenen Biomasse durch zahlreiche Kleinstlebewesen und Mikroorganismen eine wenige Zentimeter dünne, nährstoffreiche Humusschicht auf. Die darin enthaltenen Mineralstoffe werden aber nicht im Boden gespeichert, sondern Wurzelpilze, sogenannte **Mykorrhiza**, die das weit verzweigte Wurzelwerk der Bäume in einem dichten Geflecht umhüllen, nehmen diese Mineralstoffe auf und geben sie an die feinen Wurzelhärchen der Bäume ab. Im Gegenzug erhalten sie Stärke und Zucker von den Bäumen.
Da die Mineralstoffe auf diese Weise sofort wieder der Biomasse des Regenwaldes zurückgeführt werden, spricht man von einem **kurzgeschlossenen Nähr- bzw. Mineralstoffkreislauf**. Ein Baum im tropischen Regenwald ernährt sich sozusagen von sich selbst.

M4 Tropische Böden und direkter Nährstoffkreislauf

M7 Bodenprofil eines tropischen Ferralsols

Wuchshöhe: 60 m **Stammdurchmesser:** 4 m **Vermehrung:** Flügel tragen Samen mehrere 100 m vom Mutterbaum weg. **Eigenschaften:** hartes, wetterfestes, lange haltbares Holz, **Verwendung:** wertvolles Möbelholz wegen des rötlichen Schimmers, keine Astlöcher, da Krone erst ab 30 m Höhe

M5 Mahagonibaum

Wuchshöhe: 20–40 m **Stammdurchmesser:** 2 m, aber Luftwurzeln zum Abstützen am Boden **Vermehrung:** Samenpflanzen schlingen sich vom Boden nach oben. **Eigenschaften:** Latexsaft als Wundverschluss zur Vermeidung von Fraßschäden und Infektionen **Verwendung:** Latex zur Gummiherstellung

M6 Gummi- oder Kautschukbaum

GeoKompakt

Der tropische Regenwald ist durch seine große Artenvielfalt und Biomassenproduktion einzigartig. Mit verschiedenen Strategien haben sich die Pflanzen dem feucht-warmen Klima angepasst. Aufgrund der starken chemischen Verwitterung sind die tropischen Böden sehr mineralstoffarm. Daher ist der kurzgeschlossene Nährstoffkreislauf von großer Bedeutung für das Ökosystem tropischer Regenwald.

M1 Affenbrotbaum (Baobab) mit Stammsukkulenz

M4 ?

Das Ökosystem der Savannen

1 Geben Sie den Bildern M4, M5 und M8 einen passenden Untertitel.

2 Gestalten Sie in arbeitsteiliger Gruppenarbeit jeweils eine anschauliche digitale Kurzpräsentation, die folgende Aspekte zu jeweils einer der drei Savannenarten enthalten sollte: globale Verbreitung, Klima, Vegetation, Boden, Tierwelt (Atlas, M1 – M9).

Afrikanische Sagen erzählen, dass der Baobab bei seiner Entstehung alle anderen Bäume an Schönheit übertreffen wollte. Als ihm das nicht gelang, steckte er seinen Kopf in die Erde, sodass seine Wurzeln in die Luft ragen. Aber wie lässt sich sein Aussehen aus naturgeographischer Sicht erklären?

Mit ihren zu den Wendekreisen hin abnehmenden Niederschlägen bilden die Savannen (span.: sabana Grasebene) der Wechselfeuchten Tropen die Übergangsräume zwischen dem tropischen Regenwald und den Wüsten. Die jährliche Niederschlagsmenge sowie die Dauer von Regen- bzw. Trockenzeit, also die Anzahl der humiden bzw. ariden Monate, bestimmen Wuchshöhe und Biomasse der drei Savannentypen **Feucht-**, **Trocken-** und **Dornstrauchsavanne**. Typisch für alle Savannen ist das Nebeneinander von Gräsern und Gehölzen. Da die Gräser durch ihr oberflächennahes, weitverzweigtes Wurzelnetz die Niederschläge schnell aufnehmen können, wachsen sie nach den saisonalen Regenfällen rasch nach. Die Wurzeln der Bäume hingegen reichen bis in tiefere Bodenschichten, die die Gräser nicht mehr erreichen können.

M3 Savannen – Landschaften in den Wechselfeuchten Tropen

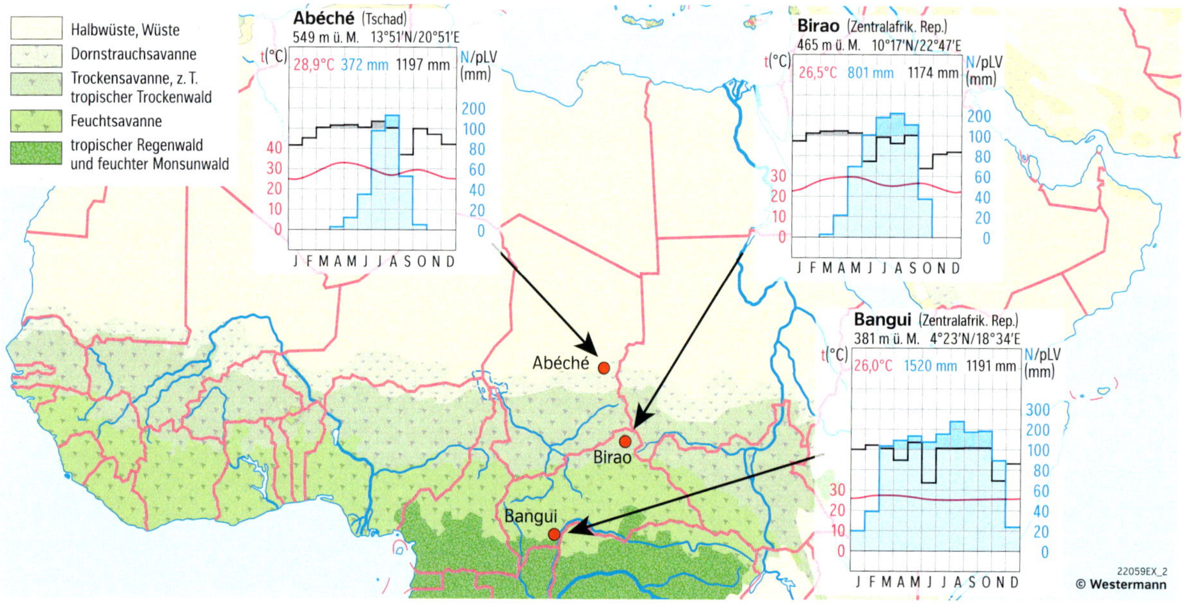

M2 Savannen und deren klimatische Merkmale

M5 ?

M8 ?

In der Feuchtsavanne bilden die Gräser durch das relativ hohe Niederschlagsangebot eine geschlossene Grasflur und erreichen eine Höhe von bis zu 6 m (Elefantengras). Dazwischen finden sich bis zu 30 m hohe Feuchtwälder, die zwei Baumschichten haben – eine obere regengrüne und eine untere immergrüne.
Das Landschaftsbild der Trockensavanne dominieren bis zu 2 m hohe Gräser, die von einzeln stehenden Bäumen und lichten Bauminseln regengrüner, laubabwerfender Trockenwälder unterbrochen werden. Deren Blätter sind meist klein oder fiedrig, um die **Transpiration** zu vermindern. Häufig weisen sie, wie die Schirmakazie, schirmähnliche Kronen auf, die ihren Wurzelbereich beschatten und so die Verdunstung von Bodenwasser verlangsamen. Andere wie der Affenbrotbaum besitzen die Fähigkeit, in ihrem tonnenförmigen Stamm über längere Zeit Wasser zu speichern.
Den größten Teil der Dornstrauchsavannen bilden schüttere, kleinwüchsige Horstgräser. Dazwischen finden sich eingestreut Dornsträucher und kleinblättrige Dornbäume. Diese besitzen einen ausgeprägten Verdunstungsschutz – z. B. mit einer Wachsschicht überzogene oder zu Dornen reduzierte Blätter. Das Wurzelwerk dieser Pflanzen ist tiefreichend, damit es auch in Trockenperioden das Grundwasser erreicht.

M6 Die Vegetationsformation der Savannen

Die Böden der Feuchtsavanne ähneln mit ihrer Mineralstoffarmut den Böden der tropischen Regenwälder, da aber durch die zunehmende Trockenheit die chemische Verwitterung weniger stark ausgeprägt ist, sind sie trotzdem noch relativ fruchtbar.
In den Trockensavannen sind die Böden in der Regel mäßig tief verwittert, besitzen einen höheren Mineralstoffgehalt, neigen jedoch zur Austrocknung und Krustenbildung.
Die Böden der Dornsavannen haben einen vergleichsweise hohen Gehalt an Mineralstoffen. Einschränkender Faktor für das Pflanzenwachstum ist hier der ausgeprägte Wassermangel. Gelegentliche Starkregen erhöhen die Erosionsgefährdung der Böden.

M7 Die Böden der Savannen

In Feucht- und Trockensavannen, deren Graslandschaften ideale Weideflächen sind, leben die größten Landsäugetiere der Erde, z. B. Elefanten, Nashörner, Giraffen und Zebras, aber auch Raubtiere wie Löwen und Hyänen. Dem verminderten Schutz in den offenen Savannen begegnet die Natur mit der Bildung von großen Wildtierherden.
Zur typischen Fauna der Trockensavanne zählen aber auch kleinere Lebewesen wie Termiten, Ameisen und Heuschrecken. Auch Gazellen können hier noch überleben, denn sie kommen längere Zeit ohne Wasser aus. An das Leben in den Dornstrauchsavannen haben sich vor allem Insekten, Kleinreptilien und Spinnen angepasst. Sie sind überwiegend nachtaktiv, um so wenig wie möglich an Flüssigkeit zu verlieren.

M9 Die Tierwelt der Savannen

GeoKompakt

Savannen bilden die Übergangsräume zwischen dem tropischen Regenwald und den Trockengebieten der Wendekreise. Gemeinsames Kennzeichen der Savannen ist Grasbewuchs, der mehr oder weniger stark von Sträuchern und Bäumen überragt wird. Die Dauer und Ergiebigkeit der Regenzeit sowie die Länge der Trockenzeit bestimmen die Ausprägung der Ökofaktoren in den Savannentypen Feucht-, Trocken- und Dornstrauchsavanne.

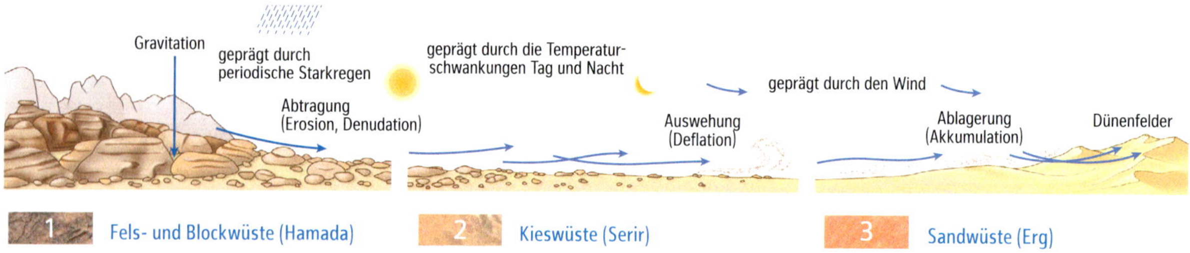

M1 Wüstenarten und ihre Entstehung

Das Ökosystem der subtropischen Wüsten

In ariden Wüsten finden sich Formen, die die extremen dortigen Naturbedingungen widerspiegeln: gespaltene Felsen, pilzförmige Gesteinstürme, Sanddünen und schier endlose Flächen mit scharfkantigen oder gerundeten Gesteinsbrocken. Doch welche Kräfte verursachen diese Oberflächenformen?

In den subtropischen Wüsten herrschen im Tagesverlauf extreme Temperaturunterschiede vor, die das Gestein rhythmischen Volumenveränderungen, Druck- und Zugspannungen aussetzen. Auf lange Sicht wird so das Gestein gespalten und in immer kleinere Trümmer zerteilt. Diese Form der **physikalischen Verwitterung**, die **Insolationsverwitterung**, führt zu einer zwiebelartigen Ablösung äußerer Gesteinsschichten eines Gesteinsbrockens, der **Abgrusung**. So wird etwa Granit wegen der unterschiedlichen Ausdehnungskoeffizienten seiner Bestandteile in Feldspat, Quarz und Glimmer zerbröselt. Und manchmal zerspringen auch Gesteinsblöcke knallend, im sogenannten **Kernsprung**, in der Mittagshitze. Gesteinstrümmerfelder bleiben zunächst am Ort ihrer Entstehung liegen und prägen das typische Bild der Stein- und Felswüsten.

Durch seltene, aber heftige Starkregen können auch schwerere Gesteinsbrocken in sonst trockenliegenden Flussbetten, den Wadis, abtransportiert und dabei gerundet werden und Kieswüsten entstehen lassen. Sandkörner werden vom Wind transportiert und wirken wie ein Sandstrahlgebläse: Da die Schleifwirkung in Bodennähe am stärksten ist, werden höhere Felsen mitunter zu imposanten **Pilzfelsen** umgestaltet. Die vom Wind transportierten Sandkörner werden in den Sandwüsten abgelagert und zu Sanddünen geformt.

M2 Geomorphologie der Wüsten – Verwitterung, Abtragung, Transport und Ablagerung

M3 Formenschatz der Wüste – Kernsprung, Wadi, Pilzfelsen

M4 Überlebenskünstler in der Wüste – Sukkulenten, Kryptophyten und Therophyten, Wüstenfuchs

Wassermangel, Hitze und hohe Bodensalzgehalte stellen die Wüstenflora und -fauna vor besondere Herausforderungen. Daher haben diese die unterschiedlichsten Anpassungsstrategien entwickelt, um ihr Überleben in den Trockengebieten zu sichern. Um die Verdunstungsoberfläche so gering wie möglich zu halten, bilden **Xerophyten** (griech. xeros = trocken; phytos = Pflanze) nur wenige, sehr kleine, mit einer Wachsschicht überzogene Blätter oder Dornen aus. Zudem besitzen sie ein sehr tiefreichendes und weitverzweigtes Wurzelsystem, um Zugang zu den tieferliegenden Wasservorräten zu erhalten. **Sukkulenten** (lat. sucus = Saft), z. B. Kakteen, können Wasser der episodischen Regenfälle in besonderen Organen über einen längeren Zeitraum speichern. Um Niederschlagswasser schnell aufnehmen zu können, besitzen sie ein ausladendes, flaches Wurzelsystem. **Kryptophyten** (griech. krypto = verborgen) überdauern die langen Trockenperioden in Form von im Boden liegenden Knollen oder Zwiebeln. Ihre oberirdischen Organe sterben zwischenzeitlich völlig ab. **Therophyten** (griech. theros = Sommer) sind einjährige Pflanzen, die oftmals jahrelang als Samen im Boden liegen. Erst wenn reichlich Niederschlag fällt, vollziehen sie in nur wenigen Tagen ihren Vegetationszyklus von der Keimung bis zur Blüte. Ihre ganze Energie stecken sie dabei in die Produktion von neuen Samenkörnern.
Wegen der extremen Sonneneinstrahlung bzw. hohen Lufttemperaturen am Tag sind viele Wüstentiere nachtaktiv, so etwa Käfer, Spinnen, Geckos und Springmäuse. Schlangen, Skorpione und Echsen graben sich tagsüber in den Wüstensand ein, um dort Abkühlung zu finden. Wüstenhasen und -füchse wiederum regulieren ihre Körpertemperatur über riesige Ohren. Kamele haben durch die Anpassung ihrer Nieren und Blutkörperchen, vermindertes Schwitzen und Resorption von Wasserdampf aus der Atemluft mittels der Nasenschleimhäute einen reduzierten Wasserhaushalt.

M5 Die Wüste blüht und lebt.

GeoKompakt

Das aride Klima und die im Tagesverlauf großen Temperaturschwankungen bestimmen den Formenschatz in den subtropischen Wüsten. Dabei sind physikalische Verwitterungsprozesse von großer Bedeutung. Insolation, Starkregen und Winderosion schaffen Stein-, Kies- und Sandwüsten. Die Fauna und Flora der Wüstengebiete haben sich an die extremen klimatischen Umweltbedingungen angepasst.

1 Erarbeiten Sie mit einem Gruppenpuzzle kurze PowerPoint-Präsentationen:

Expertengruppe 1
Verorten Sie die weltweite Verbreitung von Wendekreiswüsten (Kontinente/ Länder) und erläutern Sie die Gründe für die klimatischen Bedingungen in diesem ariden Ökosystem (→ S. 28 In den Ariden Subtropen).

Expertengruppe 2
Erklären Sie den Formenschatz der Wüsten aus dem Zusammenhang von Klimabedingungen, Verwitterung, Erosion und Materialtransport (M1–M3).

Expertengruppe 3
Zeigen Sie anhand von jeweils zwei selbstgewählten Beispielen die Anpassungsmechanismen der Wüstenflora und -fauna an die dort herrschenden Bedingungen auf (M4, M5).

M1 Zeiger- oder Indikatorpflanzen – stark an die Temperaturen und Niederschläge von einzelnen Klimazonen gebundene Pflanzen

Klima- und Vegetationszonen der Erde

Fliegt man im Januar mit dem Flugzeug von Kampala/Uganda nach Manaus/Brasilien, stellt man fest, dass sich Klima und natürliche Vegetation der beiden Räume ähneln. Fliegt man aber die gleiche Distanz, etwa 10 000 km, von Kampala nach Norden nach Kirkenes/Norwegen, befindet man sich dort in einer um 35° C kälteren und schneebedeckten Tundrenregion. Wie sind diese Ähnlichkeiten und Unterschiede erklärbar?

Für die Differenzierung der Erde in Klimazonen spielt die Sonneneinstrahlung eine entscheidende Rolle. Diese – und damit auch der Grad der Erwärmung auf der Erdoberfläche – hängt vom Einfallswinkel der Solarstrahlung und damit letztendlich von der Breitenlage des jeweiligen Ortes ab. Weil die Sonnenstrahlen in den niederen Breiten steiler einfallen als in den weiter polwärts gelegenen Regionen, ist hier die Strahlungsmenge pro Flächeneinheit auf der Erdoberfläche wesentlich höher. Daher sind die Jahresdurchschnittstemperaturen umso tiefer, je weiter man sich vom Äquator zu den Polen hin entfernt. So entstehen etwa parallel zu den Breitenkreisen Regionen mit unterschiedlichen solaren Beleuchtungsverhältnissen – die Tropen, die Mittelbreiten mit den Subtropen und der gemäßigten Zone und die subpolare und polare Zone (→ S. 25, M4). Auf der Grundlage dieser Beleuchtungszonen sowie der damit zusammenhängenden Zirkulation der Atmosphäre basiert die Einteilung der Klimazonen. Es sind großräumige, gürtelartig angelegte Gebiete, in denen wesentliche Merkmale des Klimas auf gleicher Höhenlage ähnlich sind, wie z. B. Jahresniederschlagsmengen, Jahres- und Monatsmitteltemperaturen, Anzahl der ariden und humiden Monate. Die Klimazonen variieren jedoch hinsichtlich ihrer Ausdehnung und Begrenzung durch den Einfluss der Land-Meerverteilung sowie beispielsweise die Lage und Höhe von Gebirgen. Somit wird oftmals die rein zonale Anordnung der Klimazonen durch maritim-kontinentale bzw. hypsometrische Einflussfaktoren überprägt.

M2 Die Klimazonen der Erde

1. Legen Sie grundlegende naturgeographische Kriterien für die Ausweisung von Klima- und Vegetationszonen dar (M2, M4).

2. Halten Sie in Form einer digitalen Präsentation ein Kurzreferat über eine selbstgewählte Klimazone, in dem Sie die Merkmale dieser Klimazone beschreiben und erläutern (M4, M5).

3. Vom Äquator bis zu den Polen werden die Wachstumsbedingungen immer ungünstiger. Nehmen Sie in einem mündlichen 2-Minuten-Vortrag kritisch Stellung zu dieser Aussage.

4. Ordnen Sie mithilfe geeigneter Atlaskarten den Klimazonen die jeweilige natürliche Vegetation zu, wobei z. B. ein Mitspieler die Klimazone/Vegetationsform und der andere die jeweils passende Vegetationsform/Klimazone nennt.

5. Suchen Sie für die Vegetationszonen (M3) jeweils eine typische Zeigerpflanze der natürlichen Vegetation wie in M1.

GeoPlus

Erklären Sie den Zusammenhang von Meeresströmungen und Küstenwüsten.

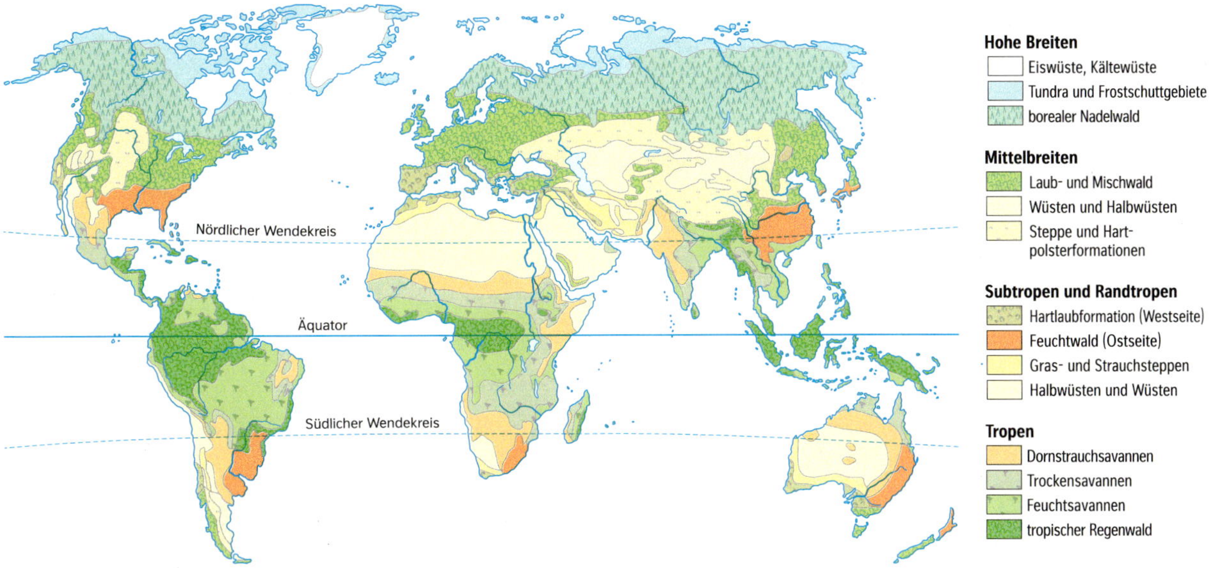

M3 Die Vegetationszonen der Erde – natürliche, potenzielle Vegetation

Das Wachstum der Pflanzen wird in besonderem Maß durch Sonneneinstrahlung, Lufttemperatur, Bodenverhältnisse und das Niederschlagsdargebot in seiner räumlichen und zeitlichen Verteilung beeinflusst. So haben sich in Abhängigkeit von den Klimafaktoren annähernd breitenkreisparallele Zonen der natürlichen Vegetation herausgebildet. Diese werden in ihrer räumlichen Ausprägung durch lokale Einflussgrößen wie Höhenlage, Meeresnähe, Luv- oder Leelage beeinflusst. Die Abhängigkeit von den Klimafaktoren zeigt sich beispielsweise darin, dass in kälteren Gebieten weniger Biomasse produziert wird als in feuchtwarmen Regionen. Die Länge der Wachstumsperiode ist für viele Pflanzen ein limitierender Wachstumsfaktor. Daraus ergibt sich für jede Pflanze eine bestimmte, thermisch bedingte Kältegrenze, bis zu der ihr Vorkommen polwärts oder in die Höhe noch möglich ist. Neben der Temperatur ist auch das Niederschlagsdargebot für das Pflanzenwachstum entscheidend. Hieraus ergeben sich sogenannte Trockengrenzen, Trennlinien zwischen Räumen mit Niederschlagsüberschuss und jenen mit Niederschlagsdefizit unter Berücksichtigung der jährlichen Verdunstungswerte. Wegen der weitgehenden Übereinstimmung zwischen klimatischen Gegebenheiten und Pflanzenwachstum kann somit auch die Verbreitung der natürlichen Vegetation, also jener Pflanzengesellschaften, die ohne menschlichen Einfluss wachsen würden, als Indikator zur Bestimmung und Abgrenzung von Klimazonen herangezogen werden.

M4 Die Vegetationszonen

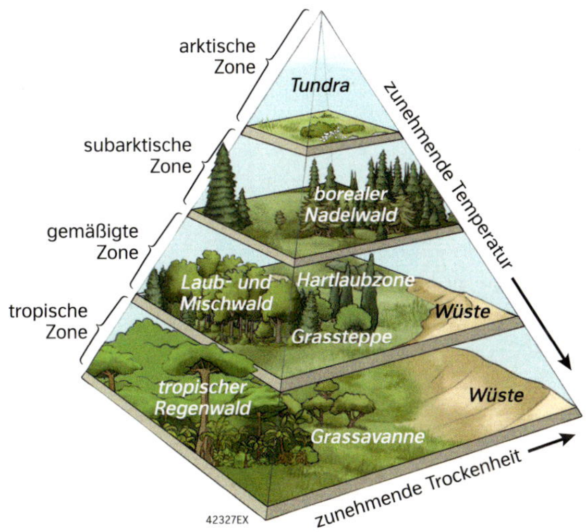

M5 Gliederung der Vegetation der Erde nach Zonen, Temperatur und Niederschlag

GeoKompakt

Klimazonen sind weitgehend breitenkreisparallel angeordnete, gürtelartige Großräume mit ähnlichen klimatischen Gegebenheiten, vor allem hinsichtlich der Klimaelemente Lufttemperatur und Niederschlag. Die natürliche Vegetation wiederum hat sich in diesen Zonen an die jeweiligen klimatischen Bedingungen angepasst. Den Klimazonen lassen sich daher jeweils typische Formen der natürlichen Vegetation zuordnen. Jedoch hat der Mensch die natürliche Vegetation durch von ihm kultivierte Flächen verändert und verdrängt.

Kompetenzcheck Kreisläufe und Wirkungsgefüge in unterschiedlichen Ökozonen

Kreisläufe und Wirkungsgefüge spiegeln naturräumliche Gegebenheiten und Wechselwirkungen in Ökozonen wider, die sich durch wesentliche Merkmale von angrenzenden Räumen unterscheiden. Arbeiten Sie anhand von Prozessen und Strukturschemata die Merkmale einzelner Ökozonen heraus.

1. Erläutern Sie das Schema des tropischen Passatkreislaufs (M1), indem Sie den Ziffern 1–9 entsprechende Prozesse zuordnen.

2. M2 zeigt die globalen Meeres- und Landtemperaturen und die Wolkenbildung am 10. November 2021. Erläutern Sie Temperaturverhältnisse sowie die Wolkenbildung über Afrika und Mittel- und Südamerika auf der Grundlage der tropischen Einstrahlungs- und Luftzirkulationsverhältnisse.

3. Beschreiben und erklären Sie das in M3 dargestellte Schema der Niederschlagsverhältnisse anhand des Modells der Passatzirkulation.

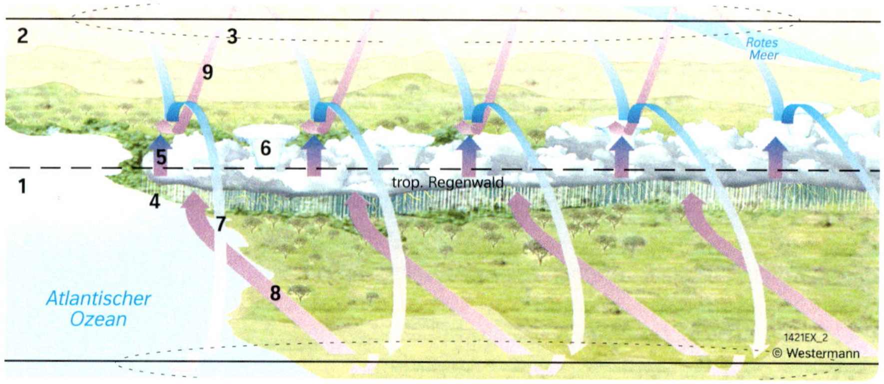

M1 Passatkreislauf

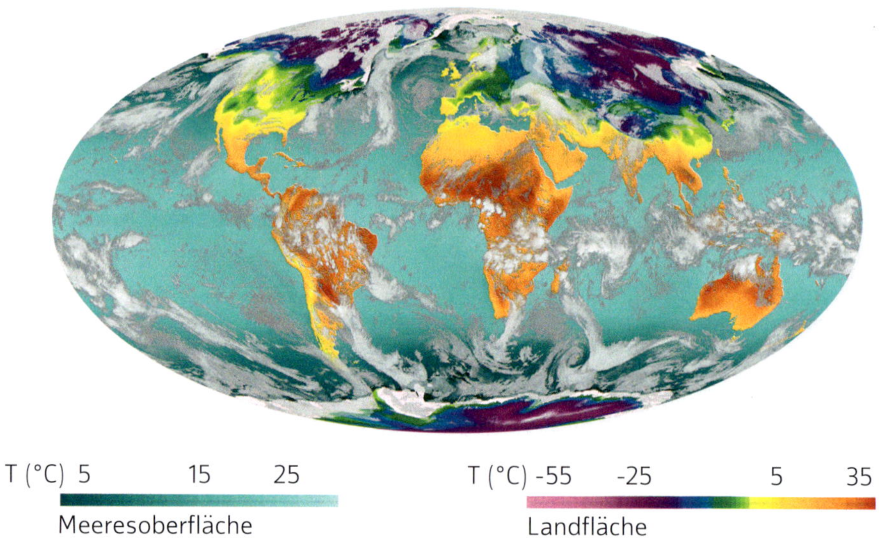

M2 Falschfarben-Infrarot-Satellitenbild der Erde

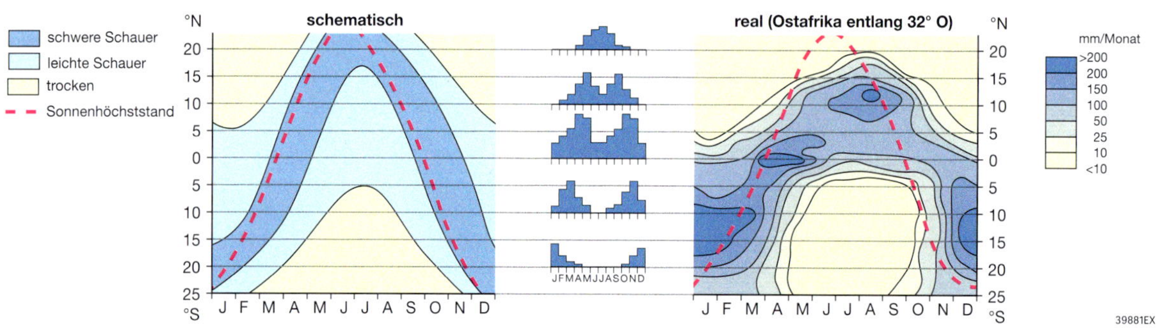

M3 Verlagerung des Sonnenhöchststands sowie der Niederschläge

CHECK

INFO

Ein **Geoökosystem** ist ein stofflich und energetisch offenes Funktionssystem der Erde mit einem dynamischen Gleichgewicht und einem selbstregulierenden Wirkungsgefüge abiotischer (unbelebter) und biotischer (belebter) Faktoren. Es umfasst somit das Biosystem (Pflanzen- und Tierwelt) und das Geosystem (Oberflächenformen, Gesteine, Gewässer, Klima). Aus der räumlichen Systematisierung ergeben sich verschiedenartige **Ökozonen** (Synonyme: Landschaftsgürtel, Landschaftszonen, Geozonen).

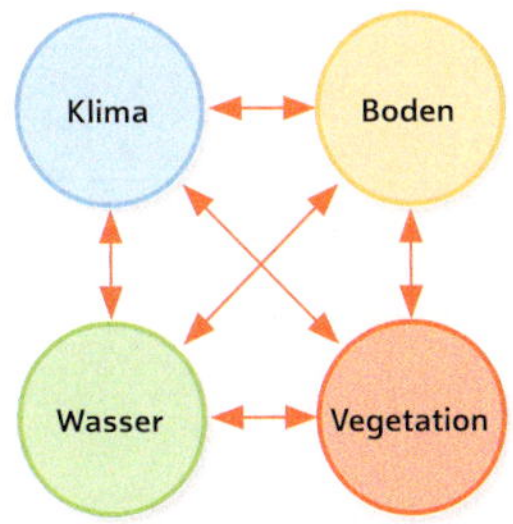

M6 Vereinfachtes Schema eines Geoökosystems

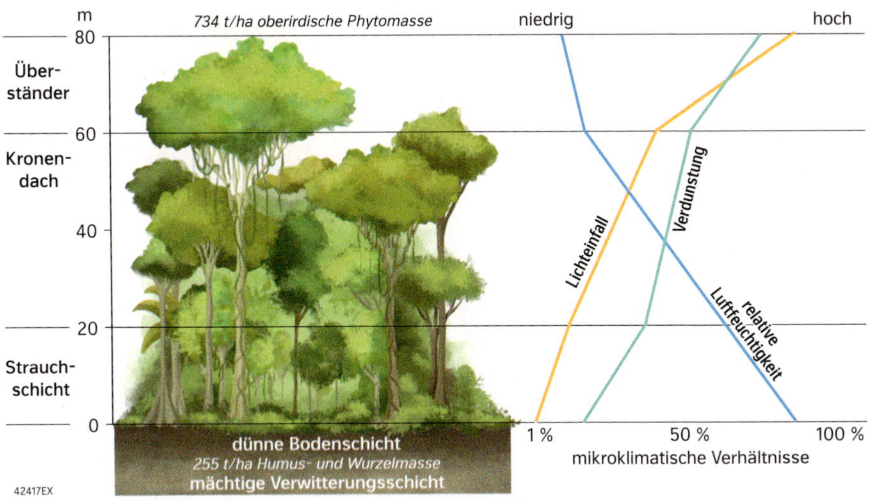

M4 Vertikalschnitt durch das Ökosystem tropischer Regenwald

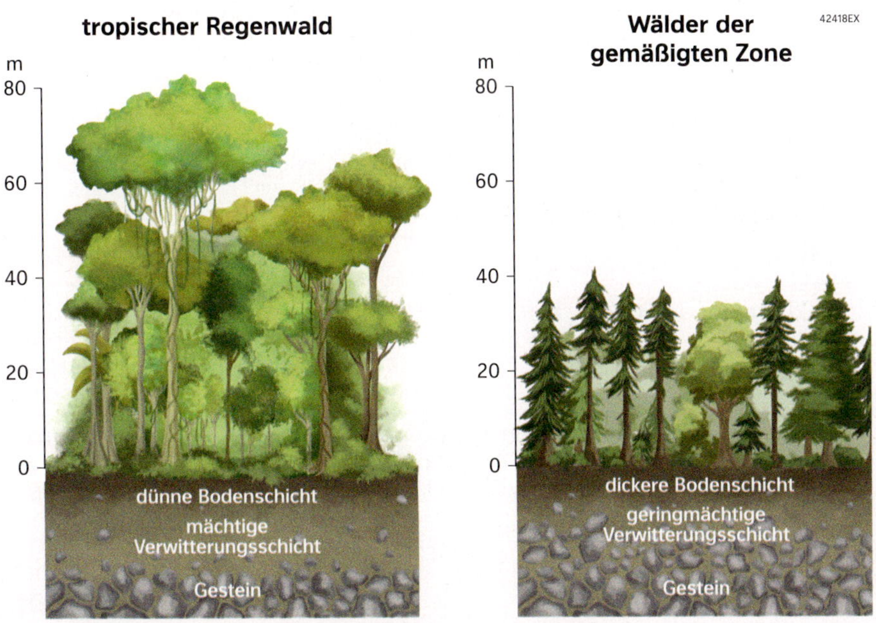

M5 Tropischer Regenwald und Wald der gemäßigten Zone im Vergleich

4 Erstellen Sie in Partnerarbeit ein vereinfachtes Strukturschema der Wechselwirkungen zwischen Klima, Vegetation, Boden und Wasser (M6) für jeweils eine der folgenden Ökozonen: Aride Tropen und Subtropen, Wechselfeuchte Tropen, Immerfeuchte Tropen.

5 Erklären Sie die in M4 dargestellten mikroklimatischen Verhältnisse und begründen Sie, warum die natürliche Vegetation in den Immerfeuchten Tropen größtenteils aus Bäumen besteht.

6 Legen Sie die Ursachen für die hohe Biodiversität (Artenvielfalt) und die große Biomassenproduktion des Geoökosystems tropischer Regenwald dar.

7 Erstellen Sie auf der Grundlage von M5 eine Skizze zu den unterschiedlichen Mineralstoffkreisläufen der Wälder dieser unterschiedlichen Ökozonen und erläutern Sie diese.

Klimazonen	Polare Zone	Subpolare Zone	Gemäßigte Zone (Mittelbreiten)		

Vegetationszonen	**Eiswüste** vegetationslos **und Tundra:** Gräser, Zwergsträucher, Moose, Flechten	**borealer Nadelwald (Taiga):** v.a. Lärchen, Fichten, Torfmoore	**sommergrüner Laub- und Mischwald:** Tannen, Fichten, Eichen, Buchen	**Steppe** Gräser, Kräuter, vereinzelt auch Bäume	**Hartlaub-Vegetation** Hartlaubgewächse, Zypressen, Pinien

Jahreszeiten	deutliche Ausprägung von Jahreszeiten; Jahreszeitenklima				
Jahresdurchschnittstemperatur	unter -10 °C	-10 °C bis 0 °C	0 °C bis 12 °C		
Jahresniederschlagsmenge	< 300 mm, nival	< 600 mm, überwiegend humid	> 600 mm, vollhumid	< 600 mm, humid, wintertrocken	400 - 1000 mm, sommertrocken, Winterregen
Wachstumsperiode (Tage)	< 30	30 - 80	> 180	< 180	> 150
eingeschränkt durch		**Kälte**			
Begrenzung der landwirtschaftlichen Nutzung	fehlende Böden, Permafrostboden	kurze Vegetationsperiode, Nährstoffarmut	kaum eingeschränkt	kurze Vegetationsperiode, Wassermangel	sommerliche Wasserarmut
Anbauprodukte, Viehhaltung (Beispiele)	Rentiere (Nomadismus)	geregelte Forstwirtschaft, Roggen, Kartoffeln	Hackfrüchte, Getreide, Rinder, Geflügel, Schweine	Weizen, Zuckerrüben, Sonnenblumen, Schafe, Rinder	Wein, Oliven, Obst, Zitrusfrüchte, Schafe, Ziegen

M1 Klima- und Vegetationszonen im Überblick

Subtropen	Tropen			
Wüste und Halbwüste	**Dornstrauch-savanne**	**Trocken-savanne**	**Feucht-savanne**	**Tropischer Regenwald**
vegetationslos, vereinzelt Gräser, Zwergsträucher	kniehohes Gras, Dornsträucher, Sukkulenten	brusthohes Gras, einzelne Bauminseln	mannshohes Gras, regengrüne Wälder	artenreicher immergrüner Wald, Lianen, Epiphyten
keine/kaum Jahreszeiten; deutliches Tageszeitenklima				
12 °C bis 24 °C	über 24 °C			
< 250 mm, semiarid/arid	250 - 500 mm, bis 4 humide Monate	500 - 1000 mm, 4 - 6 humide Monate	> 1000 mm, 6 - 10 humide Monate	> 1500 mm, ganzjährig vollhumid
< 60	< 180	> 180	>300	ganzjährig
Trockenheit				
drastischer Wassermangel	Wassermangel, Trockenzeit	Wassermangel, Trockenzeit	eingeschränkte Nährstoffverfügbarkeit	starke Nährstoffarmut
Oasenkulturen, Baumwolle, Reis, Kamele, Schafe	Reis, Baumwolle, Ziegen, Schafe, Rinder (Nomadismus)	Hirse, Mais, Erdnüsse, Baumwolle, Rinder, Schafe	Maniok, Hirse, Mais, Kleinvieh	Maniok, Reis, Reis, Bananen, Kakao, Kaffee, Zuckerrohr

16080EX_26

Traditionsreicher Kulturraum im Spannungsfeld aktueller Geopolitik – Nordafrika, Naher und Mittlerer Osten

Flussoase des Nils bei Assuan

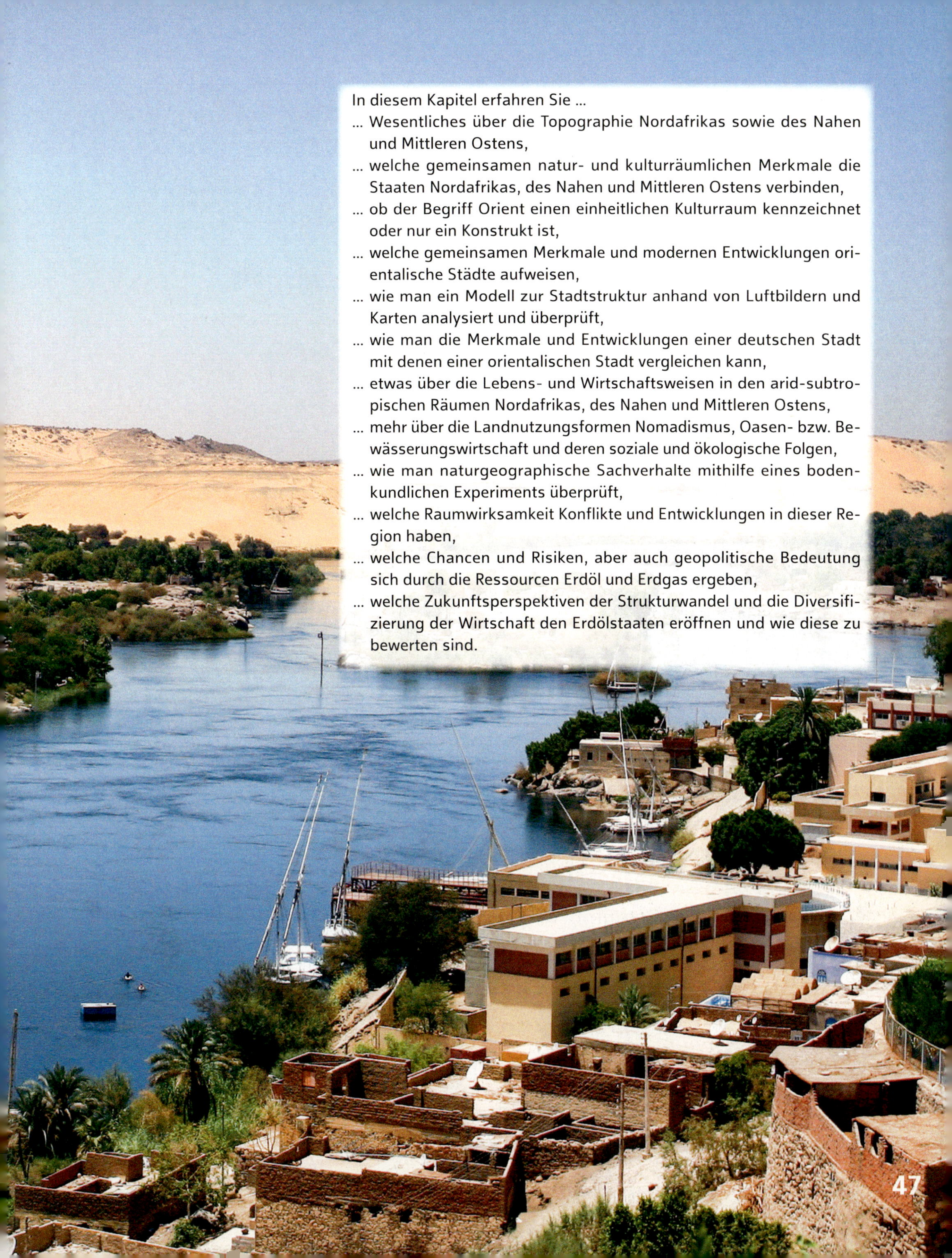

In diesem Kapitel erfahren Sie ...
... Wesentliches über die Topographie Nordafrikas sowie des Nahen und Mittleren Ostens,
... welche gemeinsamen natur- und kulturräumlichen Merkmale die Staaten Nordafrikas, des Nahen und Mittleren Ostens verbinden,
... ob der Begriff Orient einen einheitlichen Kulturraum kennzeichnet oder nur ein Konstrukt ist,
... welche gemeinsamen Merkmale und modernen Entwicklungen orientalische Städte aufweisen,
... wie man ein Modell zur Stadtstruktur anhand von Luftbildern und Karten analysiert und überprüft,
... wie man die Merkmale und Entwicklungen einer deutschen Stadt mit denen einer orientalischen Stadt vergleichen kann,
... etwas über die Lebens- und Wirtschaftsweisen in den arid-subtropischen Räumen Nordafrikas, des Nahen und Mittleren Ostens,
... mehr über die Landnutzungsformen Nomadismus, Oasen- bzw. Bewässerungswirtschaft und deren soziale und ökologische Folgen,
... wie man naturgeographische Sachverhalte mithilfe eines bodenkundlichen Experiments überprüft,
... welche Raumwirksamkeit Konflikte und Entwicklungen in dieser Region haben,
... welche Chancen und Risiken, aber auch geopolitische Bedeutung sich durch die Ressourcen Erdöl und Erdgas ergeben,
... welche Zukunftsperspektiven der Strukturwandel und die Diversifizierung der Wirtschaft den Erdölstaaten eröffnen und wie diese zu bewerten sind.

M1 Der Orient?

INFO

Als **Maghreb** (arab.: Westen) bezeichnet man aufgrund geographischer und geschichtlicher Gemeinsamkeiten die Staaten Marokko, Algerien, Tunesien, Libyen, Mauretanien und das Territorium Sahara.

1 Stellen Sie die Merkmale zur Definition der arabischen und der islamischen Welt in einer Mindmap dar.

2 Vergleichen Sie mithilfe geeigneter Atlaskarten die räumliche Verbreitung der arabischen Sprache und des Islams mit der Karte des Orients (M1).

3 Benennen Sie die Gebirge (1-7), die Flüsse (a-c) und Meere (A-E) in der Karte M5 (Atlas).

Der Orient – einheitlicher Raum oder Konstrukt?

Der Begriff Orient erinnert an die Märchen aus 1001 Nacht. Diese haben nur wenig mit der Wirklichkeit zu tun. Kein Bewohner der Region nennt seine Heimat Orient. Finde heraus, inwieweit der Orient ein einheitlicher Raum ist bzw. ob es sich dabei um ein Konstrukt westlichen Denkens handelt.

Orient (lat.: oriens für der Osten; dort, wo die Sonne aufgeht) ist eine in der Antike entstandene Bezeichnung für alle vom Mittelmeer aus gesehen im Osten liegenden Gebiete. Geschichtlich betrachtet versteht man darunter das Morgenland im Unterschied zum Okzident (lat.: sol occidens für untergehende Sonne), dem Abendland – Europa. Mit der Kolonialisierung des Orients durch europäische Staaten verfestigte sich der Begriff Orient durch seine mystifizierende Darstellung zwischen Phantasie und Wirklichkeit in der europäischen Literatur und Kunst. Im Zuge der Gründung der **Arabischen Liga** 1945 mit 22 Staaten entstand für diesen Raum der politische Begriff der Arabischen Welt, die durch die arabische Sprache und eine gemeinsame arabische Kultur gekennzeichnet ist.
Der Begriff Islamische Welt hingegen hat einen weitaus umfassenderen Anspruch. Er umfasst alle Staaten, in denen die Mehrheit der Bevölkerung muslimisch ist und die Religion des Islam die Kultur, die Kunst und das öffentliche Leben durchdringt. So werden die Länder Nordafrikas und Vorderasiens aufgrund vieler Gemeinsamkeiten kontinentübergreifend in einem Großraum, dem Orient, zusammengefasst. Dabei handelt es sich jedoch keinesfalls um einen homogenen Natur- und Kulturraum. Zwar gehören die Staaten Mali, Niger, Tschad und Sudan geographisch zu Subsahara-Afrika, sind dennoch oftmals stark durch arabische und islamische Kulturmerkmale beeinflusst. Und gehören Pakistan, Afghanistan, Usbekistan und Turkmenistan mit ihrer mehrheitlich islamischen Bevölkerung nicht ebenfalls zum Orient? Und was ist mit der Türkei, die sich sowohl als Teil Europas, aber auch der islamischen Welt betrachtet?

M2 Viele Begriffe – ein Raum?

M3 Am Euphrat in Syrien

M6 Im Hochland von Iran

Der Orient besteht überwiegend aus Trockenräumen. Die größte Wüste der Erde, die Sahara, die Wüsten der Arabischen Halbinsel sowie die durch arides Klima geprägten Hochländer und Gebirge des Nahen und Mittleren Ostens erstrecken sich als altweltlicher Trockengürtel über die Region. Ihre Oberflächengestalt gliedert sich unter anderem in Küstenebenen, küstennahe Gebirgsketten und Tafelländer. Im Maghreb erreicht der Hohe Atlas Höhen von mehr als 4000 m, das Libanongebirge immerhin noch solche über 3000 m. Dort hat das Relief einen entscheidenden Einfluss auf die Niederschlagsverteilung.
Im Luv der dortigen Hochgebirge regnen im Winter die feuchten Westwinde als Steigungsregen ab und ermöglichen in den vorgelagerten Küstenebenen intensive Landwirtschaft. Im Binnenland dagegen verhindern ganzjährig hohe Sonneneinstrahlung und Wassermangel die Inwertsetzung der lebensfeindlichen, ariden Gebiete. Eine Sonderstellung nehmen die **Fremdlingsflüsse** Nil, Euphrat (M3) und Tigris ein, entlang derer sich fruchtbare Anbauflächen ausbildeten.

M4 Der Naturraum – von Trockenheit geprägt

4 Schneefall im Orient – Fantasie oder Wirklichkeit? Lokalisieren und begründen Sie das potenzielle Auftreten dieses Naturphänomens in Teilen des Orients (M6).

GeoPlus

Diskutieren Sie in Partnerarbeit, ob und inwieweit die Türkei und Israel Teile des Orients sind.

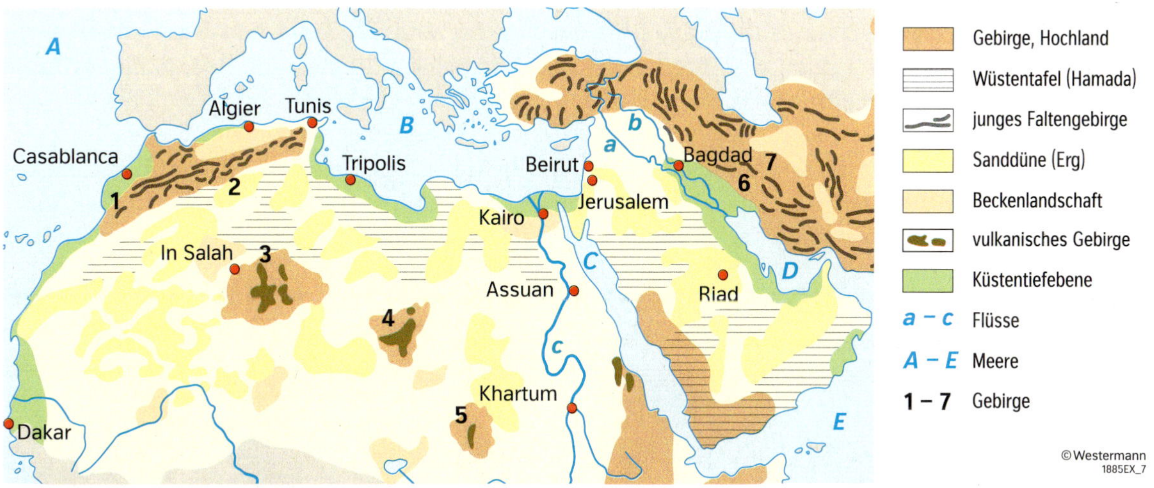

M5 Topographie und Oberflächenformen

GeoKompakt

Die Landschaft des Orients wird von dem altweltlichen Trockengürtel geprägt, der sich von der Atlantikküste Nordafrikas über die Arabische Halbinsel bis nach Zentralasien erstreckt. Der Orient überspannt die Staaten Nordafrikas, des Nahen und Mittleren Ostens, deren Zugehörigkeit zum arabischen als auch zum islamischen Kulturraum, das öffentliche Leben und die Politik bis in die Gegenwart entscheidend beeinflussen.

M1 Koran

M4 Hadsch – Wallfahrt zur al-Harām-Moschee in Mekka (Saudi-Arabien)

Der Orient – ein einheitlicher Kulturraum auf zwei Kontinenten?

Oftmals wird der Orient als ein einheitlicher Kulturraum charakterisiert. Finden Sie heraus, inwieweit diese Region mit ihren subkontinentalen Ausmaßen eine abgrenzbare, individuelle Identität hat sowie eigenständige raumprägende Wirtschaftssysteme und Gesellschaftsordnungen besitzt.

Im Orient, einem infolge seiner klimatischen Merkmale größtenteils unwirtlichen Naturraum, entwickelten sich entlang von Nil, Euphrat und Tigris die ersten Hochkulturen der Erde. Von hier aus haben sich drei große Weltreligionen über die Erde ausgebreitet. Neben der in fast allen Staaten des Orients mehrheitlich gesprochenen arabischen Sprache prägt dort heute die islamische Kultur das Leben der Menschen (M4). Gläubige Muslime orientieren sich an religiösen Werten, Normen und Geboten, die im Koran (M1), dem Heiligen Buch des Islam, verankert sind.

Heute gilt der Orient auch als Brennpunkt der Weltpolitik, wo Kriege, Flucht und Vertreibung verbreitet sind und deren Folgen bis nach Europa, Afrika und Asien ausstrahlen (M3). War es ursprünglich der Konflikt zwischen Israel und den Palästinensern, so tragen heute immer mehr Staaten und ethnische Gruppen ihre Auseinandersetzungen um politische Systeme (→ S. 68, M1) und unterschiedliche islamische Glaubensrichtungen mit Waffengewalt aus.

Bürgerkriege und die Terroranschläge des Islamischen Staates zeigen das hohe Konfliktpotenzial politischer und religiöser Auseinandersetzungen zwischen vielen Staaten des Orients und in ihrem Inneren. Denn die teilweise im Traditionellen verhafteten Lebensformen werden von den verschiedenen Teilen der Gesellschaft kontrovers diskutiert – zwischen der Übernahme westlicher Wertvorstellungen, Modernisierung, islamischer und eigener Identität.

M2 Der Orient – Hochkulturen, Weltreligionen und politischer Spannungsraum

M3 Kämpfer in Aleppo (Syrien) ...

... arabische Studentinnen

M5 Die alte Stadt Ait Benhaddou in Marokko ...

... das moderne Emirat Dubai – Blick vom Burj Khalifa

Als gemeinsamer, begrenzender Faktor bestimmt die Wasserverfügbarkeit vielfach die Aktivitäten der Menschen in Nordafrika und im Nahen und Mittleren Osten. Daher charakterisieren dort angepasste Wirtschaftsweisen wie Nomadismus (→ S. 54) und traditionelle sowie moderne Bewässerungslandwirtschaft auch heute die Landnutzung. Der raumprägende Einfluss des Islam zeigt sich unter anderem in den Vorgaben des traditionellen Baurechts, das sich in den übereinstimmenden Merkmalen des Grund- und Aufrisses vieler orientalischer Städte widerspiegelt. Der Islam hat ebenso wie der **Rentenkapitalismus** das traditionelle Wirtschaftssystem geprägt (M7). Hierbei überlässt zum Beispiel ein Landbesitzer Pächtern seinen Grundbesitz zur Bewirtschaftung. Der Ernteertrag, die sogenannte Rente, wird dabei je nach der Anzahl der zur Verfügung gestellten Produktionsfaktoren zwischen dem meist außerhalb der Landwirtschaft tätigen Grundherrn und den Pächtern aufgeteilt.

M6 Die Wirtschaft – von Wassermangel, Tradition und Religion geprägt

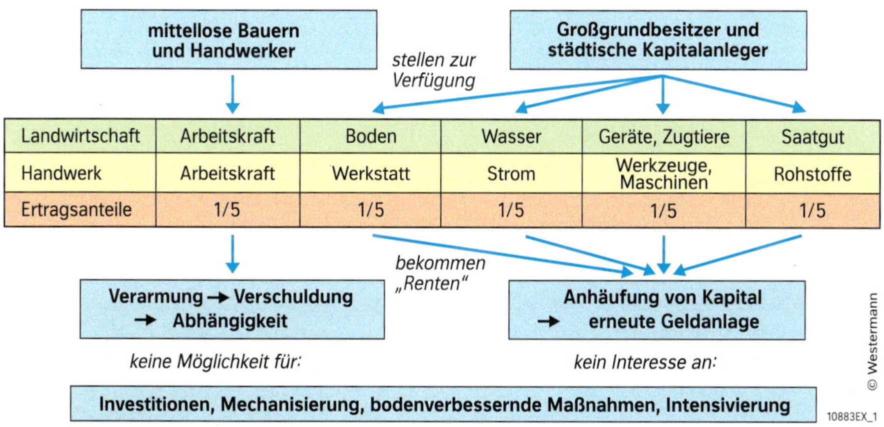

M7 Rentenkapitalismus – System und Folgen

1 Erstellen Sie eine Mindmap zum Orient unter Berücksichtigung kultureller Aspekte (M2).

2 Diskutieren Sie in der Klasse, inwieweit der Orient ein eigenständiger Kulturraum ist (M2, → S. 48, M2).

3 Stellen Sie in einem Kurzreferat am Beispiel des städtischen Handwerks das System des Rentenkapitalismus und dessen Folgen für die wirtschaftliche Entwicklung dar (M7).

4 Erörtern Sie die Thematik „Der Orient – gefangen zwischen Tradition und Moderne" unter Zuhilfenahme von M5 sowie der Karten Seite 74 und 75.

GeoKompakt

Der Großraum Nordafrika, Naher und Mittlerer Osten hat zwar durch seine traditionellen, raumprägenden Wirtschaftssysteme eine gewisse Rechtfertigung zur Ausweisung als Kulturraum, jedoch befindet er sich heute in einer innergesellschaftlichen Kontroverse zwischen eigener Identität und moderner Ausrichtung.

M1 Impressionen aus Marrakech

Die orientalische Stadt – Spiegel der Kultur und Geschichte

Reiseführer werben mit Marrakech als idealtypischer orientalischer Stadt: geschäftiges Treiben im Souk, Düfte von orientalischen Gewürzen, schattige Gassen und zum Gebet strömende Gläubige. Als Repräsentant besonders schützenswerter orientalischer Stadtkultur wurde die Medina von Marrakech 1985 zum UNESCO-Weltkulturerbe erklärt. Doch wie haben westliche Einflüsse die Stadt überprägt und inwieweit kann man tatsächlich noch von traditioneller orientalischer Stadtkultur sprechen?

1 Verorten Sie Marrakech und stellen Sie Merkmale der orientalischen Alt- und Neustadt tabellarisch gegenüber.

2 Ordnen Sie den Buchstaben im Satellitenbild (→ S. 74 Karte 2) die passenden Bilder aus M1 begründet zu.

3 Erarbeiten Sie eine Präsentation für eine Führung durch die Medina von Marrakech. Erläutern Sie dabei Merkmale und Funktionen der einzelnen Stationen und gestalten Sie Ihre Route unter Einbezug von geeigneten Materialien (→ S.74 Karte 1).

4 Beschreiben Sie ausgehend von M3 Beispiele des soziokulturellen Wandels von Marrakech und nehmen Sie kritisch zu dessen gesellschaftlichen und räumlichen Auswirkungen Stellung.

Die Entwicklung traditioneller Stadtstrukturen im Orient spiegelt unter anderem den Einfluss der vorherrschenden Religion Islam, die Rolle der Familie in der Gesellschaft sowie klimatische Merkmale wider: Zum Schutz vor Angriffen ist die Altstadt (Medina) von einer Stadtmauer mit Zitadelle (Kasbah) umgeben. In der Burg- und Palastanlage residierte der politische Herrscher. Von den Stadttoren führen Durchgangsstraßen zum religiösen Mittelpunkt der Stadt, der Hauptmoschee. In Marrakech bietet die Koutoubia-Moschee Platz für gemeinsame Gebete mit bis zu 25 000 Gläubigen. Die Hauptmoschee ist vom teilweise überdachten Basar (Souk) umgeben, dem wirtschaftlichen Mittelpunkt der Medina. Der Einzel- und Großhandel sowie das traditionelle Handwerk sind räumlich nach Branchen (z.B. Gewürzhändler, Kunstschmiede) gegliedert. Prestigeträchtige Waren (z. B. Schmuck) werden in unmittelbarer Nähe zur Moschee verkauft, während weniger angesehenes, oft geruchsbelastetes Gewerbe (z. B. Gerbereien) weiter entfernt angesiedelt ist (M4).
Der Souk ist von einem Gewirr aus unregelmäßig angeordneten, schmalen Gassen durchzogen. An den Souk schließen die Wohnquartiere an. Sie sind nach Religion, Sprache und Ethnie getrennt und haben oft jeweils ein eigenes Subzentrum mit Gotteshaus, kleinem Markt und öffentlichem Bad. Die Privatsphäre der Bewohner wird durch Sackgassen, dicke Mauern der ein- bis zweistöckigen Häuser und fensterlose, schlichte gassenseitige Fassaden geschützt. Als kühler Familientreffpunkt fungieren die prächtigen bepflanzten Innenhöfe mit Brunnen. Ebenso sorgt die kompakte und enge Bauweise für genügend Schatten. Neben den Wohnquartieren sind auch die außerhalb der Stadtmauer liegenden Friedhöfe nach Religionen getrennt. Denn in vielen orientalischen Städten lebten und leben neben Muslimen auch Gläubige anderer Religionen.

M2 Medina - die traditionelle orientalische Stadt

Seit Beginn der Kolonialisierung im 19. Jahrhundert haben sich viele orientalische Städte in ihrer räumlichen und gesellschaftlichen Ausprägung verändert: An die Medinas anschließend errichteten die Kolonialherren – in Marrakech französische Kolonialherren – Neustädte, oftmals mit breiten, geometrisch angeordneten Straßen und repräsentativen Plätzen. Außerdem entstanden zur Versorgung der wachsenden Bevölkerung Einkaufs- und Geschäftsstraßen als neue städtische Zentren. In den jüngeren Stadtvierteln prägen heute moderne Geschäfts- und Bürozentren mit mehrgeschossigen Gebäuden, Einkaufsmalls, Hotels und Niederlassungen ausländischer Firmen das Bild. Villenvierteln und luxuriösen Apartmenthäusern nach europäischem Muster in attraktiven Lagen stehen Großwohnsiedlungen und Hüttenviertel gegenüber.
Die Medinas leiden heute vielerorts unter dem Verfall ihrer Bausubstanz, andernorts haben sie sich zu Touristenmagneten entwickelt. In Marrakech ist alles auf die Bedürfnisse der Touristen und ihre klischeehaften Vorstellungen vom Orient ausgerichtet: aufwendig sanierte Gästehäuser, häufig in ausländischem Besitz, Hunderte von Souvenirläden, Schlangenbeschwörer, fliegende Händler, restaurierte Palastanlagen. All dies vermittelt den westlich geprägten Eindruck einer Welt aus 1001 Nacht, die allerdings mit der geschichtlichen und gegenwärtigen Realität oft nur wenig zu tun hat.

M3 Orientalische Städte im Wandel (nach einem Reisemagazin)

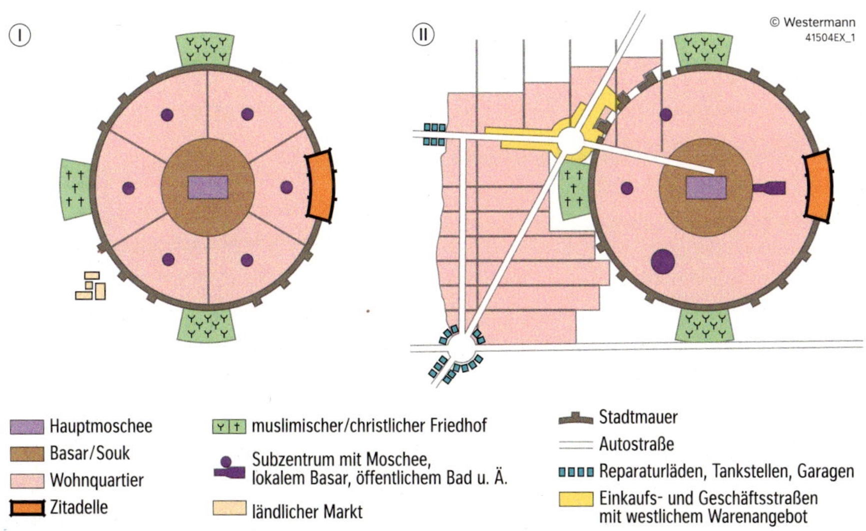

M4 Modell der orientalischen Stadt: früher (I) und heute (II)

5 Überprüfen Sie anhand von Karten (Atlas) und Satellitenbildern (Internet) einer anderen Stadt im Orient, inwieweit das Modell in M4 die Realität tatsächlich abbildet.

GeoKompakt

Die Struktur und das Erscheinungsbild der orientalischen Stadt sind ein Spiegel des Naturraums und der Kultur. Insbesondere die Religion und die große Bedeutung der Privatsphäre haben die Altstädte entscheidend geprägt. Im Zuge der Kolonialisierung wurden die Städte jedoch durch Neustädte erweitert. Durch andere westliche Einflüsse, wie zum Beispiel den Tourismus, hat sich auch der Charakter der Altstädte vielerorts deutlich verändert und verändert sich bis heute.

Nomadismus – traditionelle Wirtschaftsweise im Wandel?

M1 Tuareg – Führer touristischer Wüstentouren

In den Trockenräumen Nordafrikas, des Nahen und Mittleren Ostens ist die nomadische Form extensiv betriebener Weidewirtschaft nicht nur eine an die Trockenheit angepasste Form der Landnutzung, sondern auch eine den Raum prägende Lebens- und Wirtschaftsform. Ergründen Sie Genese, Strukturveränderungen sowie Chancen für die Wirtschaftsweise des Nomadismus.

INFO

Nomadismus ist eine an die Umweltbedingungen angepasste Art der extensiven Weidewirtschaft, bei der ganze Stämme oder Familien mit ihren Tieren und dem Hausrat periodisch zwischen räumlich voneinander entfernten Weideplätzen, Wasserstellen bzw. Oasen wandern. Beim **Halbnomadismus** wandert mit den Herden nur ein Teil der Familie, der Rest betreibt in dauerhaften Siedlungen stationäre Landwirtschaft.

„Einst waren wir, das Volk der Tuareg, die Herren der Wüste. Man nannte uns respektvoll die Blauen Ritter. Unser Lebensraum erstreckte sich über die gesamte Sahara. Da hier das Futterangebot begrenzt ist, waren wir stets unterwegs zu Weideplätzen für unsere Kamele, Schafe und Ziegen. Wo nach Regen Gras wuchs, ließen wir uns so lange nieder, bis die Weiden abgegrast waren. Dann lösten wir unser Lager auf und zogen weiter. Obwohl wir für unsere Selbstversorgung genügend Milch und Fleisch erzeugten, wanderten wir in die Oasen, um dort bei den Bauern unsere Tierprodukte, Bekleidung und Teppiche gegen lebensnotwendige Dinge, wie z. B. Getreide, Datteln oder Tee, zu tauschen. Meist besaßen wir selbst Oasengärten, die wir von Pächtern bewirtschaften ließen, die uns Abgaben zahlen mussten. Sichere Einkünfte bescherte uns auch der Karawanenhandel, bei dem wir Waren durch die Sahara transportierten, Händlern unseren Begleitschutz anboten oder Wegezoll für den Durchzug durch unser Stammesgebiet forderten. Doch in den letzten Jahrzehnten begann unser Niedergang. Der Ausbau der Verkehrsinfrastruktur sowie moderne Verkehrsmittel raubten uns das Transportmonopol im transsaharischen Handel. Städtisches Handwerk und Industrie versorgen heute die Märkte mit Produkten, mit denen unsere Erzeugnisse nicht mithalten können. Manche von uns haben sich daher auf die Erzeugung handgefertigter Matten und Teppiche spezialisiert. Diese sind im Ausland, aber auch bei den Touristen sehr begehrt. Letzteren bringen wir unsere traditionelle Lebensweise bei Wüstensafaris (M1), nächtlichen Camps oder Reiterspielen nahe. Gut ausgebildete junge Tuareg finden wiederum Jobs in städtischen Berufen oder auf den Erdölfeldern. Andere sind in der Hoffnung auf ein besseres Leben nach Europa emigriert. Traurig macht mich, dass viele meiner Stammesmitglieder in großer Armut an den Rändern städtischer Siedlungen hausen und ihren Lebensunterhalt mit Lohn- bzw. Hilfsarbeit bestreiten müssen."

M3 Erzählung eines alten Stammesoberhaupts der Tuareg

M2 Tuareg – Camp in der Wüste Marokkos

M4 Tuareg – am Stadtrand von Timbuktu (Mali)

M5 Transport durch die Sahara – Kamelkarawane bzw. Lkw

Nomaden sind seit Jahrtausenden Teil und Träger der Zivilisation im Orient. Durch ihre Wanderungen unterschieden sie sich jedoch in sozialer Organisation, Normenwelt und Kultur deutlich von den sesshaften Gesellschaften. Als berittene Ordnungshüter oder Paramilitärs verfügten sie früher über bedeutende Macht. Regionen, in denen sie sich bewegten, beanspruchten sie nach Gewohnheitsrecht als ihr Territorium. Durch ihre in der gesellschaftlichen Hierarchie herausgehobene Stellung verachteten sie die auf Feldern arbeitenden Oasenbauern. Im Zuge der Entstehung von Nationalstaaten im 20. Jahrhundert zerschnitten die willkürlich gezogenen Grenzen die traditionellen Wanderrouten der Nomaden. Den Behörden waren die Nomaden als Paradebeispiel für Rückständigkeit und Unangepasstheit ein Dorn im Auge. Deshalb siedelten sie die Nomaden zwangsweise an, um sie zu Bürgern ihres Staates zu machen, von ihnen Steuern erheben und ihre Kinder zur Schule schicken zu können. Besonders die Einschränkungen ihrer Bewegungsfreiheit durch Grenzen und der damit verbundene Verlust vieler Einnahmequellen begründete den Niedergang des Nomadismus. Zudem verloren sie durch staatliche Hoheitsrechte und Umwidmung in Privateigentum die rechtlich nur auf traditioneller Nutzung basierenden Weidegebiete. Wenn heute bewaffnete Nomadenmilizen gegen die bäuerliche Bevölkerung oder die Staatsmacht agieren, ist dies ein Aufleben alter Rivalitäten und Konflikte, etwa durch das rasante Wachstum der sesshaften Bevölkerung. Eine Chance, als Viehzuchtnomaden zu überleben, bietet fast nur noch der Halbnomadismus. Dabei betreibt ein Teil der Familie an einem festen Wohnstandort Futtermittelanbau und legt Vorräte zur Versorgung der Tiere an. Hirten wiederum transportieren ihre Herden mit Kleinlastwagen zu den noch zur Verfügung stehenden Weidegebieten. Diese Wirtschaftsform sichert nicht nur die Existenz einiger Nomadenfamilien, sondern versorgt die lokale Bevölkerung mit Tierprodukten und bietet die Chance, periphere Flächen ökologisch nachhaltig zu nutzen.

M6 Nomaden und Nomadismus im Wandel

1. Charakterisieren Sie differenziert die ehemalige und heutige gesellschaftliche Stellung der Nomaden in den Staaten der Arabischen Welt (M2 – M6).

2. Verdeutlichen Sie anschaulich den Wandel in der Wirtschaftsweise des Nomadismus, indem Sie eine Tabelle entsprechend der nebenstehenden Vorlage mit passenden Begriffen füllen (M2 – M6).

Wirtschaftsweise Nomadismus	früher	Einflussfaktoren	heute
Primärer Sektor z. B. Landwirtschaft			
Sekundärer Sektor z. B. Handwerk, Industrie			
Tertiärer Sektor z. B. Handel, Verkehr			
Tertiärer Staatssektor z. B. Sicherheit, Verwaltung			

GeoKompakt

Der Nomadismus ist eine an die Bedingungen der Wüste angepasste Landnutzungs-, Wirtschafts- und Lebensweise. In den Wüsten und deren Randgebieten gibt es heute noch voll- und halbnomadische extensive Viehweidewirtschaft. Jedoch hat die wirtschaftliche und gesellschaftliche Bedeutung der Nomaden in den Staaten Nordafrikas, des Nahen und Mittleren Ostens durch viele verschiedene Einflussfaktoren insgesamt stark abgenommen. Deswegen sind viele Nomaden sesshaft geworden.

M1 Tinerhir in Marroko mit Oasengärten

M4 Stockwerkanbau in Oasengärten

Oasen – grüne Inseln in der Wüste

❶ Beschreiben Sie das System des Stockwerkbaus (M4) in Oasen. Begründen Sie, warum damit eine ideale Anpassung an die eingeschränkten landwirtschaftlichen Anbaubedingungen in der Wüste erfolgt.

❷ Erklären Sie das Vorhandensein von Wasser in den verschiedenen Oasentypen (M2).

Oasen (altägyptisch: *ouahe*, bewohnter Ort) sind fruchtbare Bereiche in einer ariden, menschenleeren Wüste. Warum haben sich seit alters her Menschen dazu entschlossen, hier dauerhaft zu leben und zu wirtschaften?

In ariden Räumen liegen **Oasen** dort, wo Wasser zur Verfügung steht. Da hier Regenfeldbau wegen der sehr geringen Niederschläge nicht möglich ist, kann nur mithilfe von Quell-, Grund- und Oberflächenwasser Ackerbau betrieben werden (M1, M2). Auch **fossiles Grundwasser** wird genutzt. Die traditionellen Oasen bildeten früher ein geschlossenes Sozial- und Wirtschaftssystem, dessen Produkte in erster Linie der Selbstversorgung der Oasenbauern und der Nomaden dienten. Die Landwirtschaft konzentrierte sich auf die Pflanzenproduktion, wobei Dattelpalmen den Schwerpunkt bildeten. Typisches Kennzeichen der Oasengärten ist der sogenannte **Stockwerkbau** (M4). Heute findet man traditionelle Oasen mit ihrer dichten historischen Bebauung und ihren schattigen Gassen nur noch in abgelegenen Gebieten vor allem am Südrand der Sahara.

M3 Traditionelle Oasen

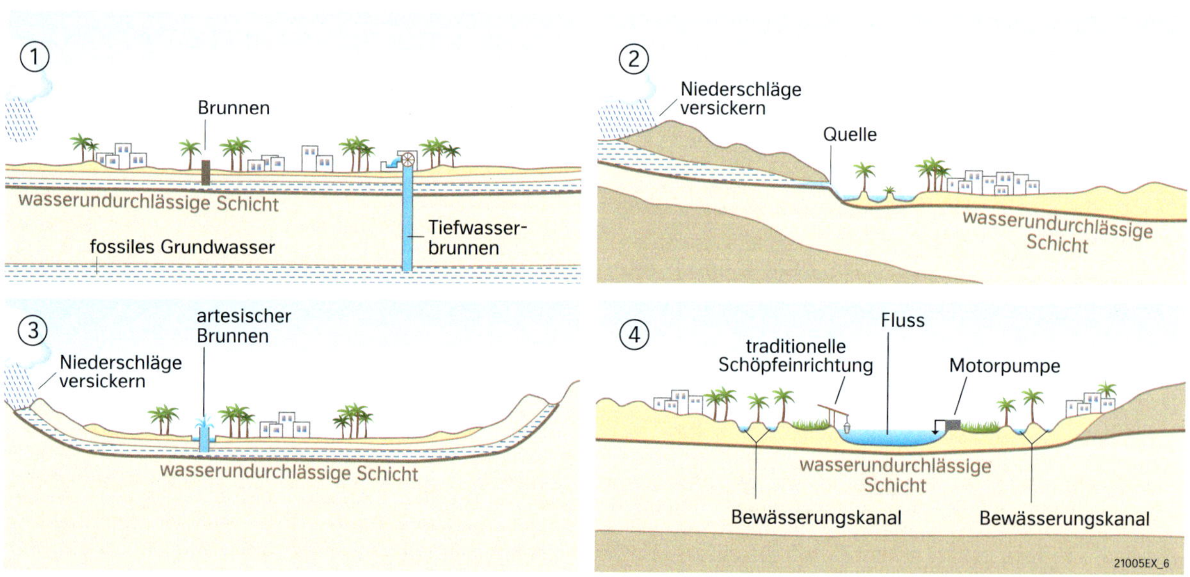

M2 Oasentypen: Grundwasser- bzw. Tiefwasserbrunnenoase (1), Quelloase (2), artesische Brunnenoase (3), Flussoase (4)

Früher diente die Oase Ouargla in der algerischen Sahara als Etappenort im transsaharischen Karawanenhandel und als Marktort für Nomaden. Ihre Oasengärten produzierten nicht nur Datteln als Grundnahrungsmittel, sondern auch Luzerne als Futter für die Tiere der Nomaden. Heute lohnt sich der Anbau von Luzerne, Getreide und Gemüse nicht mehr, denn die meisten Lebensmittel werden über die asphaltierten Straßen von der Küste hierher transportiert. Daher haben sich die Bauern auf den Anbau von Datteln spezialisiert, die sogar ins Ausland exportieren werden. Am Rand der Stadt entstand ein Gewerbegebiet, in dem sich Zulieferfirmen für die Erdöl- und Erdgasfelder der Umgebung sowie chemische und metallverarbeitende Firmen ansiedelten. Hier befinden sich auch die Wohnviertel sesshaft gewordener Nomaden. Dem wirtschaftlichen Erfolg des Ölgeschäfts stehen soziale Probleme, vor allem Arbeitslosigkeit unter den jungen Menschen, gegenüber. Mit der Zunahme der Bevölkerung stieg auch der Wasserverbrauch. So erreicht an den artesischen Brunnen das Wasser nicht mehr die Oberfläche, sondern muss hochgepumpt werden. Das verbrauchte salzhaltige Nutz- bzw. Drainagewasser der Oasengärten wird entsorgt, indem man es in benachbarte Senken leitet, um ein Versumpfen der Oase zu verhindern.

M5 In der Oasenstadt Ouargla in Algerien

Wegen seiner Lage am Grand Erg Oriental (Erg, Sandmeer) zieht Douz viele Wüstentouristen v. a. aus den nahen Urlaubsregionen am Mittelmeer an. Die Oasenstadt, auch das Tor zur Sahara genannt, bietet eine große Auswahl an komfortablen Hotels mit Blick auf die beeindruckende Sandwüste. Aber auch Angebote wie Luxuscamping in einem Zeltlager mit Lagerfeuer, Dinner und folkloristischen Darbietungen stoßen auf große Nachfrage. Hauptattraktion ist jedoch die gigantische Dünenlandschaft. Ehemalige Nomaden begleiten die Touristen auf spektakulären Wüstentouren, sei es auf dem Rücken eines Kamels, im Geländewagen, auf Quads oder im Buggy. Dünenskifahren oder Rundflüge im Ultraleichtflugzeug sind weitere touristische Attraktionen. Der Tourismus verbraucht allerdings enorme Mengen Wasser für die Versorgung der Hotels, Pools, Gärten und Golfplätze mitten in der Wüste. Für die einheimische Bevölkerung bietet der Tourismus zwar viele Arbeitsplätze und Verdienstmöglichkeiten, verschärft allerdings auch die Wasserknappheit. Traditionelle Oasengärten verfallen daher zusehends, weil sie nicht mehr genügend bewässert und gepflegt werden können. Und oftmals wird der anfallende Müll in der Umgebung verbrannt oder auf Deponien in der Wüste entsorgt.

M6 In der Oase Douz in Tunesien

GeoKompakt

In Oasen, den Siedlungen in wüstenhafter Umgebung, erlauben punktuelle Wasservorkommen dauerhaftes Leben und Wirtschaften. Oasen waren früher von Landwirtschaft geprägt und dienten als Rastplätze sowie Versorgungs- und Handelsstützpunkte der Nomaden. Heute haben sich Struktur und Funktion der meisten Oasen hin zu industriellen oder touristischen Standorten gewandelt. Neben Wirtschaftsimpulsen ergeben sich dadurch aber auch soziale und ökologische Probleme und Nutzungskonflikte.

3 Arbeiten Sie unter Zuhilfenahme der Karte Oasenstadt Ouargla (→ Seite 75, Karte 1) Aspekte des sozioökonomischen sowie ökologischen Wandels in den Oasen heraus. Stellen Sie dann in tabellarischer Form die positiven den negativen Folgen einer solchen Entwicklung gegenüber (M5).

4 Gestalten Sie für eine touristische Unterkunft in der Oase Douz einen Flyer, der die Gäste auf Möglichkeiten eines sozialverträglichen und ökologisch nachhaltigen Urlaubsverhaltens hinweist (M6).

M1 Wadi as-Sirhan bei Al-Ourayyat – moderne Bewässerungslandwirtschaft in Saudi-Arabien

Wüsten werden grün durch Wasser aus der Tiefe

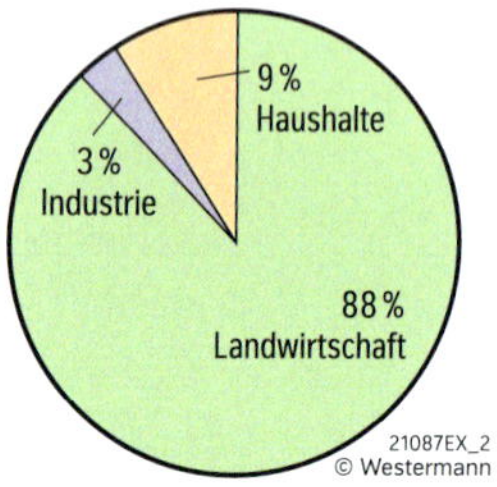

M2 Wasserverbrauch Saudi-Arabiens

INFO

Bei der **Kreis- oder Karussellbewässerung** kreist ein Gestänge mit Sprühdüsen um eine zentrale Pumpe. Auf diese Weise wird das Wasser sparsam auf der Anbaufläche verteilt, wobei die Intensität der Bewässerung über Laufzeit, Sprühdruck oder Drehgeschwindigkeit gesteuert werden kann.

In Saudi-Arabien entstand eine der größten Molkereifarmen der Welt mit ca. 50 000 Kühen – mitten in der Wüste. Zur Erzeugung eines Liters Milch werden hier etwa 3 500 Liter Wasser benötigt. Finden Sie heraus, wieso derartige landwirtschaftliche Megabetriebe in vollariden Gebieten entstehen können.

Aus Angst vor Abhängigkeit von anderen Staaten strebt Saudi-Arabien nach Unabhängigkeit von Wasser- und Lebensmittelimporten. So begann man vor 30 Jahren im Wadi as-Sirhan fossiles eiszeitliches Grundwasser mit leistungsstarken Motorpumpen aus bis zu zwei Kilometern Tiefe an die Oberfläche zu pumpen. Bis heute wurden so fast 1000 km² Ackerfläche erschlossen. So entstanden mitten in der Wüste nicht nur enorme Getreidefarmen, sondern auch die weltgrößten Viehbetriebe. Der damit verbundene immense Aufwand in einem Wüstenland ohne nennenswertes Oberflächen- oder oberflächennahes Grundwasser war nur zu bewältigen mit den finanziellen Einnahmen aus dem Erdölgeschäft. Schon 1984 konnte Saudi-Arabien den Eigenbedarf an Weizen decken und wurde sogar Mitte der 1990er-Jahren zu einem der größten Weizenexporteure der Welt. Doch der Anbau von Getreide und vor allem Futterpflanzen mit deren langen Vegetationsperioden ist sehr wasserintensiv (M4). Um den Wasserverbrauch zu reduzieren, wurden große Kreisbewässerungsanlagen eingesetzt. Aber selbst hier verdunstet wegen der extremen ariden Bedingungen etwa die Hälfte des versprühten Wassers, ehe es den Boden erreicht. Deswegen und weil fossiles Grundwasser nicht nachgebildet wird, sinken die angezapften Grundwasserkörper von Jahr zu Jahr rapide.

M3 Weizen und Milch aus Saudi-Arabien

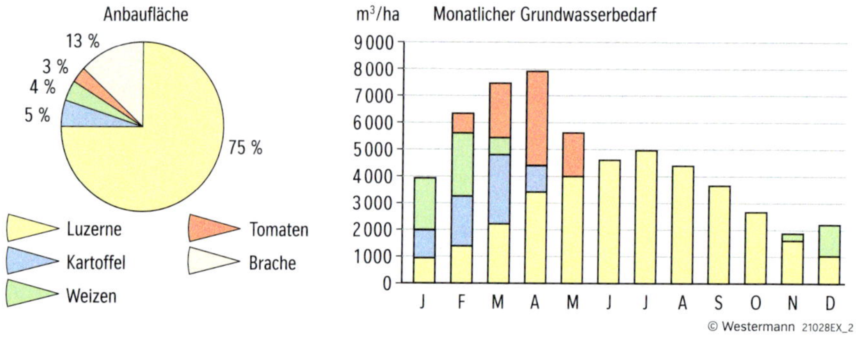

M4 Anbaufläche, Nutzpflanzen und Grundwasserbedarf im Wadi as-Sirhan

1 Begründen Sie die Anteile des Wasserverbrauchs in M2.

2 Stellen Sie in Form einer Tabelle die Vor- und Nachteile der Karussellbewässerung einander gegenüber.

M5 Milchwirtschaftsbetriebe in den Wüsten der Arabischen Halbinsel

Vor ein paar Jahren haben wir erkannt, dass die Landwirtschaft, so wie wir sie betreiben, problematisch ist, denn der Anbau von Nutzpflanzen und die Tierhaltung in der Wüste benötigen riesige Mengen Wasser, aber auch Strom. 1980 enthielt der **Aquifer** unter der Wüste noch etwa 500 km^3 fossiles Grundwasser. Bisher wurden aber schon etwa vier Fünftel davon für Bewässerungszwecke abgepumpt. Es besteht leider kaum Hoffnung, dass sich das Grundwasser durch Regenwasser wieder auffüllt, da hier pro Jahr weniger als 200 mm Niederschlag fallen. Der enorme Wasserbedarf der Landwirtschaft führte schon dazu, dass viele Brunnen der Umgebung trocken fielen. Da der angezapfte Grundwasserkörper bis Jordanien reicht, befürchten wir deswegen auch Konflikte mit den Nachbarn. Zudem brauchen unsere Rinderfarmen enorme Mengen an Strom. Damit die Hochleistungsrinder bei den hohen Außentemperaturen genügend Milch geben, müssen die Melkanlagen 24 Stunden am Tag durch Sprinkleranlagen und Ventilatoren gekühlt werden. Ackerland zur agrarischen Produktion im Ausland zu erwerben oder zu pachten, ist daher in der Zwischenzeit für unsere Agrarunternehmen billiger und sinnvoller. Ebenso halten wir heute den Import agrarischer Produkte für die bessere Lösung und sind von unseren Zielen einer reinen Selbstversorgung abgerückt. Darum leitete im Jahr 2016 unsere Königsfamilie das Ende der begrünten Wüste ein und strich die Subventionen für Bewässerungsprojekte. Im eigenen Land sollen die Kleinbauern hingegen zur traditionellen Oasenlandwirtschaft zurückkehren und wieder dürreresistente Pflanzen, etwa Dattelpalmen, anpflanzen.

M6 Statement des saudischen Wasserministers

Lage: Wadi al-Sabha (Saudi-Arabien, M5)
Unternehmen: saudischer Milchviehbetrieb Al Safi Dairy Company, Joint Venture mit französischem Lebensmittelkonzern
Mitarbeiter: 1400
Kapazität: 25 000 v. a. Holstein-Hochleistungskühe
Milchproduktion/ Tag: ca. 1 Mio. Liter
Futter: aus eigener Produktion v. a. Gras und Luzerne
Infrastruktur: 44 offene, überdachte Rinderställe (500 m lang, 1 500 Kühe), 14 vollautomatische Melkanlagen, Molkerei, Zentrallabor, Arbeitersiedlung

M7 Steckbrief der Al-Safi-Farm in Saudi-Arabien

3 Schreiben Sie für ihre Schülerzeitung einen kritischen Artikel mit dem Titel 1000 Liter Wasser für einen Liter Milch (M1, M4, M6).

4 Bearbeiten Sie mit der Placemat-Methode (→ S. 169) die Frage: Inwieweit sind die landwirtschaftlichen Großprojekte Saudi-Arabiens unter ökonomischen und ökologischen Gesichtspunkten sinnvoll? Vergleichen und diskutieren Sie Ihre Ergebnisse mit den Ergebnissen anderer Gruppen (M3, M6, M7).

GeoKompakt

Wassersparende Bewässerungstechniken und besonders leistungsstarke Pumpen, die sogar Wasser aus fossilen Grundwasserkörpern in großer Tiefe fördern können, revolutionierten die Landwirtschaft in ariden Gebieten. Hierdurch gelang es, die Bewässerung der Oasengärten langfristig zu sichern und mit Großprojekten neues Kulturland in der Wüste zu erschließen. Solche Vorhaben führen zwar zu einer höheren Nahrungsmittelproduktion, sind jedoch ökonomisch und ökologisch mit großen Risiken und Problemen verbunden.

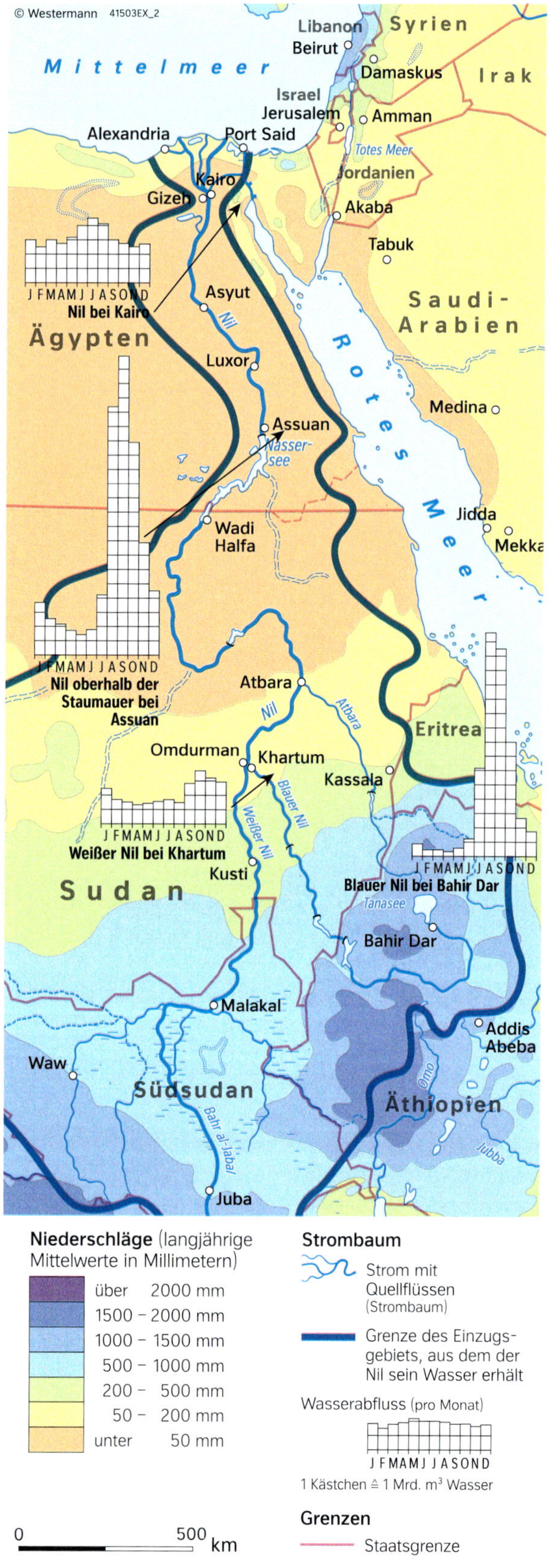

M1 Der Nil – ein Fremdlingsfluss wird gestaut

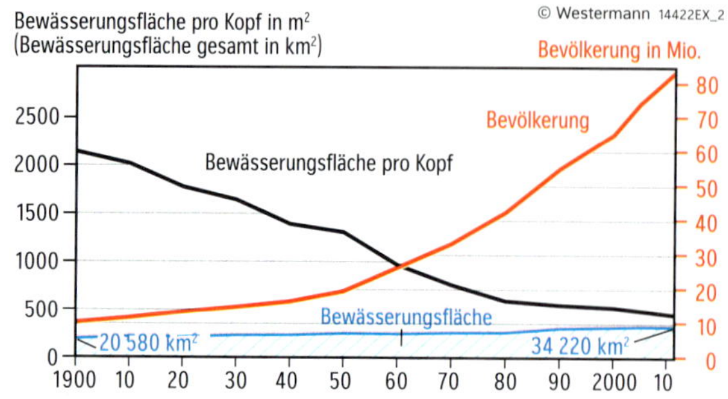

M2 Ägypten – Entwicklung der Bewässerung

Das Niltal – die längste Oase der Welt

Obwohl nahezu jeder Quadratmeter entlang des Nil agrarisch genutzt wird, stellt die Versorgung der Bevölkerung mit Nahrungsmitteln für Ägypten stets ein ernsthaftes Problem dar. Finden Sie heraus, inwieweit der Bau des Assuan-Staudamms dieses lösen konnte.

Ägypten ist ein Geschenk des Nil, denn der Fremdlingsfluss transportierte mit der Nilschwelle, einer jährlichen Hochwasserperiode, Jahrtausende lang Schlamm nach Ägypten und schuf damit entlang des Nil fruchtbares Ackerland. Die Menge des Nilwassers bestimmte zudem seit Jahrtausenden die Ernteerträge der Bauern, brachte aber auch gravierende Folgen von Dürren und Überschwemmungen mit sich. Um neue Bewässerungsflächen zu schaffen (M2), die Agrarproduktion zu steigern, ganzjährige Schifffahrt zu ermöglichen und Hydroenergie zu erzeugen, baute die ägyptische Regierung mit ausländischer Hilfe bei der Stadt Assuan in den 1960er-Jahren einen gigantischen Staudamm.

M3 Ägypten – Lebensader Nil

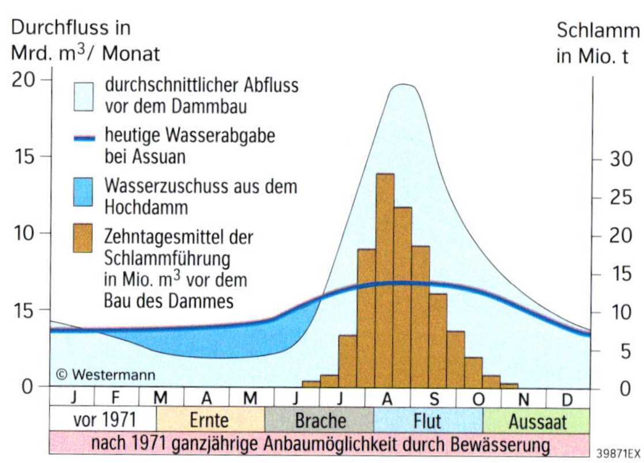

M4 Nilabfluss – vor und nach dem Staudammbau

M5 Sadd el-Ali-Staudamm und Nassersee bei Assuan

Entschädigung der Bauern bzw. neue Felder

Umsiedlerdörfer mit besserer Infrastruktur

Fehlen fruchtbaren Nilschlamms

Ausdehnung der Bewässerungsflächen

Wasserverträge und Quotenregelung mit Anrainerstaaten

Schaffung von Arbeitsplätzen

Ausbreitung der Bilharziose

Wasserkonflikte mit Anrainerstaaten

Einsatz von kostspieligem Kunstdünger

Zerstörung und Wiederaufbau historischer Kulturdenkmäler

Stromgewinnung durch Wasserkraft

Schiffbarmachung durch geregelte Wasserführung

Anbau bewässerungsintensiver Anbauprodukte für den Export

Entwicklungsimpulse durch Industrieansiedlung

Verlust von Ackerflächen durch Bodenversalzung

Umsiedlung der Bevölkerung

M6 Argumentationshilfen zu den Folgen des Staudammbaus bei Assuan

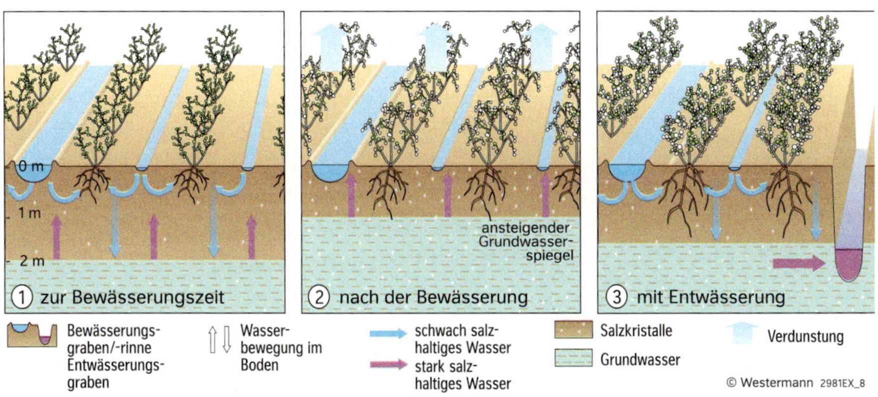

M7 Schema der Bodenversalzung

❶ Belegen Sie die Aussage: Die Lebensader Ägyptens ist der Nil (M1, M4).

❷ Führen Sie eine Pro-und Kontra-Debatte über die Auswirkungen des Staudammbaus bei Assuan (M4 – M6).

❸ Formulieren Sie eine Hypothese zu nachfolgendem Experiment zur Bodenversalzung. Erklären Sie das Ergebnis des Experiments anhand des Schemas zur Bodenversalzung (M7).
- Nehmen Sie drei gleich große Gefäße und geben Sie in diese jeweils folgende Mengen an Salz (5 TL, 2 TL, kein Salz).
- Füllen Sie alle Gefäße nun mit 100 g Blumenerde auf.
- Streuen Sie darauf die gleiche Menge Kresse-Samen und gießen Sie die gleiche Menge Wasser in die Gefäße, sodass die Erde sichtbar feucht aussieht.
- Stellen Sie die Gefäße auf eine Heizung oder unter eine andere Wärmequelle.

GeoKompakt

Eine Lösung der Wasserprobleme an Flüssen bei gleichzeitiger Förderung der landwirtschaftlichen und wirtschaftlichen Entwicklung erhofft man sich durch Staudammprojekte. Diese verursachen aber auch typische ökologische und soziale Probleme.

„Im letzten Sommer musste ich 73 Tage lang Wasser zukaufen, weil meine Zisterne trockengefallen war und ich die Gemüsefelder nicht mehr bewässern konnte.“
Ghasub Nasser, Alon bei Jericho

„In Israel muss ich nur den Wasserhahn aufdrehen und habe 24 Stunden am Tag frisches Trinkwasser.“ *Ida Rosolju, Tel Aviv*

M1 Wasser für alle?

M4 Bewässerungslandwirtschaft im Jordantal

1948 1. Nahostkrieg zwischen Israel und den arabischen Nachbarn; Flucht arabischer Bevölkerung ins Westjordanland und die Nachbarländer
1956, 1967, 1973: Nahostkriege, israelische Besetzung und Besiedlung der Golanhöhen und des Westjordanlandes
Bis heute: Widerstand der Palästinenser gegen den Bau israelischer Siedlungen im Westjordanland

M6 Nahost-Konflikt

Naher Osten – Konfliktstoff Wasser

In Staaten wie Israel, die in Trockenräumen liegen, ist Wasser ein knappes Gut, um dessen Verteilung Konflikte entstehen können. Finden Sie heraus, warum die Sicherstellung von Wasserressourcen politisch Vorrang hat und wie daraus resultierende Wasserkonflikte die jahrzehntelangen Auseinandersetzungen zwischen Israelis und Palästinensern, aber auch mit den Anrainerstaaten Israels belasten.

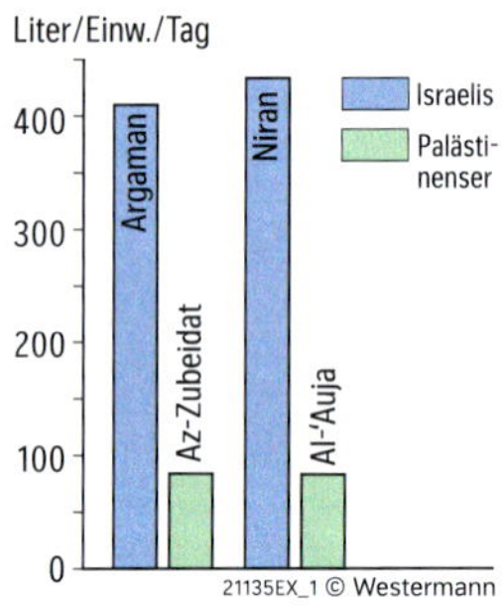

M2 Wasserverbrauch der Haushalte benachbarter Siedlungen im Westjordanland

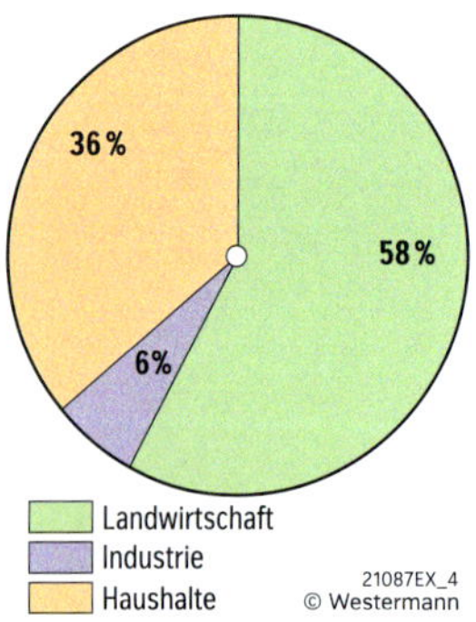

M3 Wasserverbrauch in Israel

Der Nahe Osten ist eine Region größten Wassermangels. Den Menschen stehen pro Kopf und Jahr nur etwa 500 m³ Wasser aus Niederschlägen zur Verfügung (Deutschland: 1300 m³). Angesichts der Wasserknappheit ist die Nutzung des Jordanwassers von besonderer Bedeutung. 1964 nahm Israel ein 6500 km langes System aus Kanälen und Pipelines in Betrieb, das Wasser aus dem See Genezareth zur Bewässerung landwirtschaftlicher Flächen bis in den Süden des Landes transportiert.
Der Libanon und Syrien errichteten ihrerseits Stauseen und Rückhaltebecken an den Quellflüssen. Seit dem Sechstagekrieg 1967 (M6) besetzt Israel mit den syrischen Golanhöhen weite Teile dieses Quellgebietes und das ehemals jordanische Westjordanland. Damals wurde der Jordan zum Grenzfluss zwischen Israel und Jordanien. Israel deckt heute fast die Hälfte seines gesamten Wasserbedarfs aus Quellen, die in den besetzten Gebieten liegen. Im Westjordanland legten israelische Siedler Hunderte Quadratkilometer neuer Bewässerungsflächen für den Obst- und Gemüseanbau an, vor allem für den europäischen Markt. Demgegenüber steht eine starke Reglementierung der Wassernutzung für die arabische Bevölkerung (M1).

M5 Nutzungskonflikte um das Jordan-Wasser

M7 Wassermanagement in Israel

GeoKompakt

Nutzbares Wasser liefern im Nahen Osten beispielsweise der Jordan mit seinen Quell- und Zuflüssen und der See Genezareth. Seit der Besetzung der Golanhöhen und des Westjordanlandes stehen fast alle Wasservorkommen der Region unter israelischer Kontrolle. Jedoch stellen Wasserknappheit und die politische Situation im Jordanbecken ein permanentes Konfliktpotenzial dar.

1. Erläutern Sie die natürlichen und politischen Ursachen für die Wasserknappheit im Jordantal (M2 – M5).

2. Diskutieren Sie Maßnahmen, die eine einvernehmliche Lösung des israelisch-palästinensischen sowie nachbarstaatlichen Konflikts bei der Nutzung des Jordanwassers ermöglichen könnten (M7).

3. Stellen Sie in einem Schaubild die ökologischen Folgen einer fortschreitenden Absenkung des Pegelstandes im Toten Meer dar.

4. Erstellen Sie ein Wirkungsgefüge (→ S. 168) zur Verhinderung der weiteren Austrocknung des Totes Meeres (M9).

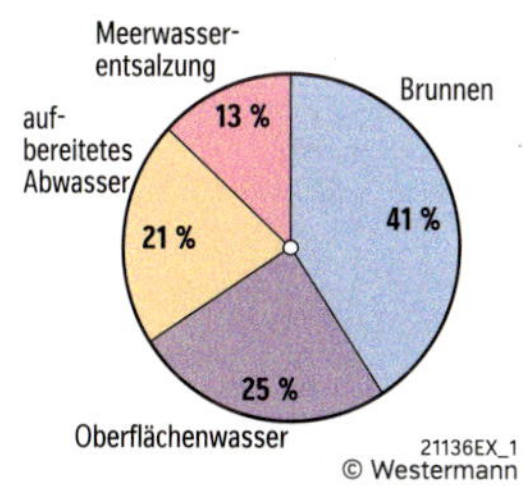

M8 Herkunft des Wassers in Israel

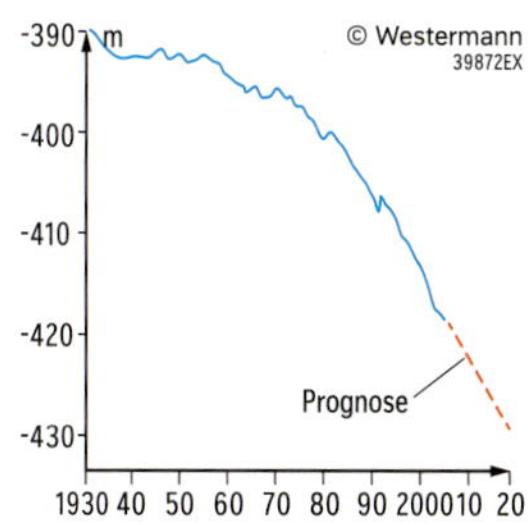

M9 Pegelstand des Toten Meers

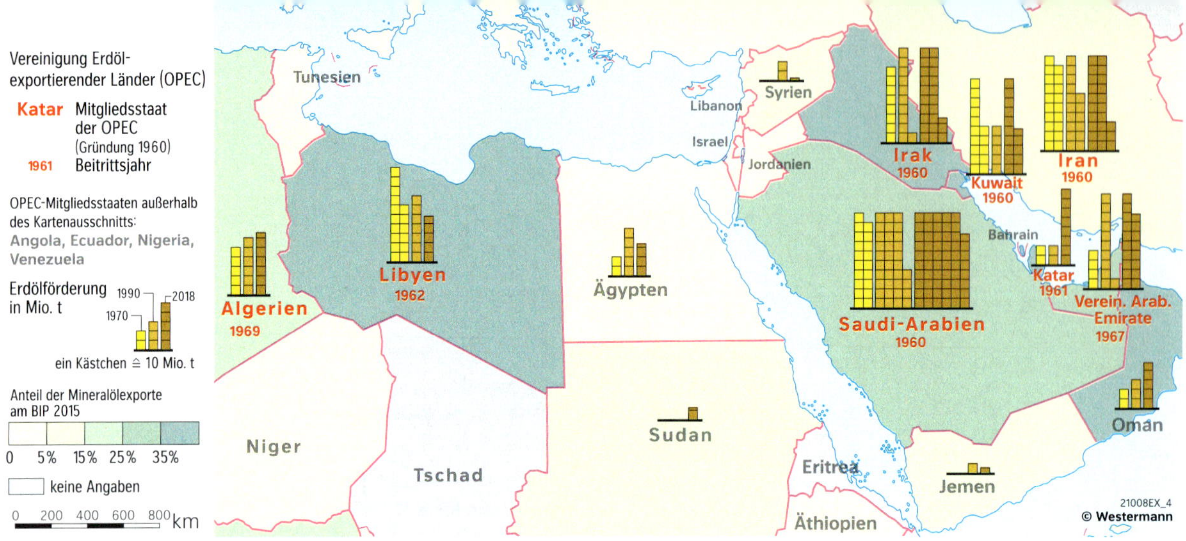

M1 Erdölförderung in Nordafrika und im Nahen Osten

INFO

Der **OPEC** (*Organization of the Petroleum Exporting Countries*) mit Sitz in Wien gehören 13 Mitgliedsstaaten an (2022). Ziel ist die Sicherung eines stabilen Erdölpreises durch Festsetzung von Fördermengen und Festlegung eines Richtpreises für ein Barrel Rohöl (159 Liter).

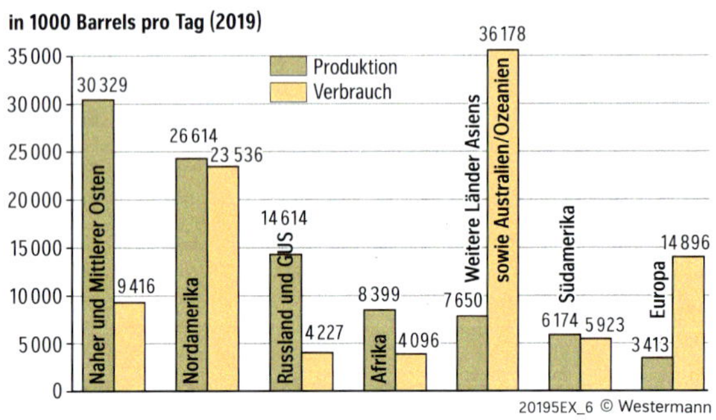

M2 Erdöl: globale Produktion und globaler Verbrauch

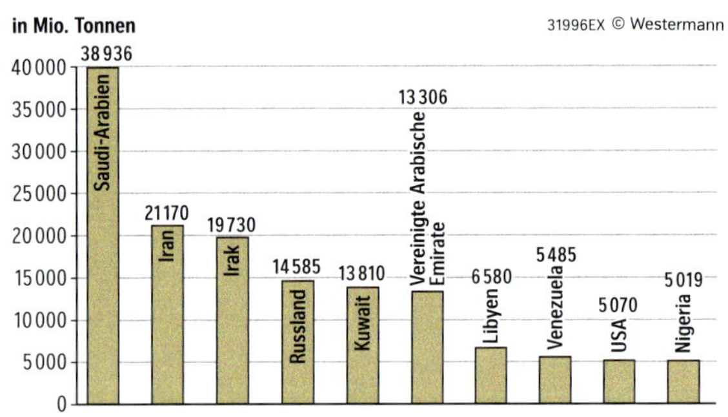

M3 Konventionelle Erdölreserven im Jahr 2019 (global)

1 Bewerten Sie die heutige und zukünftige Bedeutung der Erdölförderländer am Persischen Golf für die Weltwirtschaft (M2, M3).

Erdöl – Entwicklungsfaktor mit geopolitischer Bedeutung

Bis in die 1950er-Jahre hinein waren Nordafrika und der Nahe Osten von Handwerk und Landwirtschaft geprägt, industriell jedoch wenig entwickelt. Seither haben sich einige Länder dieser Region wirtschaftlich und infrastrukturell rasant entwickelt. Investoren aus diesen Ländern besitzen Anteile an Weltkonzernen und europäischen Fußballklubs. Worauf ist diese erstaunliche Entwicklung zurückzuführen?

Bereits in den 1930er-Jahren hatten am Persischen Golf europäische und nordamerikanische Energiekonzerne die in geringer Tiefe liegenden riesigen Erdöllagerstätten erschlossen und die Rechte zu deren Förderung erworben. Die Gewinne aus dem Erdölgeschäft verblieben bei den ausländischen Unternehmen, während die einheimischen Konzessionsgeber nur geringe Nutzungsentgelte erhielten. Erst nach dem Zweiten Weltkrieg kam es zu Übernahmen und Verstaatlichungen der ausländischen Konzerne durch die inzwischen unabhängig gewordenen Golfstaaten. Um 1960 wurden auch in Nordafrika reichhaltige Erdöl- und Erdgaslagerstätten entdeckt. Die erdölfördernden Staaten Nordafrikas und des Nahen Ostens gründeten 1960 die OPEC (M1), um die Vormachtstellung der ausländischen Ölkonzerne zugunsten der Förderländer zu brechen. Gleichzeitig konnten durch variierende Fördermengen der Erdölpreis und damit die Einnahmen der Förderländer reguliert und kontinuierlich gesteigert werden.

M4 Erdölboom – wie alles begann

M5 Das Emirat Dubai in den Jahren 1975 ...

... und 2020

Die hohen Einnahmen aus dem Erdölexport legten die meist autoritären Herrscher in ausländischen Banken an oder sie kauften sich damit in internationale Konzerne ein. Die großen Familien der Stammesfürsten erwarben Luxusgüter und Immobilien in allen Teilen der Welt. Um die lokale Bevölkerung an dem neuen Reichtum teilhaben zu lassen, wurden Konsumgüter und Nahrungsmittel importiert und aufwendige Wohlfahrtssysteme wie kostenlose Gesundheitsversorgung und Bildungseinrichtungen bereitgestellt. Erst die Einsicht, dass die Lagerstätten in wenigen Jahrzehnten ausgebeutet sein würden, führte in vielen ölexportierenden Staaten zu einem Umdenken. Die Petrodollars wurden zunehmend in die Infrastruktur und den Städtebau investiert. Wo sich vor vierzig Jahren noch beschauliche Fischerdörfer mit Lehmhäusern zeigten, entstanden hochmoderne Städte mit imposanten Skylines, klimatisierten Shopping Malls, Luxushotels und Freizeiteinrichtungen. Futuristisch wirkende, von renommierten Architekten geplante Büro- und Apartmenthochhäuser ragen heute in den Himmel. Mehrspurige Autobahnen und modernste Nahverkehrssysteme verbinden die ausufernden Siedlungen in den ansonsten kargen Wüstengebieten.

M6 Dubai – Wohlstand durch Petrodollars

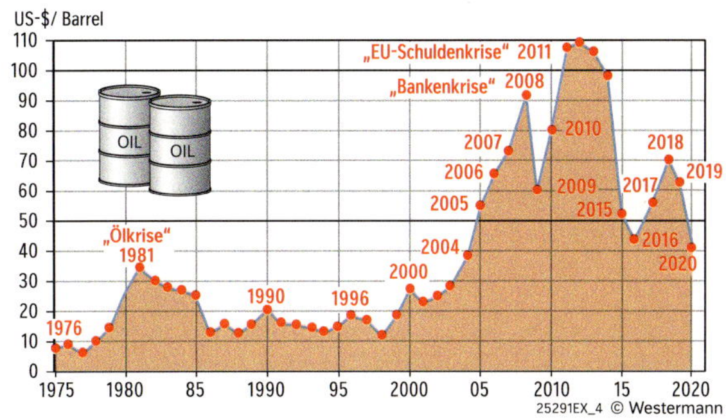

M7 Entwicklung der Erdölpreise 1975 – 2020

2 Diskutieren Sie die Chancen und Risiken der Erdölwirtschaft für die Förderländer (M4, M7).

3 1970 betrug der Anteil der OPEC an der Welterdölförderung 70 %, 2018 nur noch 40 %. Begründen Sie diese Entwicklung und bewerten Sie die wirtschaftspolitische Macht der OPEC vor dem Hintergrund der Erdölreserven (M3) und der Energiepolitik der Industriestaaten.

4 Zeigen Sie in einem Schaubild die Entwicklung in der Verwendung der Einnahmen aus dem Erdölexport der Erdölförderländer der Golfregion (M6).

5 Belegen Sie anhand von Beispielen aus dem Emirat Dubai (→ S. 75, Karte 2) den infrastrukturellen und städtebaulichen Wandel als Ergebnis des Erdölexports (M5, M6).

GeoKompakt

Der Erdölexport hat einige Länder Nordafrikas und der Golfregion zu wichtigen Akteuren der Weltwirtschaft werden lassen. Kamen anfangs die Einnahmen aus dem Erdölexport vor allem den Herrscherfamilien vor Ort zugute, so bilden sie heute die Grundlage für die infrastrukturelle und wirtschaftliche Entwicklung der Staaten und deren einheimischer Bevölkerung.

M1 Emirat Dubai – Schlagzeilen

	Abu Dhabi	Dubai
Anteil an den VAE-Erdölreserven	94 %	4 %
Anteil Erdölsektor am eigenen BIP	59 %	6 %
Anteil an VAE-BIP	56 %	31 %

M2 Dubai und Abu Dhabi

1 Schreiben Sie anhand einer Schlagzeile in M1 eine mögliche Zeitungsmeldung.

2 Suchen Sie aus der Karte (→ S. 75, Karte 2) für Diversifizierungsprojekte (M3) konkrete Beispiele.

3 Bewerten Sie ein ausgewähltes städtebauliches Großprojekt Dubais unter dem Aspekt der Nachhaltigkeit (M6, Internet).

4 Verfassen Sie einen Blogeintrag darüber, inwieweit es für eine deutsche Logistikfirma sinnvoll ist, in Dubai zu investieren (M5).

Groß, größer, Dubai – Metropole auf Sand gebaut?

Die Vereinigten Arabischen Emirate (VAE) konnten in den letzten Jahrzehnten durch die hohen Einnahmen aus dem Erdölexport ihren Wohlstand und ihre Vision einer Modellregion der globalisierten Welt vorantreiben. Ist eine wirtschaftlich stabile Zukunft auch ohne Erdöleinnahmen möglich? Wie erfolgreich ist der eingeleitete Strukturwandel?

Der Burj Khalifa in Dubai war 2022 das höchste Gebäude der Welt. Das ist aber längst nicht der einzige Superlativ, den das **Emirat** zu verzeichnen hat. Die Einnahmen aus dem Erdölexport bescherten den Staaten am Persischen Golf unermesslichen Reichtum. Da die Erdölvorräte jedoch in absehbarer Zeit zu Ende gehen, hat sich Sheikh Mohammed bin Rashid Al Maktoum, das Staatsoberhaupt von Dubai, das Ziel gesetzt, mit Milliardeninvestitionen die **Diversifizierung** der Wirtschaft voranzutreiben und Dubai zu einem global bedeutsamen Handels- und Dienstleistungszentrum auszubauen. Diese Entwicklung steuert er gezielt, indem er fast alle Großprojekte selbst finanziert, organisiert und die daran beteiligten Banken und Unternehmen kontrolliert. Die Investoren schätzen hingegen die liberale Wirtschaftspolitik, die hervorragende Infrastruktur, die Einhaltung internationaler Standards, die geringe Kriminalität und die stabile innenpolitische Lage.
Einen Schwerpunkt der wirtschaftlichen Entwicklung bildete die Ansiedlung von Unternehmen der Stahl-, Aluminium- und Chemieindustrie sowie modernster Hochtechnologiebetriebe zur Nutzung erneuerbarer Energien oder der Biotechnologie. Das derzeitige Entwicklungskonzept sieht vorrangig die Förderung des Tourismus, der Immobilienwirtschaft sowie des Handels und der Logistik vor. Zudem stehen die Bereiche Gesundheitswesen, Bildung, Medien, Telekommunikation und Finanzdienstleistungen im Fokus der Aktivitäten. So wurde Dubai in Rekordgeschwindigkeit im Sinne **nachholender Entwicklung** ein hochmoderner Wirtschaftsstandort.
Doch 2011 geriet Dubai aufgrund eines überhitzten Immobilienmarktes und einer hohen Verschuldung im Zuge der Finanzkrise in große Schwierigkeiten. Nur dank großzügiger finanzieller Unterstützung durch das benachbarte Emirat Abu Dhabi konnte sich Dubai wieder stabilisieren.

M3 Dubai – Glanz und Schatten

M4 Dubai International Airport (Daten 2018)

M6 The Palm Jumeirah

Die Lage zwischen Europa, Asien und Afrika ist ideal für die Anbindung Dubais an das globale Verkehrsnetz bzw. als Drehkreuz für Waren und Menschen zu Luft und zu Wasser. Der Tiefseehafen Jebel Ali ist der führende Logistikstandort der arabischen Welt. Er zählt zu den größten und modernsten Containerhäfen weltweit. Seine Freihandelszone lockte durch Steuer- und Zollfreiheit 7500 internationale Unternehmen mit 135000 Arbeitskräften an.
Dubai gilt schon länger in der arabischen Welt und darüber hinaus als Einkaufsoase. So bieten gigantische Shopping Malls mit Eventcharakter Luxuswaren aus aller Welt an. 360 Sonnentage, angenehmes Klima im Winter, feinsandige Strände, Hotels der Spitzenklasse, künstliche Urlaubswelten, exzellente touristische Infrastruktur und weltweit beachtete Attraktionen und Events locken jährlich über zehn Millionen Touristen an.
Städtebauliche Großprojekte (→ S. 75, Karte 2) verschaffen Dubai weltweite Aufmerksamkeit und forcieren einen Bauboom wie sonst nirgendwo auf der Welt. Dieser Immobilienboom wird durch sehr kurze Planungs- und Bauzeiten, steuerfreie Gewinntransfers, geringe Steuern und billige Kredite gefördert. Zudem werden ganze Stadtteile wie Media- und Internetcity, der weltweit größte Informationstechnologiepark sowie Healthcare City mit modernster medizinischer Versorgung und Forschung aus dem Wüstenboden gestampft. Allerdings lässt die Nachfrage nach, die Immobilienpreise sinken und die Einnahmen fehlen, um die Kredite zu bedienen – Verschuldung ist die Folge.

M5 Die Säulen des Strukturwandels

Basis des Aufschwungs sind zahllose Arbeitsmigranten aus Asien und Afrika, die meist zu Dumpinglöhnen, ohne Rechte und nur mit begrenzter Arbeits- und Aufenthaltserlaubnis hier Arbeit finden. Ihre Camps liegen meistens versteckt auf Baustellen oder in Industrie- und Gewerbegebieten. So bilden ausländische Arbeitskräfte fast 90 % der 3,6 Mio. Einwohner Dubais. Das Emirat zählt auch beim Verbrauch von Strom und Wasser zu den globalen Spitzenreitern (470 l pro Kopf und Tag). In aufwendigen Entsalzungsanlagen wird mit hohem Energieverbrauch aus dem Persischen Golf Trinkwasser gewonnen. Auf modernen Mülldeponien und Kläranlagen am Rande der Stadt werden Unmengen des anfallenden Abfalls deponiert und recycelt. Auch auf den mehrspurigen Autobahnen bilden sich durch das extrem hohe Verkehrsaufkommen besonders zur Rush Hour täglich kilometerlange Staus. Selbst durch den Bau zweier Metrolinien konnten die Emissionen und das Verkehrsaufkommen nicht verringert werden.

M7 Grenzen des Wachstums

Strengths (Stärken) Standortvorteile	**Weaknesses (Schwächen)** Standortnachteile
xxxxxxxxxxx	xxxxxxxxxx
Opportunities (Chancen) positive Entwicklungen	**Threats (Risiken)** negative Entwicklungen
xxxxxxxxxxx	xxxxxxxxxx

M8 SWOT-Analyse

5 Erstellen Sie eine SWOT-Analyse für Dubai mit entsprechenden Schüsselbegriffen (M1 – M8).

6 Erörtern Sie per SWOT-Analyse (M8), ob Dubai in der Zukunft eine Chance ohne Erdöl hat.

GeoKompakt

Da die Erdölvorkommen Dubais in absehbarer Zeit erschöpft sein werden, hat das Emirat die Diversifizierung seiner Wirtschaft in die Wege geleitet. Ob aber die Investitionen in Tourismus, Handel und Logistik sowie in den Immobiliensektor trotz globaler Krisen auf Dauer Erfolg versprechen, muss sich jedoch noch beweisen, zumal oft sehr hohe Kosten für Energie und Wasser anfallen.

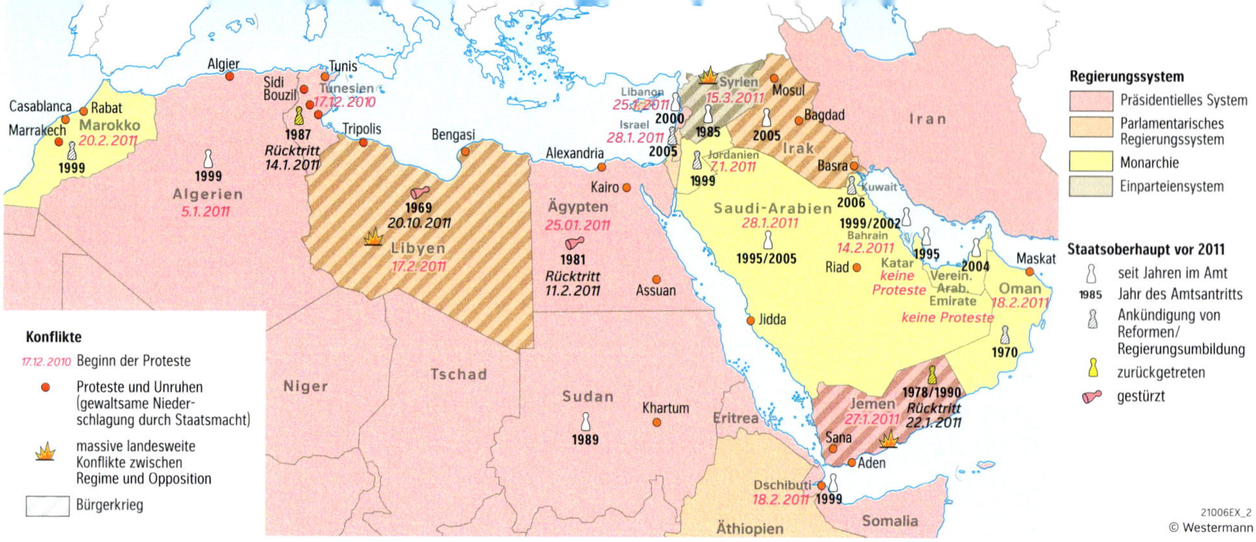

M1 Politische Systeme und Ereignisse des Arabischen Frühlings 2011/2012

Nordafrika und Naher Osten – Konflikte ohne Ende?

Nordafrika und der Nahe Osten werden in den Medien als Räume wahrgenommen, in denen es immer wieder zu Konflikten und kriegerischen Auseinandersetzungen kommt. Was sind die Ursachen hierfür und welche Lösungsansätze zur Befriedung der Region sind denkbar?

Zu Beginn des 20. Jahrhunderts gerieten Nordafrika und der Nahe Osten unter den Einfluss europäischer Mächte, insbesondere Frankreichs und des Vereinigten Königreichs. Diese sicherten sich indirekt ihre Kolonialherrschaft, indem sie treu ergebene lokale Herrscher an die Spitze der Verwaltung stellten. Nach dem Zweiten Weltkrieg entließ man die Kolonien, teilweise nach bewaffneten Aufständen, in die Unabhängigkeit. In vielen arabischen Staaten übernahmen Militärs die Macht, in anderen konnten die schon zu Kolonialzeiten an der Spitze stehenden Herrscherfamilien ihre Regentschaft bis heute sichern. Ende 2010 kam es in nordafrikanischen Staaten zu Demonstrationen gegen diese eingefahrenen Strukturen. Der Widerstand der Menschen gegen Machtmissbrauch, die Unterdrückung der Opposition und Menschenrechtsverletzungen führten zu einer revolutionären Bewegung, dem Arabischen Frühling. Teils wurden die bestehenden Machthaber zum Rücktritt gezwungen, teils brachen blutige Bürgerkriege zwischen rivalisierenden Gruppen aus. Allein in Syrien wurden im Bürgerkrieg bis zum Jahr 2021 über 400 000 Menschen getötet. Millionen Flüchtlinge verließen ihre Heimat, um dem Kampf der Aufständischen gegen das Regime zu entgehen. Nur in Tunesien gelang es anfangs, einen Demokratisierungsprozess einzuleiten.

M2 Eine Region im Aufruhr – Staaten im Umbruch

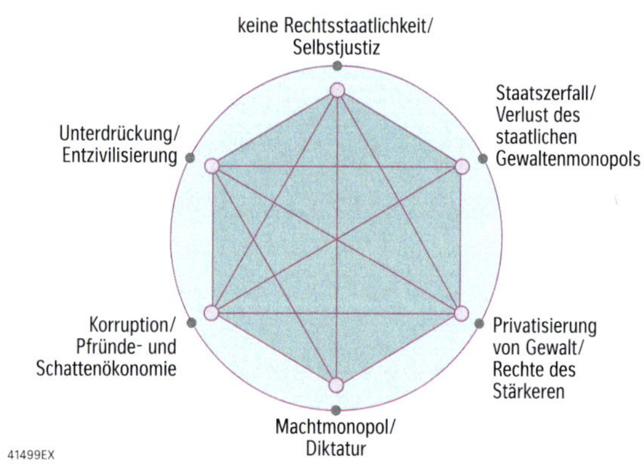

M3 Bad Governance

1 Begründen Sie die Unzufriedenheit, die in vielen arabischen Ländern zu Protest- und Widerstandsbewegungen führte (M2, M3).

2 Halten Sie einen Kurzvortrag über das politische System, die Ereignisse während des Arabischen Frühlings sowie die Entwicklungen danach in einem von Ihnen ausgewählten nordafrikanischen Staat (M1, M2, Internet-Recherche).

3 Erläutern Sie die Motive der Nationalstaaten, einen kurdischen Staat abzulehnen bzw. den Kurden keine Autonomie zuzugestehen (M4 – M6).

Das Siedlungsgebiet von uns Kurden, einem der ältesten Kulturvölker der Erde, ist so groß wie Deutschland und liegt mitten im Brennpunkt des Nahen Ostens. Seit dem Zerfall des Osmanischen Reiches nach dem Ersten Weltkrieg wurde unser Lebensraum zwischen den neu geschaffenen Staaten aufgeteilt (M5). Seitdem stellen wir, das größte Volk ohne Land, nur noch eine Minderheit in den einzelnen Ländern dar. Die Mitglieder meiner Großfamilie leben heute weit verstreut in der Türkei, in Syrien und im Irak. Viele sind vor der staatlichen Unterdrückung in ihrer Heimat nach Europa geflüchtet. Leider sind zu vielen Verwandten im Ausland die familiären Bindungen abgebrochen. Trotzdem träume ich von einem Familienfest mit uns allen in unserem Heimatdorf irgendwann in der Zukunft.

M4 Bericht eines kurdischen Familienoberhauptes

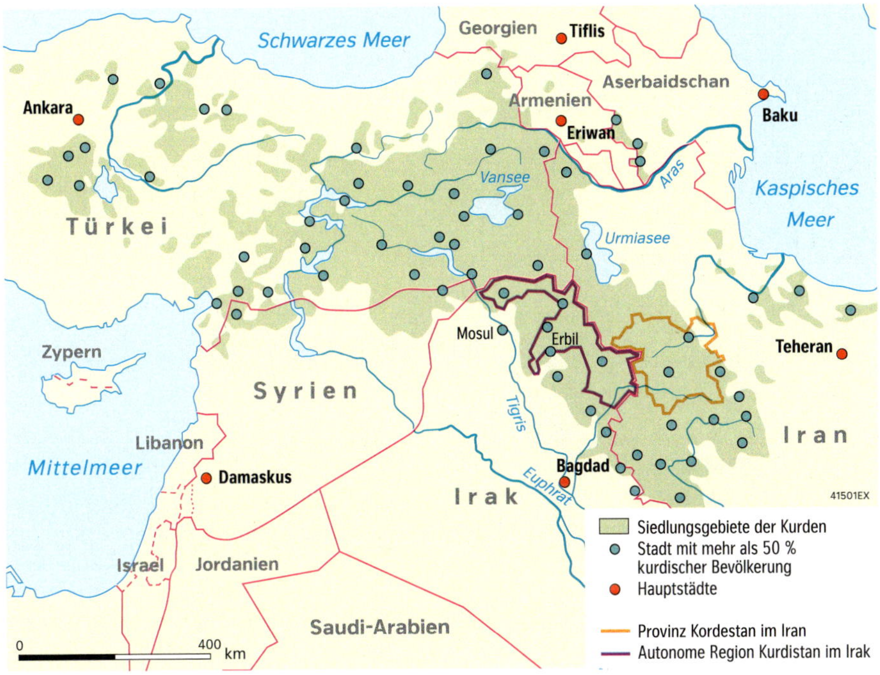

M5 Siedlungsgebiete der Kurden im Nahen Osten

Ich wohnte mit meiner Familie in Mosul, der größten Stadt im Nordirak. Jahrzehntelang lebten hier Moslems und Christen, Araber und Kurden friedlich nebeneinander. Nach dem Sturz von Saddam Hussein 2003 versank unser Land im Chaos. Dies war die Geburtsstunde der Terrororganisation Islamischer Staat. Kämpfer des IS eroberten 2014 meine Heimatstadt. Viele christliche Einwohner, die nicht zum Islam konvertieren wollten, wurden hingerichtet. Wir Kurden wurden als Minderheit aller unserer Rechte beraubt. Viele Mitglieder meiner Familie leisteten Widerstand und verloren dabei ihr Leben. Ich flüchtete nach Erbil in die Autonome Region Kurdistan und schloss mich dort den Peschmerga (kurdische Armee) an. Europäische Staaten und die USA schickten uns Waffen und Ausbilder. Gemeinsam kämpften wir gegen den IS, der seit 2015 große Gebiete erobert und ein islamisches Kalifat errichtet hatte. Die Peschmerga befreite 2017 Mosul von den IS-Kämpfern. Allerdings verweigert die irakische Regierung bis heute einen Anschluss der Stadt an die Autonome Region Kurdistan.

M6 Bericht eines kurdischer Freiheitskämpfers

INFO

Der sogenannte **Islamische Staat** ist eine seit 2003 in Syrien, Irak und Libyen agierende, militant-extremistische Strömung des islamischen Fundamentalismus. Ihre Ziele sind die Ausrufung eines Kalifats, die extreme Islamisierung der Gesellschaft und die Ablehnung westlichen Gedankenguts. Die Organisation wird weltweiter Terroranschläge, Völkermorde und Kriegsverbrechen beschuldigt.

GeoKompakt

In Nordafrika sowie im Nahen und Mittleren Osten kommt es fortlaufend zu Konflikten zwischen Staaten einerseits und unterschiedlichen Bevölkerungsgruppen andererseits.

Die Auseinandersetzungen haben häufig eine historische Komponente, die auf die Kolonialzeit zurückgeht. Sowohl die Hoffnung der Protestbewegungen des Arabischen Frühlings auf mehr Demokratie als auch der Kurden auf einen eigenen Staat haben sich bisher nicht erfüllt.

M1 Arbeitsmigranten auf einer Baustelle in Dubai

M4 Flüchtlingslager Zaatari in Jordanien

M5 Syrische Flüchtlinge in Zaatari

Migration in Nordafrika und im Nahen Osten

Tag für Tag verlassen Tausende ihre Heimat in Nordafrika sowie im Nahen und Mittleren Osten. Was sind die Ursachen für diese Wanderungen, welche Arten von Migration sind zu beobachten und wo liegen die Herkunfts- und Zielgebiete?

In allen Staaten Nordafrikas sowie des Nahen und Mittleren Ostens wächst die Bevölkerung in den Städten durch Binnenmigration aus dem ländlichen Raum stark an. Jedoch erfüllt sich die Hoffnung der Zuwanderer auf bessere Lebensbedingungen in den Städten zumeist nicht, denn auch hier mangelt es an Arbeitsplätzen. Das ist wiederum ein Grund dafür, dass es zu grenzüberschreitender **Migration** kommt.
Die reichen Länder Europas und die ölexportierenden Staaten der Golfregion waren bereits in den 1970er-Jahren attraktive Zielgebiete der Arbeitsmigration aus Nordafrika und dem Nahen Osten. Neben wirtschaftlich motivierten Formen von Migration gibt es in der Region aber auch immer wieder Flüchtlingsströme. Auslöser für diese erzwungene Form der Migration sind Kriege, ethnische, religiöse und politische Verfolgung, aber auch Naturkatastrophen. Auf dem Weg nach Europa dienen die nordafrikanischen Staaten den Migranten als Transitländer (M3). Das gilt auch für Migranten aus Subsahara-Afrika. Für die Einwanderung in die EU stellen deren Außengrenzen oft tödliche Hürden dar, etwa wenn sich Flüchtlinge in seeuntauglichen Booten auf den Weg über das Mittelmeer machen.

M2 Formen der Migration und deren Motive

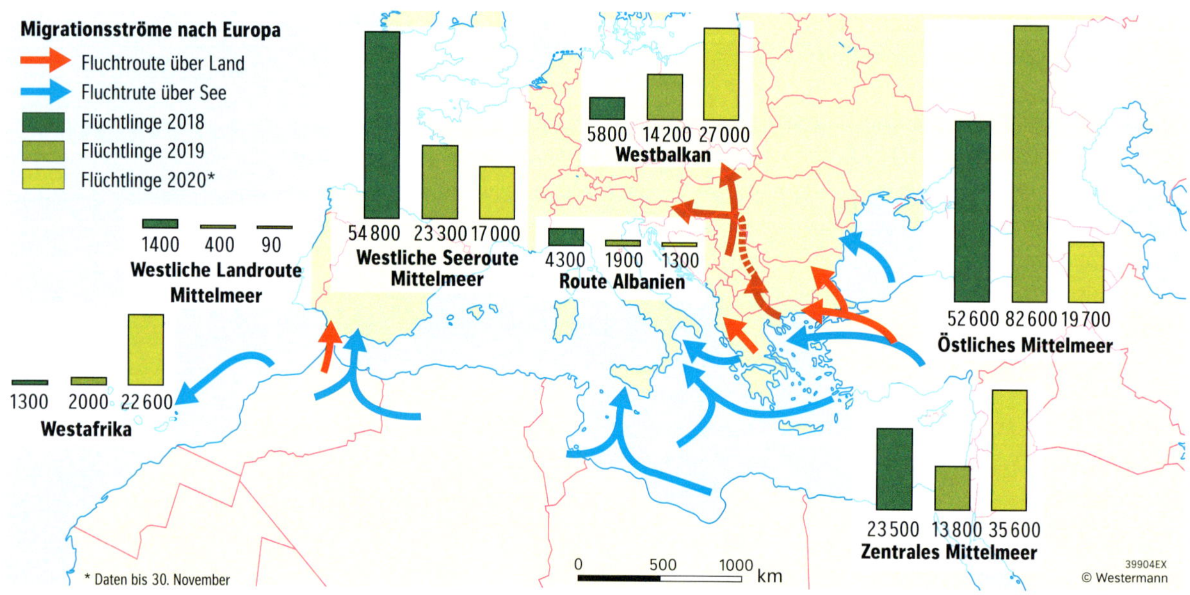

M3 Flüchtlingsrouten nach Europa

M6 Bootsflüchtlinge vor Libyen ...

...und zu Fuß auf dem Weg nach Deutschland 2015

Ahmads Heimat ist das riesige Flüchtlingslager Zaatari im Norden Jordaniens. Sein halbes Leben hat der Zwölfjährige aus Syrien hier schon verbracht. Seit 2012 finden Menschen hier Zuflucht. Mit seinen Eltern und den Geschwistern ist Ahmad vor dem Bürgerkrieg in Syrien geflohen. Mittlerweile leben hier 80 000 Menschen in Wohncontainern. Zaatari war als Provisorium angelegt worden. Die Infrastruktur war daher anfangs unzureichend: Strom, Wasser, Nahrung, Internet – für alles gab es zunächst nur Notlösungen. Erst allmählich ändert sich das: Das Flüchtlingslager ist inzwischen zu einer Container- und Zeltstadt ausgebaut worden. Es gibt Geschäfte, Krankenhäuser und Schulen. Ahmad besucht die 7. Klasse. Am Nachmittag trifft er sich mit Freunden auf einem Spielplatz. Für ihn ist das Leben im Flüchtlingslager normaler Alltag geworden.

M7 Leben im Flüchtlingslager 2022

Für die Reise ins Ungewisse hat Adils Familie 15 000 Euro gezahlt. Adil hat seine Eltern und Geschwister zur Flucht überredet. Sie haben drei kleine Taschen gepackt, alles andere verkauft und ihr Leben unbekannten Schleusern anvertraut. Ihre wochenlange Flucht aus der im Bürgerkrieg zerstörten syrischen Stadt Aleppo führte sie zuerst in die Türkei. Von hier aus sollten sie nachts auf einem überfüllten Schlauchboot auf eine griechische Insel übersetzen. Dort begann jedoch erst ihr beschwerlicher und gefährlicher Weg Richtung Zukunft. Nach einem mehrmonatigen Aufenthalt in einem Flüchtlingslager auf Chios erreichte die Familie das griechische Festland. Von dort brachten sie Schleuser teils zu Fuß, teils mit Kleintransportern oder Lkws entlang der Balkanroute nach Bayern, wo ein Verwandter bereits seit Jahren lebt. Die Familie wohnt jetzt in einer Flüchtlingsunterkunft bei Kehlheim. Sie hofft, dass ihr Asylantrag genehmigt wird und ihr neues Leben beginnen kann.

M8 Adils Flucht nach Deutschland 2016

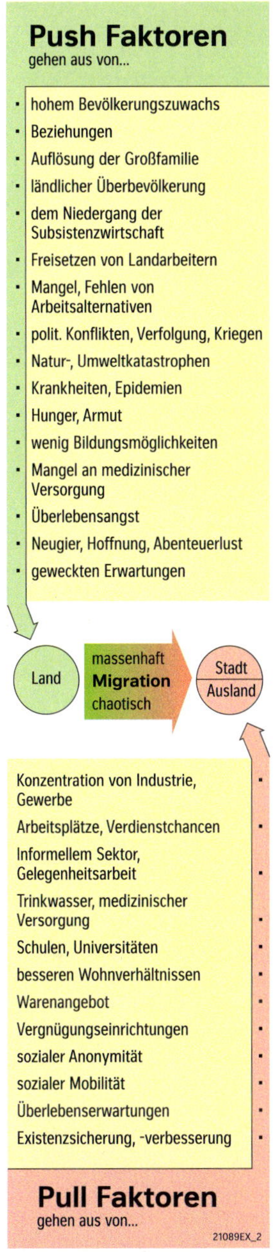

M9 Ursachen von Migration

❶ Erläutern Sie die Wege und die Zahl der Flüchtlinge auf den verschiedenen Fluchtrouten nach Europa (M3).

❷ Bestimmen Sie die Pull- und Push-Faktoren für die Staaten in der Region (M3, M9).

❸ Stellen Sie in einer Partnerdiskussion die Motive der Flüchtlinge nach Europa der Realität im Zielland gegenüber (M8).

GeoKompakt

Migration tritt in vielfältigen Formen auf. Die transnationalen Wanderungen von Nordafrika und aus dem Nahen Osten nach Europa haben ihre Ursachen oft in Bürgerkriegen und anderen Konflikten. Hingegen ist die Binnenmigration oft Folge regionaler und ökonomischer Disparitäten zwischen ländlichen und städtischen Räumen.

INFO

Geographische Modelle veranschaulichen komplexe Systeme und Prozesse der Wirklichkeit durch visualisierte, graphisch und inhaltlich vereinfachte Darstellungen der Wirklichkeit. Die dabei auftretende Vereinfachung erleichtert somit den Zugang zu systemischem Denken und den Transfer der erlangten Erkenntnisse auf ähnliche Strukturen und Prozesse der Geographie.

Kompetenzcheck Mit geographischen Modellen arbeiten

Zahlreiche geographische Strukturen und Prozesse werden mithilfe von Modellen dargestellt. Erweitern Sie Ihre geographische Methodenkompetenz, indem Sie mit verschiedenartigen Modellen arbeiten.

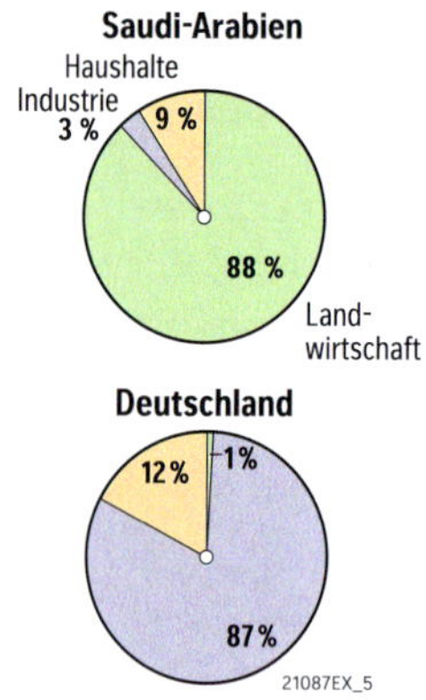

M2 Süßwasserverbrauch nach Verwendung

Erklärungsmodelle

1 Der Verbrauch von Süßwasser unterscheidet sich im Bereich der Landwirtschaft erheblich zwischen Saudi-Arabien und Deutschland (M2).

a Begründen Sie den unterschiedlichen Wasserverbrauch der Landwirtschaft in den beiden Ländern anhand der jeweils vorherrschenden naturgeographischen Bedingungen.

b Erstellen Sie entsprechend dem Erklärungsmodell zur Bodenversalzung (→ S. 61, M7) ein passendes Modell, das den Bodenwasserstrom bei der Bewässerung in der Landwirtschaft Deutschlands, z. B. in einem Braunerdeboden, verdeutlicht.

Stadtmodelle

2 Arbeiten Sie aus den Grundrissen der beiden Stadtmodelle zur europäischen und orientalischen Stadt (M1, M3) Gemeinsamkeiten und Unterschiede heraus und erläutern Sie diese auf der Grundlage der jeweiligen historischen Stadtentwicklung.

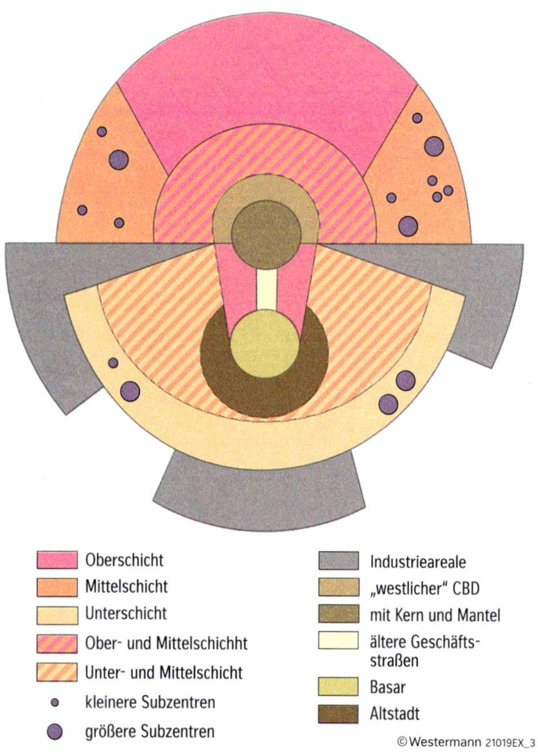

M1 Modell der orientalischen Stadt (Grundriss)

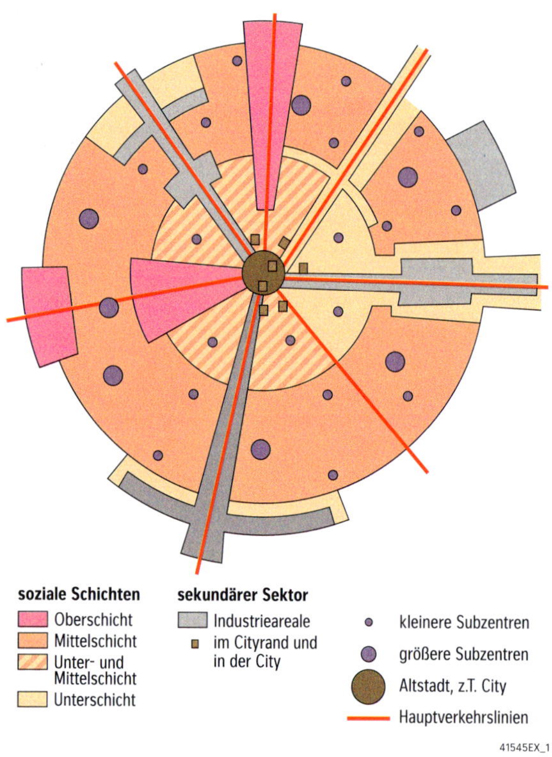

M3 Modell der westeuropäischen Stadt (Grundriss)

CHECK

M4 Ranking der weltweiten Metropolen nach dem Global City Index 2019 (Auswahl)

Der Global City Index zur weltweiten Bedeutung von Metropolen wurde im Jahr 2008 von einer US-amerikanischen Forschergruppe entwickelt. Er wird anhand von fünf Kriterien mit unterschiedlicher Gewichtung berechnet: wirtschaftliche Geschäftsaktivität (30 %), Kapital (30 %), Informationsaustausch und Medienaktivität, wie z. B. Internet, Funk, Fernsehen, Presse (15 %) kulturelles Angebot (15 %), politischer Einfluss (10 %).

M7 Global City Index

Thematische Karte als Modell

3 Im weltweiten Ranking der 100 bedeutendsten Global Cities (M4) weisen die Regionen Nordafrika sowie Naher und Mittlerer Osten nur drei Metropolen mit Ansätzen einer Global City aus.

a Belegen Sie die Festlegung Dubais als Stadt mit Ansätzen zu einer Global City entsprechend der in M7 dargestellten Kriterien.

b Begründen Sie, warum es in diesen Räumen nur wenige Global Cities gibt.

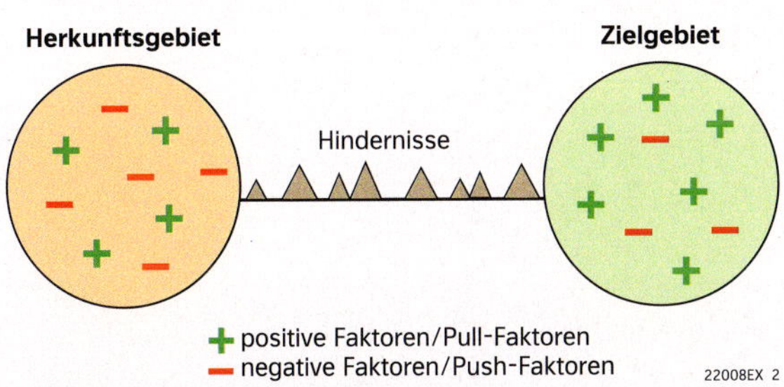

M5 Modell der Push- und Pull-Faktoren

	Anteil der Bevölkerung (in %)		
	frei*	teilweise frei*	unfrei*
Subsahara-Afrika	12	49	39
Nordafrika/Naher Osten	5	12	83
Eurasien	0	21	79
Asien/Pazifik	38	22	40
Europa	85	15	-
Nord-/Südamerika	69	27	4
Welt	39	25	36

M6 Bevölkerung in politisch-ziviler Freiheit (2017)

Graphische Modelle

4 Nordafrika und der Nahe Osten sind Regionen, in denen es immer wieder zu Konflikten und kriegerischen Auseinandersetzungen kommt.

a Zeigen Sie an einem Beispiel einen dieser Konflikte auf, indem Sie seine sozialen, politischen, ökonomischen und ökologischen Ursachen darlegen.

b Ein großer Teil der Bevölkerung dieser Regionen sehnt sich nach politisch-ziviler Freiheit (M6). Konkretisieren Sie diesen Wunsch, indem Sie analog zum Modell der Bad Governance (→ S. 68, M3) mit geeigneten Begriffen ein Hexagon der demokratischen Staatsführung (M8) erstellen. Diskutieren Sie, was aus Ihrer Sicht politisch-zivile Freiheit bedeutet.

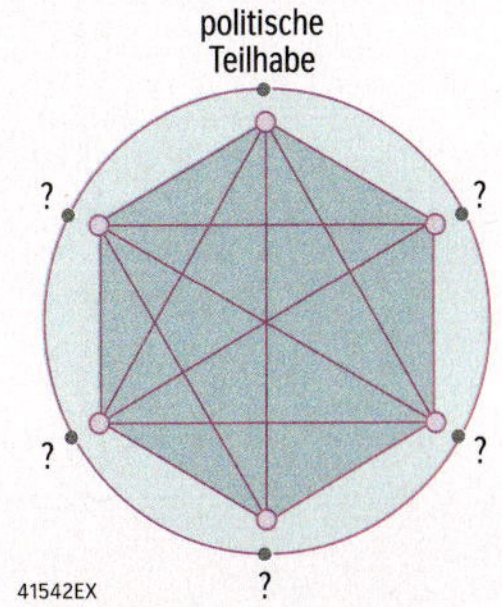

M8 Hexagon einer demokratischen Staatsführung

CHECK

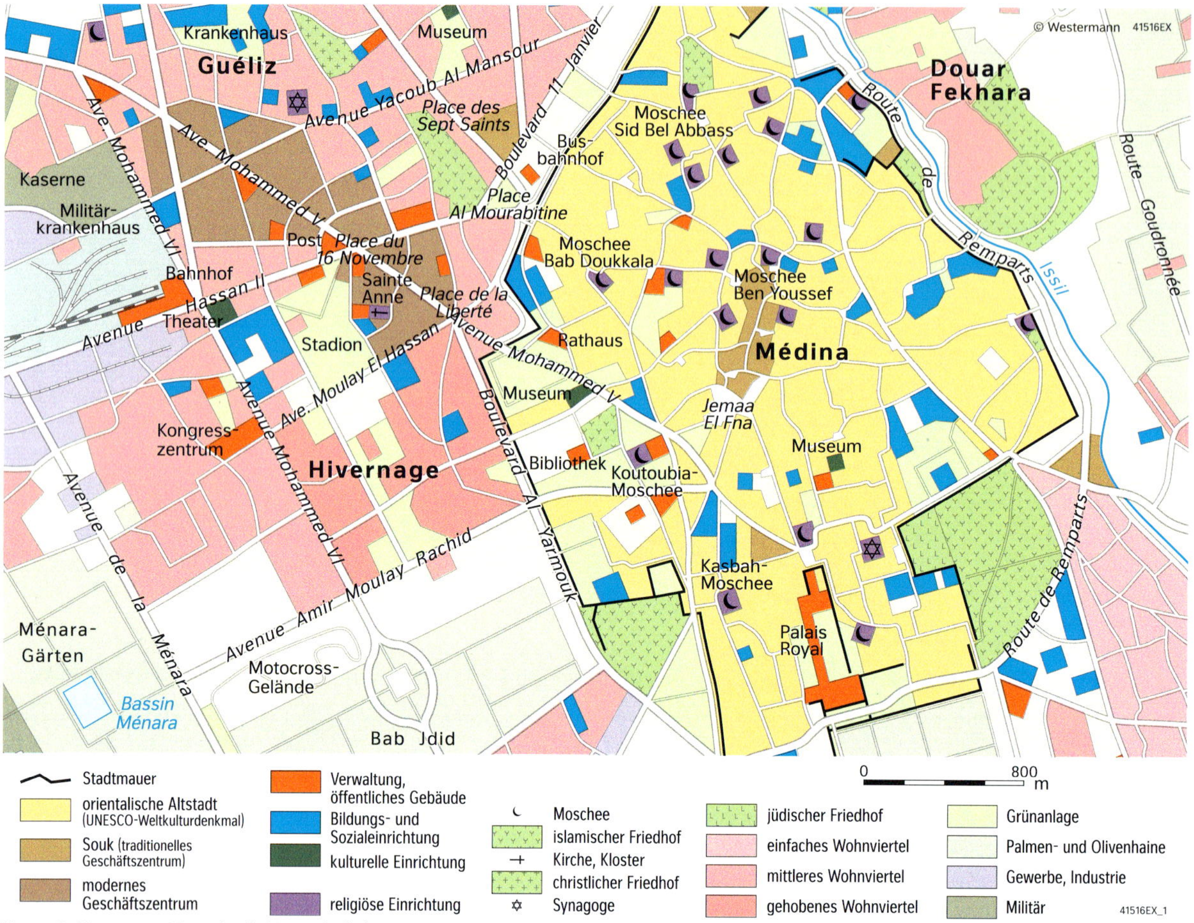

Karte 1 Karte von Marrakech (Ausschnitt)

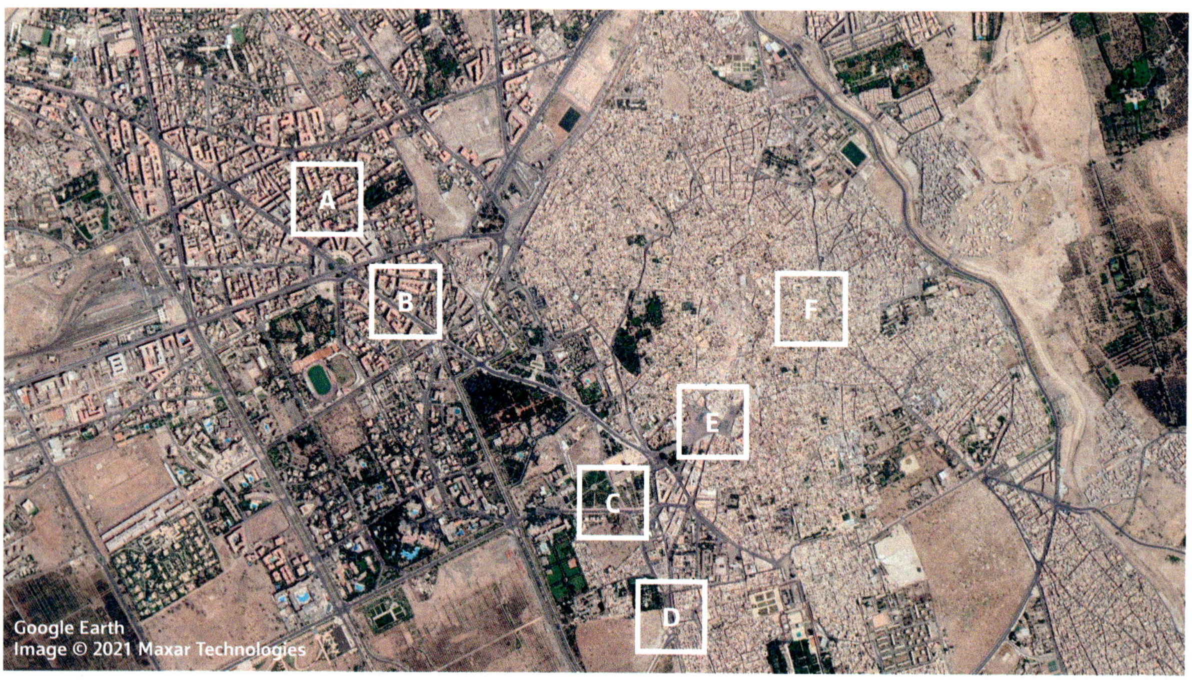

Karte 2 Satellitenbild von Marrakech (Ausschnitt)

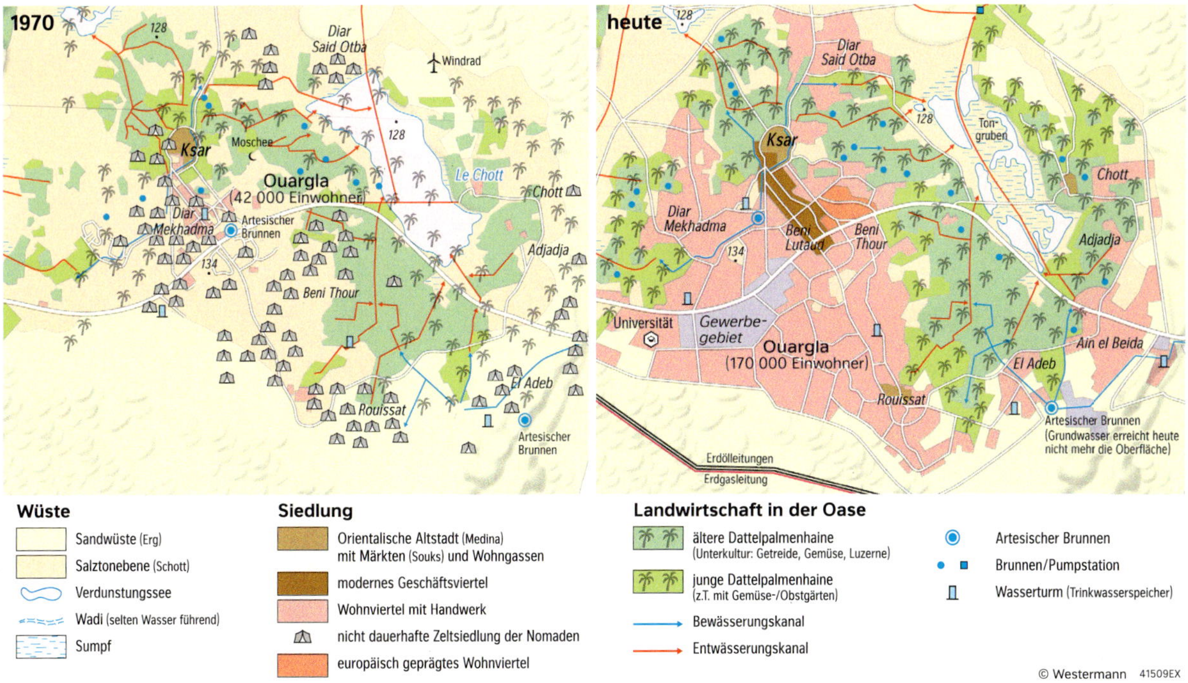

Karte 1 Ouargla (Algerien) – Wandel einer Brunnenoase

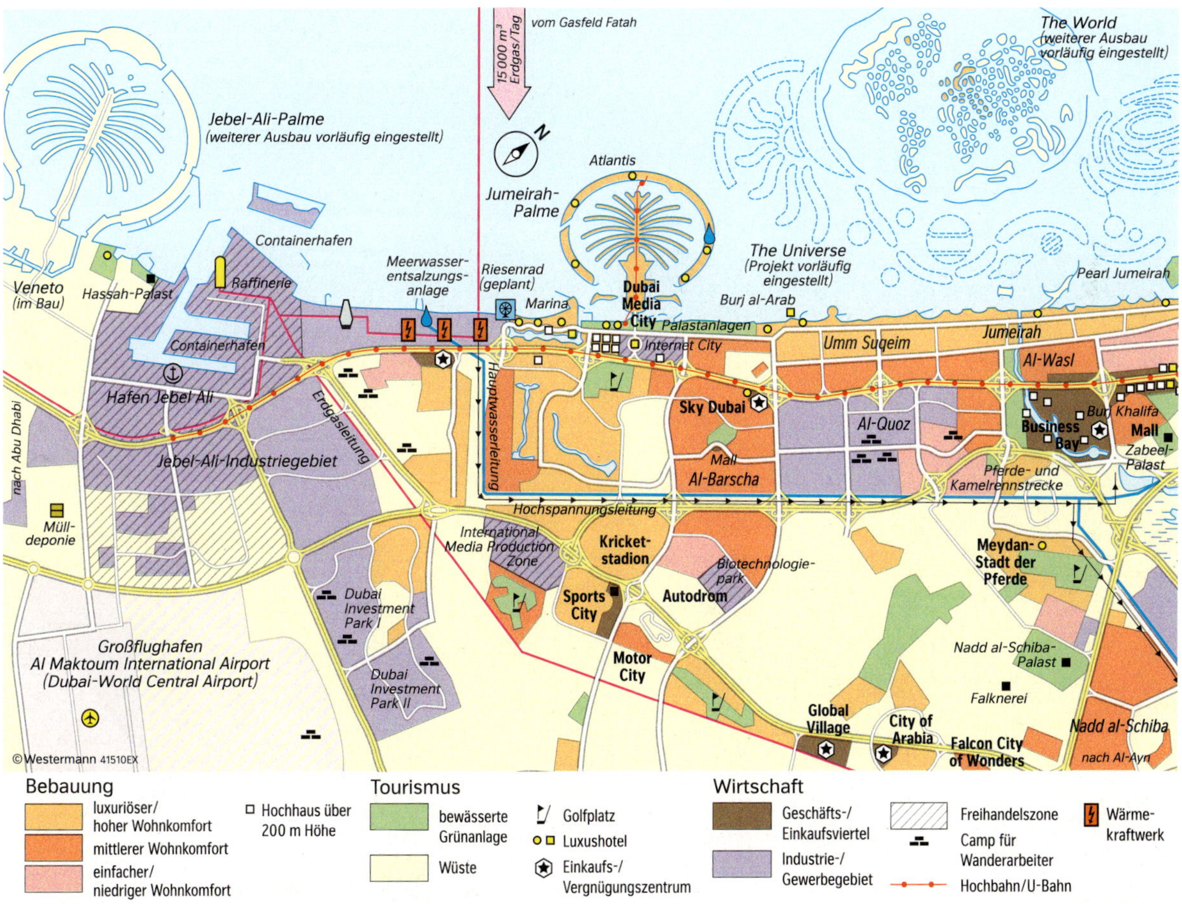

Karte 2 Dubai – Ausbau zur Global City (Kartenausschnitt)

Entwicklungsperspektiven in tropischen Räumen – Afrika südlich der Sahara

Afrika – jung, dynamisch, verwundbar

In diesem Kapitel erfahren Sie, ...
... wie sich das subsaharische Afrika topographisch und naturräumlich gliedert,
... wie man Kausalprofile anfertigt,
... wie man den Verlauf der Klima- und Vegetationszonen anhand von Karten und Profilen erläutern kann,
... welche Ursachen und Folgen die Desertifikation im Sahel durch das Zusammenwirken natur- und humangeographischer Faktoren hat,
... wie nachhaltige Lösungsansätze zur Behebung der Desertifikation aussehen könnten,
... wie sich endogene Entwicklungshemmnisse in den Staaten des subsaharischen Afrikas auswirken,
... welche Möglichkeiten nachhaltiger und zukunftsorientierter Entwicklung bestehen und wie diese zu bewerten sind,
... welche geopolitische Rolle die Staaten des subsaharischen Afrikas in der globalisierten Weltwirtschaft spielen,
... wie ein deutsches Projekt der Entwicklungszusammenarbeit im subsaharischen Afrika realisiert wird.

Afrika ist nach Asien der zweitgrößte Erdteil. Mit 30 Mio. km^2 nimmt er ein Fünftel der Landfläche der Erde ein und umfasst die dreifache Größe von Europa. Vom nördlichsten Punkt Afrikas bis zur Südspitze sind es ca. 8000 km. Die größte Ost-West-Entfernung beträgt etwa 7600 km.

M1 Kontinent Afrika

M4 Der Kilimandscharo – der höchste Berg Afrikas

Die Großlandschaften Afrikas

Mit 5895 m über NN ist der Kilimandscharo das höchste Gebirgsmassiv Afrikas. Doch für das Relief Afrikas ist das Fehlen größerer Hochgebirge – mit Ausnahme des Atlasgebirges – charakteristisch. Finden Sie heraus, warum das so ist und welche Oberflächenformen Afrika stattdessen prägen.

Den Sockel Afrikas bildet ein im Präkambrium entstandenes Grundgebirge aus Graniten, Gneisen und anderen metamorphen Gesteinen. Die ursprünglich darüber lagernden terrestrischen und marinen Sedimente wurden bis auf einige Plateaus bzw. Tafelländer weitgehend abgetragen. Durch weiträumige Hebungen und Senkungen entstanden im Tertiär die heutigen typischen Oberflächenformen: weite Hochflächen und große Beckenlandschaften, die an den Rändern von nicht allzu hohen Schwellen begrenzt werden. Eine Ausnahme bildet das geologisch junge Atlasgebirge, das im Zuge der Norddrift und **Subduktion** der Afrikanischen unter die Eurasische Platte aufgefaltet wurde. Der Atlas ist somit Teil des euroasiatischen Faltengebirgsgürtels, der nach dem Einbruch des Mittelmeers von Europa getrennt wurde. Den Osten Afrikas durchziehen das Ostafrikanische Grabenbruchsystem und der Zentralafrikanische **Grabenbruch** als Folge auseinanderdriftender Plattenteile. Im Zusammenhang damit steht die Bildung von Lavadecken wie im Hochland von Äthiopien. An den Rändern der Gräben erheben sich hohe, meist derzeit inaktive Vulkane wie der Kilimandscharo. In den Grabenbrüchen entstanden große Seen mit erheblicher Tiefe wie der Tanganjikasee. Die Quellgebiete der mächtigsten Ströme Afrikas, Nil, Kongo, Niger und Sambesi, befinden sich in den niederschlagsreichen Inneren Tropen. Über Stromschnellen und Wasserfälle erreichen sie das Meer, wo sie im Mündungsbereich weite Deltas aufschütten.

M2 Die Großlandschaften Afrikas

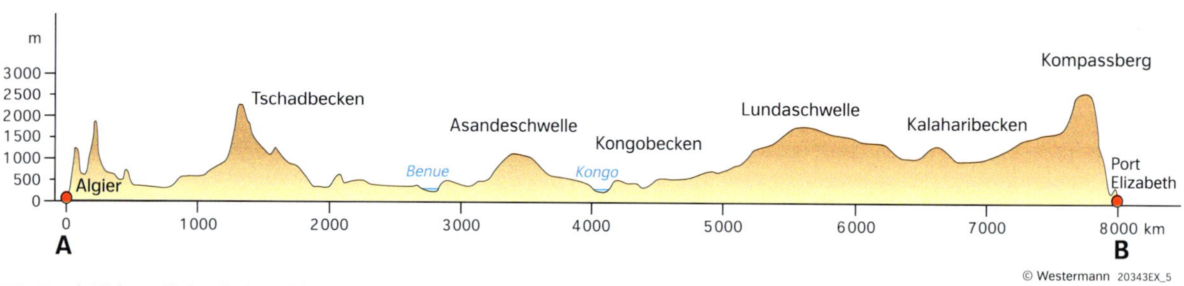

M3 Nord-Süd-Profil durch den afrikanischen Kontinent

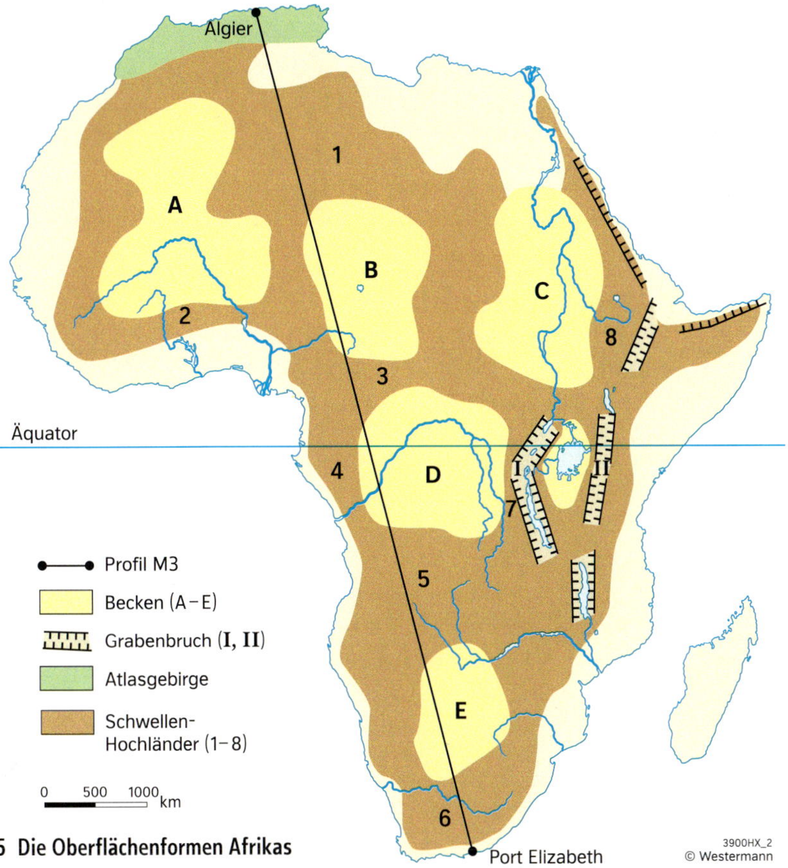

M5 Die Oberflächenformen Afrikas

❶ Erstellen Sie für M5 eine topographische Kartenlegende, die die Becken (A – E), Schwellen und Hochländer (1 – 8) sowie Grabenbrüche (I, II) auf dem afrikanischen Kontinent benennt (Atlas).

❷ Zeichnen Sie mithilfe geeigneter Atlaskarten ein Höhenprofil durch Afrika entlang des Äquators (M5) und beschriften Sie dieses mit den einzelnen Landschaftseinheiten entsprechend M3.

❸ Erläutern Sie die Entstehung folgender Naturlandschaften Afrikas anhand der Theorie der Plattentektonik (Atlas): Atlasgebirge, Kilimandscharo und Tanganjika See.

GeoPlus

Begründen Sie, warum der Kilimandscharo (5 895 m) trotz seiner innertropischen Lage ganzjährig von Schnee und Gletschereis bedeckt ist (Vergleich: Nairobi, 1795 m ü. NN 18° C Jahresdurchschnittstemperatur).

GeoMethode

Ein Höhenprofil zeichnen

1 Höhenangaben aus der Karte entnehmen: Legen Sie einen transparenten Papierstreifen an der gewünschten Profillinie an und verbinden Sie die beiden Endpunkte A und B durch eine gerade Linie (Lineal, Bleistift). Markieren Sie nun an der Profillinie alle Höhenangaben (physische Karte: Begrenzung der farbigen Höhenschichten). Schreiben Sie die Höhenwerte an die Schnittpunkte.

2 Längen- und Höhenmaßstab festlegen: Erstellen Sie auf einem Millimeterpapier ein Koordinatensystem, indem Sie auf der X-Achse die Entfernung zwischen A und B in km und auf der Y-Achse eine Höhenachse in Metern skalieren. Orientieren Sie sich bei der Skalierung der Höhenachse am höchsten Punkt des Kartenausschnitts und wählen Sie eine Überhöhung, um die Oberflächenformen deutlicher darzustellen.

3 Profillinie zeichnen: Legen Sie den markierten Papierstreifen unter die Entfernungsachse und kennzeichnen Sie alle Höhenangaben oberhalb des Schnittpunkts entsprechend der Höhenangabe der Y-Achse mit einem Kreuzchen. Verbinden Sie nun alle Höhenpunkte durch eine Linie und malen Sie evtl. die Höhenschichten unter der Profillinie entsprechend der Höhenfarben der physischen Karte aus.

GeoKompakt

Afrika ist der zweitgrößte Kontinent der Erde. Seine Oberflächengestalt wird durch weiträumige Hochflächen, Becken und Schwellen geprägt. Im Osten durchziehen Grabenbruchsysteme mit Seen und Vulkanen den Kontinent. Große Flusssysteme bilden die Lebensader für Mensch, Flora und Fauna.

M1 In der Namib... ... im Norden der Kalahari ... auf Madagaskar

Klima- und Vegetationszonen in Afrika südlich der Sahara

Das subsaharische Afrika gilt als Raumbeispiel für die idealtypische zonale Abfolge der Klima- und Vegetationszonen in tropischen Räumen. Finden Sie heraus, inwieweit diese räumliche Vorstellung der Realität im subsaharischen Afrika entspricht.

Die geringe vertikale Differenzierung Afrikas, das Fehlen großer kontinentaler Gebirgszüge und die große geschlossene Landmasse ergeben vor allem an der Westseite des Kontinents eine fast idealtypisch breitenkreisparallele Anordnung der Klima- und Vegetationszonen der Tropen mit den angrenzenden subtropischen Randgebieten. Daher findet man hier im Bereich des Äquators tropischen Regenwald, der sich bis an die Küste Westafrikas erstreckte. Nach Norden und zum Teil auch im Süden schließt sich dann die Zone der Feuchtsavanne an. Diese geht über in die Trockensavanne, die Dornstrauchsavanne und schließlich in die Wüste. Im Osten Afrikas weicht hingegen die Vegetation von diesem zonalen Verlauf ab.

M2 Afrikas Klima- und Vegetationszonen

1. Geben Sie den Bildern in M1 einen Untertitel, der den Namen des jeweiligen Staates sowie der Vegetationszone enthält (Atlas).

2. Erklären Sie die nahezu breitenkreisparallele Lage der Klima- und Vegetationszonen südlich der Sahara und begründen Sie, weshalb das Klima im Südwesten und im Osten Afrikas von diesem zonalen Verlauf abweicht (M3, Atlas).

M3 Afrika – Klimazonen und potenzielle Vegetation

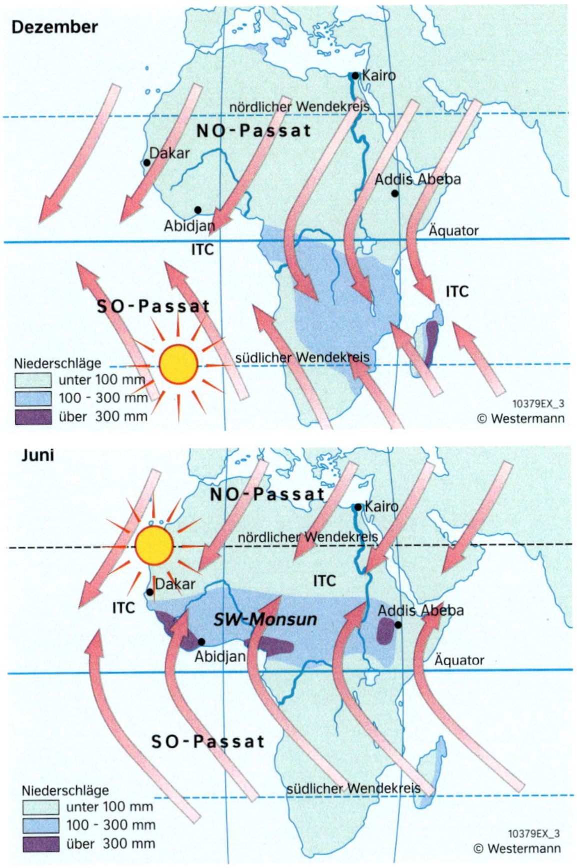

M4 Passat- und Monsunströme in Afrika

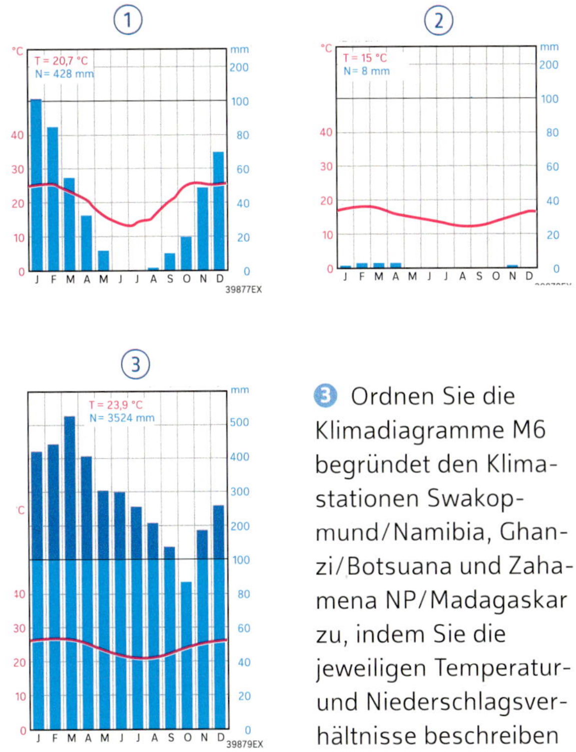

M6 Klimadiagramme afrikanischer Stationen

Die **Küstenwüste** Namib im Südwesten Afrikas stellt eine außergewöhnliche Klimaregion dar. Der kalte Benguelastrom und das kalte Auftriebswasser kühlen die über dem Meer liegenden Luftmassen ab, wodurch die Niederschläge bereits vor der Küste abregnen und das Land nicht mehr erreichen. Zudem verhindern absinkende, warm-trockene Luftmassen im Bereich des atlantischen Subtropenhochs Konvektionsniederschläge über den küstennahen Regionen. Der östlichste Teil des Kontinents, wie z. B. das Horn von Afrika, ist trotz wechselfeuchter Lage ein Trockengebiet. Dieses gerät während der Wintermonate in den Einflussbereich des Nordostpassats, der von der Arabischen Halbinsel kontinental-trockene Luftmassen heranführt. Im Sommer bringt hingegen der Südwestmonsun auch nur geringe Niederschläge, da er sich vorher im Ostafrikanischen Hochland abregnet, wodurch das Küstengebiet am Golf von Aden in eine trockene Leelage gerät (M4).

M5 Beispiele für azonale Klima- und Vegetationszonen in Afrika

GeoKompakt

Afrika zeigt in nahezu idealtypischer Weise in etwa breitenkreisparallel verlaufende Klima- und Vegetationszonen, entsprechend dem Modell der tropischen Passatzirkulation. Dennoch führen regionale Besonderheiten, wie etwa kalte Meeresströmungen und Luv-Lee-Effekte, zu deutlichen Abweichungen im Klima und in der natürlichen Vegetation der betroffenen Gebiete.

3 Ordnen Sie die Klimadiagramme M6 begründet den Klimastationen Swakopmund/Namibia, Ghanzi/Botsuana und Zahamena NP/Madagaskar zu, indem Sie die jeweiligen Temperatur- und Niederschlagsverhältnisse beschreiben und erläutern.

4 Erstellen Sie ein Kausalhöhenprofil durch Afrika entlang des Äquators mit den dort vorkommenden Klima- und Vegetationszonen. Übertragen Sie aus einer geeigneten Atlaskarte bzw. M3 die Klima- und Vegetationszonen entlang des Äquators in das von Ihnen gefertigte Höhenprofil (→ S. 79 Auftrag 2), indem Sie die jeweiligen Anfangs- und Endpunkte der Klima- und Vegetationszonen an dem Höhenprofil markieren. Kennzeichnen Sie diese Klima- und Vegetationszonen farbig und fertigen Sie eine entsprechende Legende an.

M1 Ländlicher Raum – traditionelles Dorf in Äthiopien

M4 Städtischer Raum - Luanda, Hauptstadt von Angola

INFO

Subsahara-Afrika
Dieser Begriff wird genutzt, um die Staaten südlich der Sahara von Nordafrika abzugrenzen. Die Sahara bildet dabei die natürliche Nordgrenze, welche die südlich gelegenen Staaten geographisch, ökologisch, ethnisch und kulturell vom restlichen Afrika abtrennt.

Afrika südlich der Sahara – Aufbruch in eine bessere Zukunft?

Hunger, Krankheit, Elend und Armut – daran denken die meisten Menschen, wenn sie über Afrika südlich der Sahara sprechen. Wer aber ein modernes Bild Subsahara-Afrikas zeichnen will, muss auch die positiven Entwicklungen sehen, die in vielen Staaten für den Aufbruch in die Zukunft stehen.

In Subsahara-Afrika leben über eine Milliarde Menschen, gegliedert in mehrere tausend Ethnien sowie etwa zweitausend eigenständige Sprachengruppen, territorial verteilt auf 54 Staaten. Diese Staaten präsentieren sich in Flächenausdehnung, Bevölkerungszahl, den naturräumlichen Gegebenheiten und im Regierungssystem äußerst heterogen. Während Nordafrika mit dem Rest des Mittelmeerraumes im wirtschaftlichen und kulturellen Austausch stand, war das subsaharische Afrika durch die in früheren Zeiten schier unüberwindbare Wüste Sahara über lange Zeit weitgehend von Europa isoliert.

M2 Die Region im Überblick

Afrika südlich der Sahara war in der Vergangenheit nur dünn besiedelt. Der innerafrikanische Handel kam erst im 15. Jahrhundert durch europäische Kaufleute in Gang. Damit begann auch das schrecklichste Kapitel in der Geschichte Afrikas, der Sklavenhandel. Mehr als zwölf Millionen Afrikaner wurden bis ins 19. Jahrhundert hinein nach Amerika und in den Orient verschleppt. Die Erforschung und Besiedlung Afrikas durch Europäer beschränkte sich lange Zeit auf die Küstenregionen, von wo aus Expeditionen ins Hinterland erfolgten.
Der militärischen Überlegenheit der Europäer hatten die Afrikaner nichts entgegenzusetzen. Die einheimische Bevölkerung musste in den neu gegründeten Kolonien Tributzahlungen oder Kopfsteuern leisten, das neue Bodenrecht übertrug den Landbesitz an die Ackerbauern. Europäische Siedler nutzten die fruchtbaren Böden, Unternehmen erschlossen die Bodenschätze oder errichteten Plantagen und Pflanzungen (M5). Auf der Kongo-Konferenz 1884 einigten sich die europäischen Mächte auf die vollständige koloniale Aufteilung Afrikas. Die Kolonialzeit endete für einige Gebiete erst Mitte des 20. Jhs.

M3 Afrika im Zeitalter des Kolonialismus

1. Erstellen Sie ein aktuelles Kurzporträt (→ S. 136 M1) jeweils eines Binnen- und Küstenstaates in Subsahara-Afrika.

2. Erklären Sie das ehemalige Interesse europäischer Staaten am Besitz von Kolonien in Afrika (M3).

3. Setzen Sie sich kritisch mit den Abbildungen in M5 auseinander.

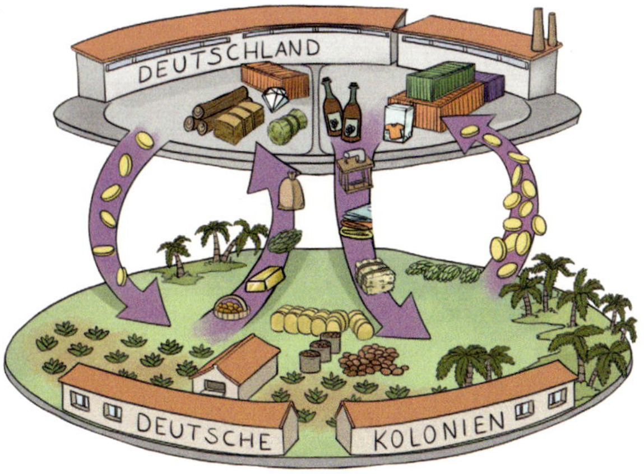

M5 links: Handelsbeziehungen Deutschlands mit seinen Kolonien bis 1914 (aus einem Schulbuch von 1930) und rechts: Handelsbeziehungen Afrikas mit Industrieländern heute (Karikatur)

Afrika südlich der Sahara ist ein Raum mit einem enormen wirtschaftlichen Potenzial. So bilden dort wertvolle mineralische und pflanzliche Rohstoffe das wirtschaftliche Rückgrat der meisten Länder. Zum Beispiel ist Côte d'Ivoire der weltweit größte Kakaoproduzent und in der Demokratischen Republik Kongo wird Coltan abgebaut, ein seltener Bodenschatz, der nicht nur für Smartphones, sondern für nahezu alle Elektrogeräte benötigt wird. Jedoch werden immer noch im subsaharischen Afrika meist nur die ersten Arbeitsschritte einer Wertschöpfungskette, etwa die Aufbereitung der Rohstoffe, vollzogen und diese dann in die Industrieländer exportiert. Hochwertige Güter werden dann aus dem Ausland importiert. Das führt zu einer Verschlechterung der Terms of Trade (Info). Zudem fließen oft die Gewinne der Rohstoffproduzenten in deren Unternehmenssitz im Ausland oder auf die Konten lokaler Eliten. Die breite Bevölkerung hat meist keinen Anteil an deren Wertschöpfung.
Auch der Anteil dieser Region am Welthandel liegt derzeit nur bei unter zwei Prozent. Schwer wiegt dabei der Bedeutungsverlust landwirtschaftlicher Güter und deren sinkenden Preise auf dem Weltmarkt, ein Ergebnis der geringeren Nachfrage bei weltweitem Überangebot und einer wachsenden Zahl von Anbietern. Zudem subventionieren die Industrieländer ihre Landwirtschaft mit Milliardensummen, deren Produkte dann auf dem Weltmarkt zum Teil konkurrenzlos billig verkauft werden. Trotzdem wächst und verändert sich kein anderer Teil der Erde wirtschaftlich und demographisch so schnell wie Subsahara-Afrika. Traditionelle Rollenmodelle in der afrikanischen Gesellschaft werden zunehmend überwunden, die Infrastrukturausstattung städtischer Räume schreitet voran und moderne Kommunikationsmedien finden mittlerweile auch in abgelegenen Siedlungen Verwendung.

M6 Subsahara-Afrika im Prozess der Globalisierung

GeoKompakt

Die Entwicklung Afrikas wird heute erstaunlich unterschiedlich bewertet. So betonen die Pessimisten das niedrige wirtschaftliche Niveau und die weit verbreitete Armut, während die Optimisten auf hohe wirtschaftliche Wachstumsraten und eine immer größer werdende afrikanische Mittelschicht verweisen. Die Ungewissheit über die künftige wirtschaftliche und soziale Entwicklung wird weiter anhalten.

INFO

Terms of Trade
Austauschverhältnis zwischen den Preisen der Güter, die ein Land exportiert und importiert. Steigt z. B. der Preis der Güter, die ein Land exportiert, und der Preis der importierten Güter bleibt gleich oder sinkt sogar, so verbessern sich für dieses Land die Terms of Trade.

4 Diskutieren Sie Probleme, die gelöst werden müssten, um die subsaharischen Länder stärker an der Globalisierung teilhaben zu lassen.

GeoPlus
Recherchieren Sie zu Entstehung, Vorkommen und Bedeutung des im subsaharischen Afrika abgebauten Rohstoffes Coltan.

M1 Anbauprodukte kleinbäuerlicher Landwirtschaft in Benin: Yams, Maniok und Hirse

Nutzungskonflikte in der Landwirtschaft der Wechselfeuchten Savannen

Die natürlichen Voraussetzungen für eine landwirtschaftliche Nutzung der Savannen Westafrikas sind relativ günstig. Wie machen sich die Menschen in den Savannen diese zunutze und mit welchen Herausforderungen müssen sie dabei zurechtkommen?

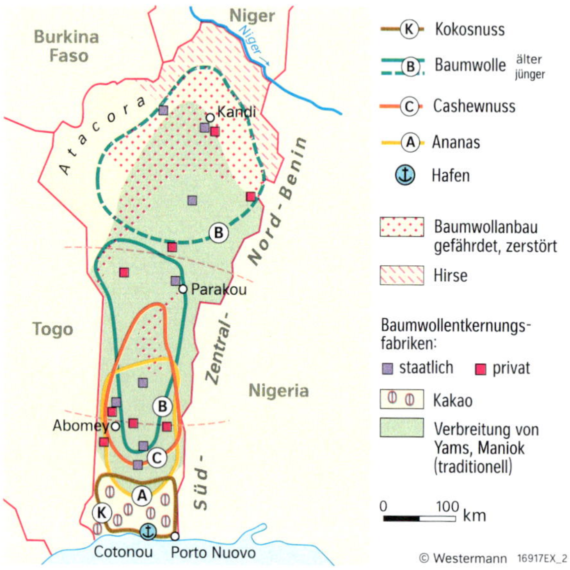

M2 Benin – Anbau von *Food* und *Cash Crops*

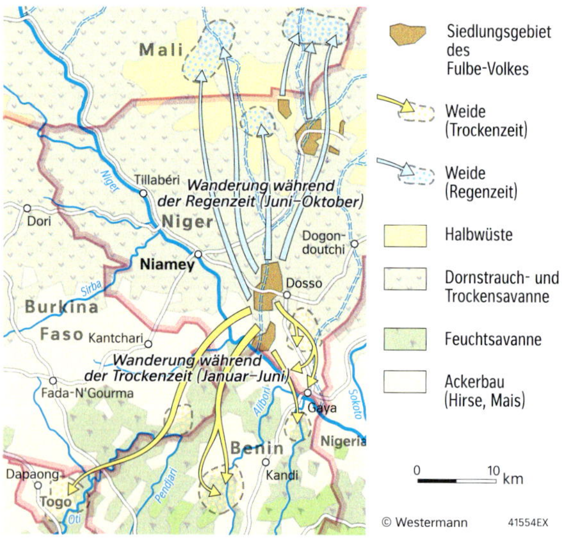

M3 Halbnomadismus in Westafrika

In den Savannen sind neben Hirse und Mais, die etwa zwei Drittel des kleinbäuerlichen Anbaus in Afrika südlich der Sahara ausmachen, traditionell Knollengewächse wie Maniok und Yams die wichtigsten agrarischen Produkte. Sie dienen als ***Food Crops*** dem Eigenbedarf und werden zudem auf lokalen Märkten angeboten. Die kleinbäuerliche Landwirtschaft wird hauptsächlich im **Regenfeldbau**, also nur mit den natürlichen Niederschlägen betrieben. Typisch für die Savannen ist die **Landwechselwirtschaft** mit einem jährlichen Wechsel von Anbau und zwischengeschalteter Brache. Das benötigte Saatgut behalten die Kleinbauern von der letzten Ernte ein oder tauschen es untereinander. Nur wenige setzen Mineraldünger, Bewässerung oder Maschinen ein. Der Ackerbau steht hier traditionell in enger Verbindung mit der Viehwirtschaft, die als Voll- bzw. Halbnomadismus betrieben wird. Die Viehhirten wandern mit ihren Herden saisonal zu den je nach Regenzeit verfügbaren, brachliegenden Ackerflächen, Weidegebieten oder Wasserstellen in den verschieden Savannenzonen (M3). Außerdem werden auf guten Böden bzw. dort, wo in den Savannen Bewässerung möglich ist, auf großflächigen **Plantagen** und bäuerlichen Pflanzungen ***Cash Crops*** wie Baumwolle (M5), Kakao, Kaffee oder Ananas kultiviert. Diese Monokulturen im Dauerfeldbau schränken einerseits die Flächen zum Anbau von notwendigen Grundnahrungsmitteln zur Versorgung der wachsenden einheimischen Bevölkerung stark ein, andererseits ermöglicht deren Verkauf aber auch den Produzenten und dem Staat ein höheres Einkommen, Exporterlöse und Deviseneinnahmen (→ S. 105 Karte 1).

M4 Die Landwirtschaft in den Savannen

M5 Baumwollernte in Mali

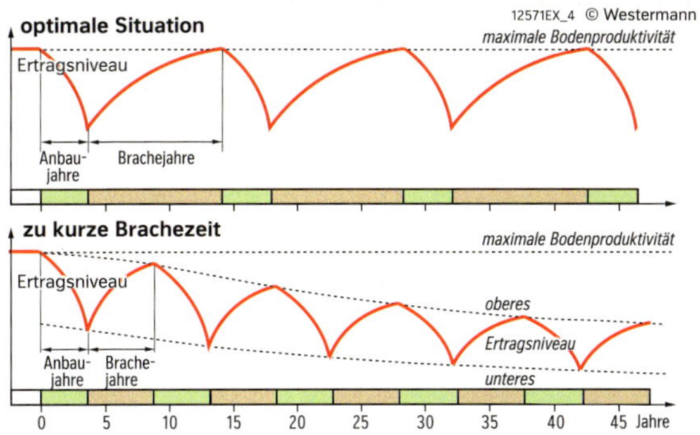

M8 Bodenfruchtbarkeit, Anbau- und Brachzeiten

Die Savannen zählen zu den bevölkerungsreichsten Gebieten im subsaharischen Afrika. Obwohl die Landwirtschaft hier Lebensgrundlage der meisten Menschen ist, garantiert sie keine Ernährungssicherheit. Denn immer wieder treten Dürren als Folge der hohen **Niederschlagsvariabilität** (M7) auf. Außerdem fließen große Teile der Niederschläge auf den zur Verkrustung neigenden Böden oberflächlich ab und gehen dem Pflanzenwachstum verloren. Infolge des hohen Flächenbedarfs kommt es zudem zur Übernutzung der Ackerflächen, da Brachezeiten verkürzt werden oder gar nicht mehr stattfinden (M8). Da der Einsatz von Kunstdünger zu teuer ist, wächst auf den entmineralisierten Böden nichts mehr, die degradierten Flächen werden aufgegeben. Zudem fehlt den Kleinbauern für eine produktivere Landwirtschaft oft der Zugang zu Know-how und Kapital, z. B. für Dünger oder moderne Agrartechnik. Somit ist die Flächen- und Arbeitsproduktivität trotz hoher Arbeitsintensität sehr gering. Erwirtschaftet man dennoch Überschüsse, so fehlen Lagermöglichkeiten und Vertriebswege, um Rücklagen bilden und angemessene Preise erzielen zu können.

M6 Herausforderungen für die Landwirtschaft der wechselfeuchten Savannen

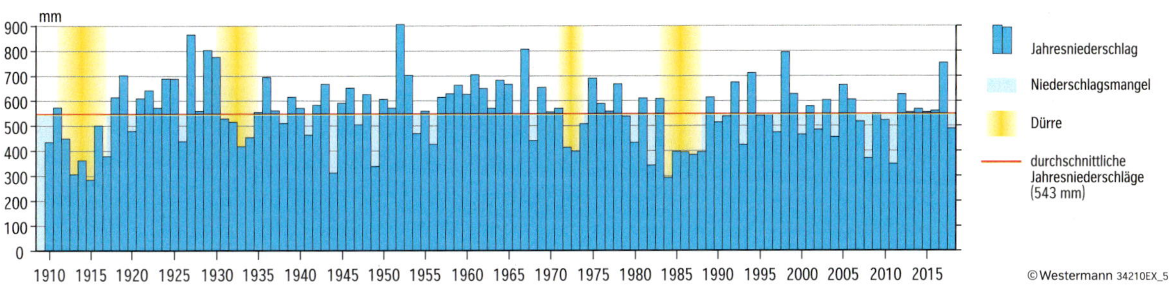

M7 Variabilität der Jahresniederschläge in Niamey (Niger)

1 Erstellen Sie einen Steckbrief zu Anbaubedingungen, Nährstoffgehalt und Verzehr der Knollenfrüchte Maniok und Yams (M1, M2).

2 Erläutern Sie anhand von M3 die traditionelle Verbindung von Ackerbau und Viehwirtschaft in den Trocken- und Dornstrauchsavannen des nördlichen Subsahara-Afrika.

3 Begründen Sie die unterschiedliche Verbreitung der *Cash Crops* Kakao und Baumwolle in den wechselfeuchten Savannen.

4 Prägen Sie sich die Inhalte der Materialien genau ein. Stellen Sie anschließend Ihrer Partnerin / Ihrem Partner drei Fragen zu Problemen der Landwirtschaft in den Savannen Afrikas.

GeoKompakt

Auf Grund des starken Bevölkerungsanstiegs und der zunehmenden Landverknappung kommt es in den wechselfeuchten Savannen zusehends zu Nutzungskonflikten zwischen den wandernden Viehhaltern, dem kleinbäuerlichen Anbau von *Food Crops* und den großflächigen Pflanzungen von Cash Crops. Die daraus resultierende Übernutzung des empfindlichen Ökosystems führt zu einem Rückgang der Agrarproduktion sowie zur Degradation und Schrumpfung der Anbauflächen.

Mystery Teil 1: Warum soll es in der Sahelzone eine grüne Mauer geben?

GeoMethode

Ein Mystery durchführen

Die Seiten 86 bis 89 lassen sich auch mit der Mystery-Methode bearbeiten. Ihre Aufgabe besteht also darin, für ein Fallbeispiel eine Concept Map (→ S. 168) zu erstellen, um damit eine rätselhafte Leitfrage (siehe Überschrift) zu beantworten.

1. Arbeiten Sie aus den Materialien wichtige Informationen heraus und schreiben Sie diese in knappen, zum Thema passenden Begriffen jeweils auf ein Kärtchen (z. B. starke Überweidung).
2. Ordnen Sie die ungeordneten Informationskärtchen und setzen Sie diese sinnvoll zueinander in Beziehung, indem Sie Kärtchen nach einer selbst entwickelten Ordnungsstruktur gruppieren, gewichten und mithilfe von Symbolen oder Pfeilen verbinden.
3. Untersuchen Sie anschließend Zusammenhänge zwischen den Informationen, stellen Sie Hypothesen auf und überprüfen Sie diese, um das Fallbeispiel zu rekonstruieren und die Leitfrage zu beantworten.
4. Besprechen Sie anschließend im Plenum Ihre Vorgehensweise und diskutieren Sie Ihre Ergebnisse.

Landwirtschaftliche Produkte (1975 / 2018)	Tschad	Mali	Burkina Faso
Rinderbestand in Mio.	3,3 / 29,1	3,5 / 11,4	2,5 / 9,8
Anbaufläche Baumwolle in Hektar	331 962 / 120 000	87 411 / 577 841	68 005 / 473 375
Anbaufläche Hirse in Hektar	508 000 / 1 138 787	451 000 / 1 346 544	1 138 390 / 1 907 650

M1 Desertifikation und Entwicklung der agrarwirtschaftlichen Nutzung ausgewählter Sahelstaaten

„When resources are degraded, we start competing for them." Dies sagte die kenianische Nobelpreisträgerin Wangari Maathai. Im Sahel soll eine grüne Mauer entstehen. Was hat Frau Wangaris Aussage mit dieser Mauer zu tun?

Die **Sahelzone** (Sahel arabisch, Ufer) liegt im Übergangsbereich von Wüste zur Dornstrauch- und Trockensavanne am Südrand der Sahara (→ S. 105 Karten 1 und 3). Der mittlere Jahresniederschlag beträgt im Nordsahel ca. 200 mm, im Süden hingegen erreicht er 600 – 750 mm. Ein großes Problem stellt die hohe Niederschlagsvariabilität im Laufe eines Jahres und zwischen einzelnen Jahren dar. So wechseln sich hier extreme Dürreperioden mit Phasen ausreichender Niederschläge und kurzfristig auftretender Starkregen ab (→ S. 85 M7). Die Vegetation ist im hohen Maße anfällig gegenüber Eingriffen, wobei sie sich mittelfristig nicht regenerieren und langfristig dauerhaft geschädigt werden kann. Die vorherrschenden sandigen Böden sind meist nährstoffarm und besitzen eine geringe Wasserspeicherkapazität. Nur das Wurzelgeflecht der schütteren Grasvegetation verhindert, dass der Wind den Sandboden ausbläst und als Sanddünen auf Kulturflächen und Siedlungen ablagert.

M2 Der Naturraum Sahel

M3 Abholzen für Hütten, Zäune oder Feuerholz

„Mit internationalen Hilfsgeldern wurden bei uns Tiefbrunnen als Lebensversicherung gebohrt, um in Dürrejahren unsere Herden mit Wasser zu versorgen. Die Brunnen liefern uns mit ihren Motorpumpen scheinbar unbegrenzten Mengen Wasser. So haben wir unsere Herden vergrößert. Eine große Herde hebt mein Ansehen. Früher habe ich mein Vieh noch auf die abgeernteten Felder der Bauern getrieben. Doch heute lassen die Bauern kein Land brach liegen. Im Gegenteil: Sie haben ihre Felder nach Norden in unsere Weidegebiete ausgeweitet. So müssen wir das Vieh längere Zeiten in der Nähe der Brunnen weiden lassen, obwohl wir wissen, dass dies zur Überweidung und Zerstörung der Pflanzendecke führt, da unsere Tiere dort die Pflanzen bis auf die Wurzeln abfressen. Und ihre Hufe sollen die obere Bodenschicht des trockenen Savannenbodens aufreißen. Aber was sollen wir anderes tun? Manche bekämpfen die Ackerbauern, die uns verdrängt haben. Andere haben die Viehzucht aufgegeben und sind in die Städte oder sogar nach Europa abgewandert."

M4 Ein Nomade aus dem Tschad erzählt.

Früher haben sich die Ackerbauern im Sahel durch Landwechselwirtschaft und eine mehrjährige Brache gut an die natürlichen Bedingungen angepasst. Durch die zunehmende Landverknappung auf Grund des starken Bevölkerungsanstiegs (→ S. 105 Karte 2), der steigenden Nachfrage nach pflanzlichen Nahrungsmitteln und der Ausweitung des Anbaus von *Cash Crops* ging man daher vom bäuerlichen Regenfeldbau zu permanenten Anbausystemen über.
Die Übernutzung der kargen Böden führte jedoch schnell zu deren starker **Degradation** (→ S. 85 M8). Zudem wurde in niederschlagsreichen Jahren die Landwirtschaft in nördliche Regionen, die für Landwirtschaft wenig geeignet sind und sich oft jenseits der **agronomischen Trockengrenze** befinden, ausgeweitet. Hierfür wurde die natürliche Vegetation durch Abbrennen beseitigt.
In Dürrejahren, wie etwa 2011, kam es zu gravierenden Ernteausfällen, Felder mussten aufgegeben werden, Bauern verloren ihre Existenzgrundlage. Damals konnten sich über 18 Mio. Sahelbewohner nicht mehr ausreichend ernähren, darunter eine Million Kinder. Da nun die natürliche Vegetationsbedeckung fehlte, wurden Tausende von Tonnen fruchtbaren Bodens vom Wind abgetragen. All diese Prozesse führen zur **Desertifikation** (englisch *desert*) – zur Ausbreitung wüstenhafter Erscheinungen verursacht durch den Menschen.

M6 Ackerbauern im Sahel

M5 Nomaden im Sahel

M1 Projekt zur Wiederaufforstung

M4 Bewässerung durch von Solaranlage betriebene Pumpen

Mystery Teil 2: Warum soll es in der Sahelzone eine grüne Mauer geben?

Vielleicht liegt der Anfang einer Problemlösung in der Sahelzone womöglich darin, mehr Gras wachsen zu lassen. In einer Futterbank wurde acht Monate lang ein 1700 Hektar großes Feld eingezäunt, damit das Gras ebenso wie 250 000 Jungbäume ungestört von frei umherlaufenden Rindern, Schafen und Ziegen wachsen konnten. Das Feld wurde im Juli wieder geöffnet, und jetzt zahlen die Hirten umgerechnet 1,60 Euro pro Tag, um das hüfthohe Gras für ihre Rinder zu ernten, bis der Regen neue Weidemöglichkeiten beschert. Auch die Frauen der Gegend verdienen mit Arbeiten in der sechswöchigen Pflanzsaison durch das ***Great-Green-Wall***-Projekt gutes Geld. Eine Frau erzählt: Bevor es die ***Great Green Wall*** gab, mussten die Kinder uns begleiten, wenn wir das Vieh zum Grasen brachten. Jetzt können sie in der Schule bleiben. Die Einnahmen der Futterbank werden für Solarpaneele zur Stromversorgung der neuen Schule verwendet.

M2 *Re-Greening* **– Gras wachsen lassen**

Viele Landstriche im Sahel wirken zwar öde und baumlos, doch unter ihrer Oberfläche schlummert ein Naturschatz. Es ist das Wurzelwerk gerodeter Bäume, in dem noch immer Leben steckt und das wieder austreibt, wenn man damit aufhört, jeden Quadratzentimeter Boden zu pflügen. Mit dem Re-Greening werden unter der Erde verborgene Wurzeln ehemals gerodeter Bäume bewässert oder vorhandene Büsche geschützt, gepflegt und so beschnitten, dass sie wieder in die Höhe wachsen können. Die Methode ist nicht wirklich neu. Sie wurde nur kaum mehr angewendet. Dies bestätigen auch Satellitenbilder aus der Region, die die Entwicklung der Pflanzendecke und die Produktion von Biomasse nach längeren Dürreperioden wiedergeben. Besonders in den Regionen, wo Programme zur Wiederaufforstung durchgeführt wurden, kommt es mit dem Regen zur Erholung der Pflanzendecke und damit kehrt das Grün in die Sahelzone zurück.

M5 *Re-Greening* **– wie der Sahel wieder ergrünt.**

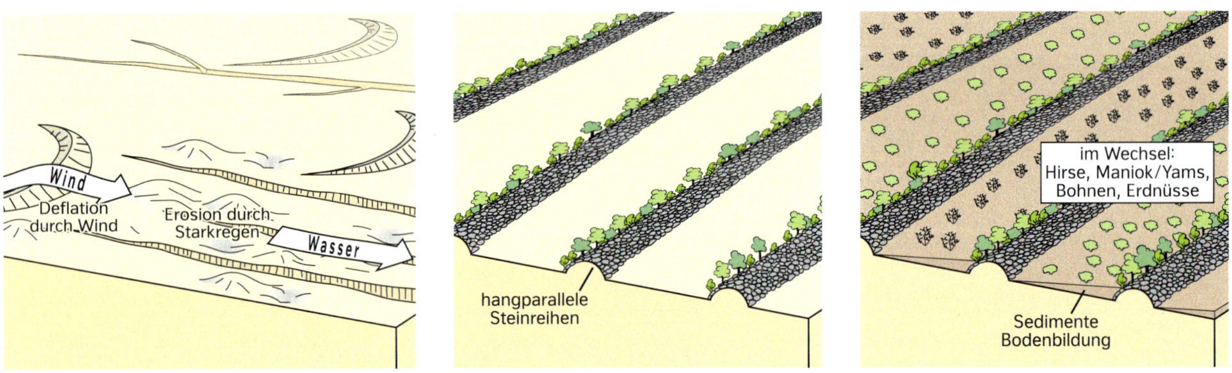

M3 Maßnahmen zum Erhalt der landwirtschaftlichen Nutzfläche

M6 Gartenbau in der Sahelzone

M9 *Re-Greening* in Siedlungsnähe

Die Schweiz finanziert ein Entwicklungsprojekt im Tschad mit dem Ziel, die Weidetierhaltung durch einen verbesserten Zugang zu Wasser, Weideland und Veterinärdiensten zu stärken. Durch die Festlegung von Weidekorridoren über eine Länge von 500 km ist die Wanderung der Herden entlang der Weidepfade und in den angrenzenden Weidegründen der Viehzüchter gesichert. Damit haben sich Konflikte mit den Ackerbauern stark verringert. Die nomadischen Viehzüchter sind in Organisationen zusammengeschlossen, die ihre wirtschaftlichen und sozialen Interessen verteidigen und sie gegenüber der lokalen Verwaltung vertreten. Der regelmäßige Zugang zu Tierärzten sowie zu Futtermitteln erlaubt es, die Produktivität der Herden zu verbessern.
Die Stärkung der Weidewirtschaft trägt überdies dazu bei, dass die jungen Menschen, die sonst abwandern könnten, im Familienbetrieb und in der Region verbleiben. Das Projekt bringt wirtschaftliche Gewinne und stützt die soziale Stabilität der Bewohner und leistet einen Beitrag zur Sicherheit in der Region.

M7 Moderne Weidewirtschaft

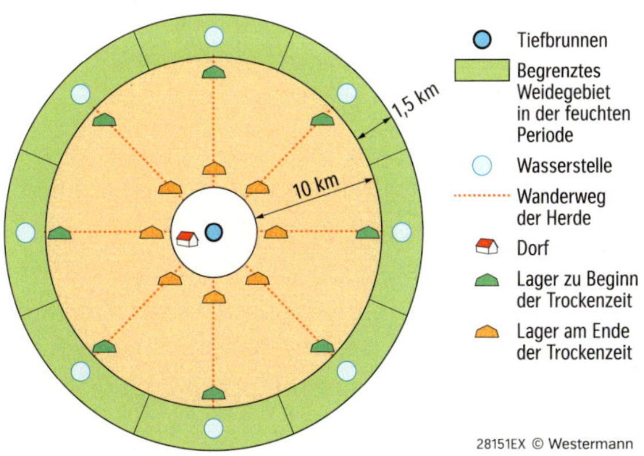

M8 Weiderotation statt Nomadismus

2007 beschloss die **African Union** die Anpflanzung der *Great Green Wall*. Dieser 7700 km lange, mindestens 15 km breite Schutzwall aus Bäumen soll die Sahelzone vom Senegal im Westen bis nach Dschibuti im Osten durchqueren. Mit internationaler Unterstützung konnten bis 2020 etwa 180 000 km^2 neu bepflanztes Land im Sahel gewonnen werden. Bis 2030 hat sich die Initiative das Ziel von einer Million Quadratkilometer gesetzt, das entspricht etwa der Größe von Frankreich und Deutschland zusammen. Der Pflanzengürtel kann die Verwüstung des Bodens aufhalten und soll Millionen Menschen Nahrung und Feuerholz bieten. Auf diese Weise wird für viele Sahelstaaten Nahrungsmittelsicherheit geschaffen und die extreme Armut der ländlichen Bevölkerung kann bekämpft werden. Um das Projekt bis 2030 erfolgreich fertigzustellen, ist internationale, finanzielle Unterstützung nötig. Anlässlich des *One Planet Summit*, einer Klimakonferenz im Jahr 2021 in Paris, haben die Teilnehmerstaaten 14,3 Mrd. US-$ für Afrikas Grüne Mauer im Sahel zugesagt.

M10 Eine Grüne Mauer für die Sahelzone

GeoKompakt

Die Desertifikation in der Sahelzone ist das Ergebnis einer nicht mehr an das Ökosystem angepassten Nutzung. Neben den natürlicherweise immer wieder auftretenden Dürreperioden wird oft der Mensch als Verursacher für die Ausbreitung der Wüsten gesehen. Insbesondere steigender Bevölkerungsdruck, Armut und die Intensivierung der Landnutzung führen zu einer Überschreitung der Tragfähigkeit des Ökosystems. Nachhaltige Projekte können bei günstigen natürlichen Bedingungen zur teilweisen Wiederbegrünung des Sahel beitragen.

M1 Traditionelle Großfamilie im ländlichen Raum

M3 Plakat zur Familienplanung in Porto-Novo (Benin)

Niger – Bevölkerungswachstum und nachhaltige Entwicklung

Im Staat Niger leben heute etwas mehr als 24 Mio. Einwohner. Prognosen deuten darauf hin, dass diese Zahl bis zum Jahre 2090 auf über 140 Mio. anwachsen könnte. Was sind die Gründe und sozioökonomischen Folgen einer solchen Entwicklung und wie können nachhaltige Lösungsansätze zu deren positiver Beeinflussung aussehen?

Niger	
durchschnittliche Schulbesuchsdauer der Bevölkerung bis 24 Jahre	5,8 Jahre
durchschnittliche Schulbesuchsdauer der Bevölkerung über 25 Jahre	2,0 Jahre
Alphabetisierungsrate	30,6 %
Deutschland	
durchschnittliche Schulbesuchsdauer der Bevölkerung bis 24 Jahre	17,0 Jahre
durchschnittliche Schulbesuchsdauer der Bevölkerung über 25 Jahre	14,1 Jahre
Alphabetisierungsrate	>99 %

M2 Indikatoren zur Bildung in Niger und Deutschland

Hadjo Haruna hat 13 Kinder und mehr als 100 Enkel. So viele, dass sie irgendwann aufgehört habe, zu zählen, sagt die 71-Jährige. Ihre Familie ist Harunas ganzer Stolz. Sie sei die reichste Frau im Dorf Koygorou, das gut zwei Autostunden nördlich der nigrischen Hauptstadt Niamey liegt, meint die Bauersfrau. Haruna spricht von Kinderreichtum. Mit Geld hat das wenig zu tun, mehr mit ihrer Altersvorsorge. In einem bunten Rock, mit braunem Kopftuch sitzt die alte Frau vor ihrer kleinen Strohhütte. Eine Handvoll Enkel spielt neben ihr im Sand. Die Älteren sammeln Feuerholz, tragen Wasser, helfen im Haushalt und auf dem Feld. Haruna ist arm, aber glücklich. Von Familienplanung hält sie gar nichts. Verhütung gehört nicht zu unserer Tradition, erklärt sie bestimmt in der Lokalsprache Zarma. Jede Frau sollte so viele Kinder haben, wie sie nur kann. Daher heiraten wir auch sehr früh. Vom lebenslangen Wettbewerb erzählt eine andere Dorfbewohnerin, eine Mutter von zehn Kindern und die zweite Ehefrau ihres Mannes. Sobald eine von uns schwanger ist, steht die andere unter Druck, auch noch ein Kind zu bekommen, erklärt die 48-Jährige. Hätte sie wählen können, so hätte sie verhütet. Verhütung sei jedoch in ihrer Familie tabu.

M4 Bedeutung von Familie und Kindern in Niger

„Das extreme Bevölkerungswachstum ist tatsächlich eines unserer Entwicklungshemmnisse hier im Niger. Durch den Anstieg der Bevölkerungszahl wird die ohnehin schon mangelhafte Ernährungssituation weiter verschärft. Auch die Eindämmung von Infektionskrankheiten wird durch die Bevölkerungszunahme schwieriger. Gleiches gilt für unser Bildungs- und Gesundheitssystem, das hierdurch immer weiter belastet wird."

M5 Auswirkungen des Bevölkerungswachstums – Einschätzung eines nigrischen Politikers

1 Erläutern Sie die grundlegenden Ziele, die mit der in M3 beworbenen selbstbestimmten Familienplanung erreicht werden sollen.

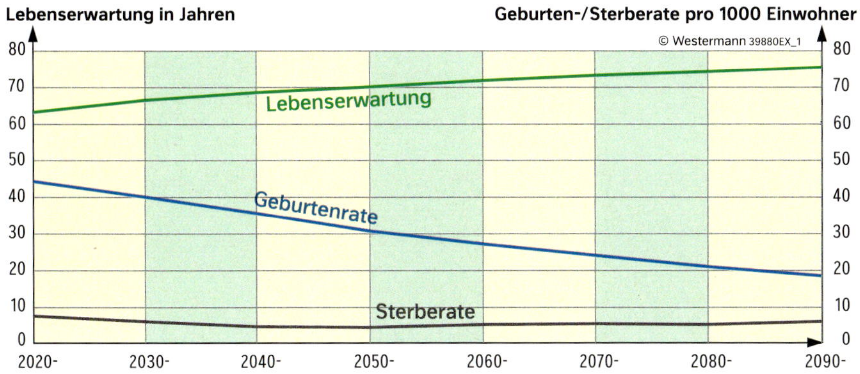

M6 Niger – prognostizierte Geburten- und Sterberate und Lebenserwartung

„Eine nachhaltig positive Entwicklung im Niger ist ohne eine Reduzierung des Bevölkerungswachstums nicht denkbar. So kann beispielsweise der großen Ressourcenknappheit in der Sahelzone – man denke hier nur an die eingeschränkte Verfügbarkeit von Trinkwasser – ohne eine Minderung des Bevölkerungszuwachses nicht mehr ausreichend entgegengewirkt werden. Staaten wie der Niger mit kaum vorhandener Industrie und einem immer noch dominanten Agrarsektor stehen infolge des Bevölkerungswachstums zudem vor dem Problem, dass sich die geringe wirtschaftliche Entwicklung, die steigende Arbeitslosigkeit und die Zunahme der ohnehin schon grassierenden Armut gegenseitig negativ verstärken. Dies wiederum führt zu einer zunehmenden Land-Stadt-Wanderung, aber besonders zu einer grenzüberschreitenden Migration sowohl innerhalb Afrikas als auch nach Europa. Letztlich werden dann auch diese Zielräume vor große Herausforderungen gestellt."

M7 Auswirkungen des Bevölkerungswachstums – Einschätzung eines EU-Politikers

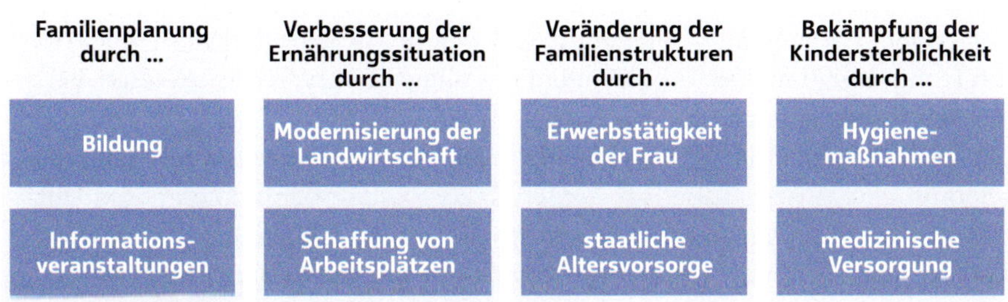

M8 Vier Säulen einer nachhaltigen Bevölkerungspolitik

GeoKompakt

Die hohe Geburtenrate im Niger ist, wie auch in vielen anderen Ländern Afrikas und der Welt, vor allem auf soziokulturelle Gründe und Defizite im Bildungs- und Gesundheitssystem zurückzuführen. Hierbei besteht ein enger Zusammenhang zwischen dem extremen Bevölkerungswachstum und anderen gesellschaftlichen Herausforderungen wie der Bekämpfung der Armut, der wirtschaftlichen Defizite oder der Schonung der Ressourcen. Jegliche Form der Entwicklungszusammenarbeit muss deshalb an die spezifischen soziokulturellen und ökonomischen Bedingungen dieser Länder sensibel angepasst werden.

2 Stellen Sie die Zusammenhänge zwischen Bevölkerungswachstum, Entwicklungshemmnissen und nigrischer Tradition in einem Kausalgefüge dar (M2, M4, M5 und M7).

3 Halten Sie einen Vortrag aus der Sicht eines Entwicklungshelfers, mit dem die Einwohner Nigers über die Notwendigkeit einer nachhaltigen Bevölkerungspolitik informiert werden sollen. Die Zuhörer agieren als kritische Journalisten aus Deutschland und dem Niger (M1, M3, M8).

4 Berechnen Sie anhand der Daten in M6 die prognostizierte Bevölkerungsentwicklung im Niger und erörtern Sie mögliche Einflussfaktoren, welche die dargestellte Entwicklung beeinflussen könnten.

GeoPlus

Recherchieren Sie im Internet spezifische Daten zur Bevölkerungsentwicklung in einem anderen subsaharischen Land (z. B. Äthiopien) und überprüfen Sie, ob dort andere Entwicklungshemmnisse vorliegen.

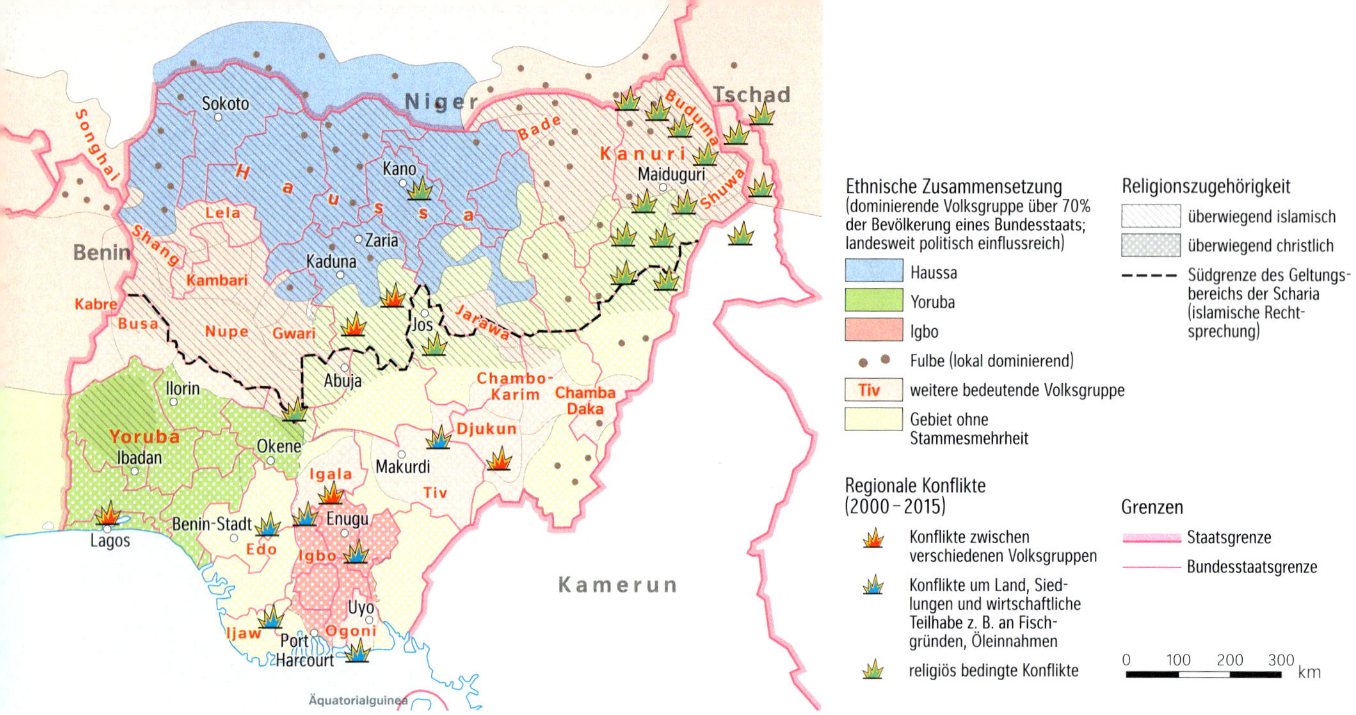

M1 Territoriale Verbreitung unterschiedlicher Ethnien in Nigeria

Nigeria – eine Nation, viele gesellschaftliche Herausforderungen

Nigeria ist ein in kultureller, religiöser und ethnischer Hinsicht vielfältiges Land. Dieses positive Bild wird allerdings durch Meldungen über Bürgerkriege, Terrorismus, erzwungene Migration oder die Verarmung der Bevölkerung getrübt. Finden Sie heraus, welche endogenen Gründe diese Probleme verursachen und inwieweit ein Blick in die Geschichte Nigerias die gegenwärtige Situation erklären kann.

Als die europäischen Kolonialmächte bei der Kongo-Konferenz 1884 teils willkürlich mit dem Lineal Grenzen zur Aufteilung Afrikas zogen, nahmen sie keine Rücksicht auf die Verbreitung traditioneller Stammesgebiete. So wurden auch in der ehemals englischen Kolonie Nigeria unterschiedliche Ethnien und Stämme gezwungen, auf einem neuen, künstlich geschaffenen Staatsterritorium zusammenzuleben.

Als die Kolonie Nigeria 1960 unabhängig und zu einem souveränen Staat wurde, hatten die noch jungen demokratischen Institutionen jedoch nicht die notwendige Erfahrung und Autorität, um soziale und politische Stabilität zu gewährleisten. Zudem verstärkte das Fehlen einer gemeinsamen nationalen Identität die ethnischen Konflikte. Die religiöse Diversität des Landes (M1) sorgte immer wieder für weitere gewaltsame Auseinandersetzungen, die bis heute die nachhaltige Entwicklung des Landes erschweren.

M2 Problemfeld – ethnische und religiöse Konflikte

Die Entführung von 276 christlichen Schulmädchen durch die islamistische Terrormiliz Boko Haram 2014 erzeugte weltweit große Betroffenheit. Die im Nordosten Nigerias aktive Gruppe hat es sich zum Ziel gemacht, dort einen islamischen Gottesstaat zu errichten. Die Entführung der Mädchen hat viele Eltern in der Region dazu bewogen, ihre Kinder vom Unterricht fernzuhalten, sodass Boko Haram ein wesentliches Ziel erreicht hat: die Verhinderung westlicher Bildung, denn Boko Haram heißt übersetzt westliche Bildung ist Sünde. In zwölf Bundesstaaten gilt mittlerweile die Scharia, das islamische Rechtssystem, als Grundlage für die Gesetzgebung.

Konflikte werden auch verstärkt durch Tribalismus. Dieser ist eine gesellschaftliche und politische Verhaltensweise, deren Interesse sich nicht auf den Staat, sondern auf viele einzelne ethnische Bevölkerungsgruppen bezieht. Dies führt dazu, dass z. B. Stämme oder Ethnien territoriale Ansprüche durchsetzen wollen.

M3 Problemfeld – Islamisierung und tribalistische Strukturen

Küstenstadt Lagos (Hauptstadt 1960 – 1991)

Abuja im Binnenland (Hauptstadt seit 1991, Masterplan)

M4 Aspekte zur Verlagerung der Hauptstadt in Nigeria

Die entwicklungspolitische Zusammenarbeit zwischen Nigeria und Deutschland konzentriert sich auf die Reformbemühungen Nigerias hinsichtlich politischer Stabilität und Armutsbekämpfung. Die Defizite in der Regierungsführung (*Bad Governance*) nach der langen autoritären Militärherrschaft müssen dringend durch den Aufbau von Behörden der Judikative und Exekutive behoben werden. Denn Korruption, die Missachtung der Gewaltenteilung und mangelnde Rechtsstaatlichkeit sowie eine angespannte Sicherheitslage und terroristische Anschläge zählen zu den großen politischen Herausforderungen. Der Aufbau von Strukturen bei der Polizei sowie von Kompetenzen zur Konfliktlösung kann zukünftig zum Frieden und zur Sicherheit beitragen. Wegen der Übergriffe von Boko Haram unterstützt das BMZ besonders den Nordosten des Landes dabei, Bauern und Hirten zu schützen sowie die Lebensbedingungen der Binnenvertriebenen und der aufnehmenden Gemeinden zu verbessern. Um diese Konflikte sowie die Armut in Nigeria erfolgreich zu reduzieren, ist die wichtigste Aufgabe deutlich mehr Arbeits- und Einkommensmöglichkeiten für die wachsende Bevölkerung zu schaffen. Denn auf das Fehlen von Bildungs- und Beschäftigungsmöglichkeiten und den Mangel an Perspektiven reagieren viele junge Nigerianer mit Migration, aber auch Aggression. Beratungszentren zeigen Alternativen auf und schaffen über die Vermittlung von Jobs konkrete Perspektiven. Die Entwicklungszusammenarbeit konzentriert sich daher auf nachhaltige Förderung einer qualitativ hochwertigen und bedarfsgerechten Bildung in den Berufsfeldern Bauwirtschaft, Landwirtschaft und Industriemechanik, um die Beschäftigungschancen junger Menschen zu erhöhen. Zudem bietet das BMZ Fortbildungsangebote für Kleinunternehmer und Landwirte zum Erwerb unternehmerischer Fähigkeiten und unterstützen Reformen in den Bereichen Landerwerb und Baugenehmigung.

M5 Grundzüge der wirtschaftlichen Zusammenarbeit zwischen Deutschland und Nigeria

1. Arbeiten Sie aus M1 die Grundzüge der Verteilung der Bevölkerungsgruppen sowie der Religionszugehörigkeit in Nigeria heraus.

2. Legen Sie die Ursachen innerstaatlicher Konflikte in Nigeria sowie deren Folgen dar (M2).

3. Erstellen Sie mithilfe der Bilder und der Wordcloud in M4 einen Dialog zweier nigerianischer Politiker, in dem die Ziele und Probleme der Hauptstadtverlagerung in Nigeria anschaulich dargelegt werden.

GeoKompakt

Nigeria kämpft mit einer Fülle von sich gegenseitig verstärkenden Hemmnissen. Konflikte zwischen unterschiedlichen Ethnien und religiösen Gruppen behindern den sozioökonomischen Fortschritt. Defizite in der Staatsführung und Korruption sind weitere endogene Entwicklungshemmnisse. Nachhaltige Entwicklungsimpulse müssen hier ansetzen, die ethnische Vielfalt berücksichtigen und vor allem Investitionen in Bildungs- und Beschäftigungsmöglichkeiten initiieren.

M1 Offshore-Ölförderung im Nigerdelta

M4 Illegale Erdölverarbeitung im Nigerdelta

Nigerias Erdöl – Entwicklungspotenzial oder -hemmnis?

1 Erstellen Sie eine Mindmap zur Thematik Nigerias Erdölreichtum (M3, M7).

2 Legen Sie anhand der Karte (→ S. 104 Karte 1) die naturräumlichen Gegebenheiten im Nigerdelta sowie die Belastungen des Ökosystems durch die Erdölwirtschaft und mögliche sozioökonomische Folgen dar (M7, M8).

Nigeria verfügt über umfangreiche Erdölvorkommen. Das schwarze Gold könnte für Nigeria eigentlich ideale Entwicklungsvoraussetzungen bieten. Dennoch liegt das Land im weltweiten HDI-Ranking im hinteren Drittel. Warum kann das Rohstoffpotenzial nicht zum Wohle der gesamten Bevölkerung eingesetzt werden und welche Probleme verursacht die Erdölförderung?

Erdöl wird in Nigeria seit 1958 von der staatlichen Ölbehörde in Zusammenarbeit mit amerikanischen sowie europäischen Energiekonzernen gefördert. Doch zum überwiegenden Teil wird dieses als Rohöl unraffiniert exportiert. Von den Einnahmen aus der Erdölwirtschaft sollte eigentlich der nigerianische Gesamtstaat profitieren. Tatsächlich gehen Nigeria jedoch durch Korruption und Missmanagement auf staatlicher Seite, aber auch durch Öldiebstahl jedes Jahr Milliardenbeträge verloren (M4). So fehlen dem Staatshaushalt seit der Unabhängigkeit 1960 mehr als 400 Milliarden US-Dollar. Ein weiterer Unsicherheitsfaktor im Erdölgeschäft ist das Auf und Ab des Ölpreises am Weltmarkt, welches eine kontinuierliche und langfristige Entwicklung des Landes erschwert. So geriet mit dem Verfall des Erdölpreises im Jahr 2015 die einseitig auf das Erdölgeschäft ausgerichtete Wirtschaft Nigerias in eine schwere wirtschaftliche und finanzielle Krise.

M3 Erdölwirtschaft in Nigeria

Erdölförderug (Rang weltweit)	12
Förderung von Erdöl (Tsd. Barrel/Tag)	2051
Raffiniertes Öl (Tsd. Barrel/Tag) [Potenzial]	44 [344]
Export von Erdöl (Tsd. Barrel/Tag)	1985
Anteil des Ölsektors am BIP	20 %
Anteil des Ölsektors an Deviseneinnahmen	95 %
Anteil des Ölsektors an Staatseinnahmen	65 %

M2 Kennziffern der Erdölindustrie in Nigeria 2019

M5 Ziele der nigerianischen Ölpolitik

Die bei der Erdölförderung entstehenden Begleitgase könnten zu Propan-, Butan- oder Flüssigerdgas weiterverarbeitet werden. Diese Produkte fänden dann im Haushalt, als Kraftstoff oder in der lokalen Energieversorgung Verwendung. Fehlende Technik zur Herstellung dieser Gasprodukte und zu geringer politischer Druck führen jedoch dazu, dass das Abfackeln der Begleitgase, das *Gas Flaring* (M9), für viele Ölkonzerne trotz Strafgebühren immer noch kostengünstiger ist als deren Weiterverarbeitung. Das Zurückpressen in die Lagerstätte oder die Weiterverarbeitung sind technisch aufwendiger und wenig lukrativ. Die Luftbelastung durch das Abfackeln und der daraus resultierende saure Regen kontaminieren die Böden. Eine Folge sind sinkende landwirtschaftliche Erträge und eine zunehmende Verarmung der lokalen Bevölkerung. Die emittierten Schadstoffe können zudem zu gesundheitlichen Schäden wie Atemwegserkrankungen und Vergiftungserscheinungen führen.

M6 *Gas Flaring* und seine Folgen

M9 *Gas Flaring* im Nigerdelta

Ich komme aus der Gegend um Port Harcourt und gehöre dem Volk der Ogoni an. Viele Menschen hier leben eigentlich vom Fischfang in den Mangrovensümpfen oder von traditioneller Landwirtschaft. Ihre Erträge sind jedoch in den letzten Jahren immer geringer und unsicherer geworden. Die Böden sind weniger fruchtbar und der Fischreichtum hat stark nachgelassen. Natürlich haben die Verschmutzungen durch die Ölindustrie damit zu tun. Ich kenne selbst einige Leute, die unter großer Gefahr Ölpipelines anbohren, um durch den Verkauf des gestohlenen Öls etwas Geld zu verdienen. Andere wiederum schließen sich Organisationen wie der Niger Delta Avengers an. Diese kämpfen dafür, dass ein größerer Teil der Einnahmen aus der Erdölförderung bei uns hier im Nigerdelta verbleibt und nicht nur an die internationalen Konzerne oder die Regierung abfließt. Gewaltsame Auseinandersetzungen sind an der Tagesordnung. Ich glaube aber nicht, dass beispielsweise die Sabotage einer Förderanlage für Mensch und Umwelt etwas bringt. Zum Teil verschärfen sich durch das Öl die Konflikte zwischen den Volksgruppen.

M7 Bericht eines Bewohners des Nigerdeltas

Ökologische Folgen	Wirtschaftliche Folgen	Sozioökonomische Folgen
• Luftbelastung • ...	• fehlende Staatseinnahmen durch Korruption • ...	• Armut • ...

M8 Folgen der Erdölförderung im Nigerdelta

GeoKompakt

Erdölförderländern, wie z. B. Nigeria, gelingt es oftmals kaum, ihre Einnahmen aus der Erdölwirtschaft zum Wohle der gesamten Bevölkerung einzusetzen. Ein hoher Exportanteil, unzureichende Infrastruktur zur Weiterverarbeitung des Erdöls, aber auch Korruption in Regierung und Konzernen hemmen die wirtschaftliche Entwicklung des Landes. Die Ölförderung verursacht zudem schwere ökologische und sozioökonomische Schäden, die den Aufbau nachhaltiger Strukturen landesweit erschweren.

3 Stellen Sie das wirtschaftliche Potenzial und die Probleme der Erdölförderung im Nigerdelta gegenüber (M1, M2, S. 104 Karte 1).

4 Komplettieren Sie M8 und und zeigen Sie Zusammenhänge zwischen den ökologischen, wirtschaftlichen und sozioökonomischen Folgen der Erdölförderung in Nigeria auf.

5 Erarbeiten Sie einen Redetext eines nigerianischen Politikers zu einer zukünftigen Entwicklung der Erdölindustrie zum Wohle des gesamten Landes (M5).

GeoPlus

Recherchieren Sie die aktuelle Situation der Erdölwirtschaft in Venezuela.

M1 Plakat der Nationalen AIDS-Koordinierungsagentur Botsuanas

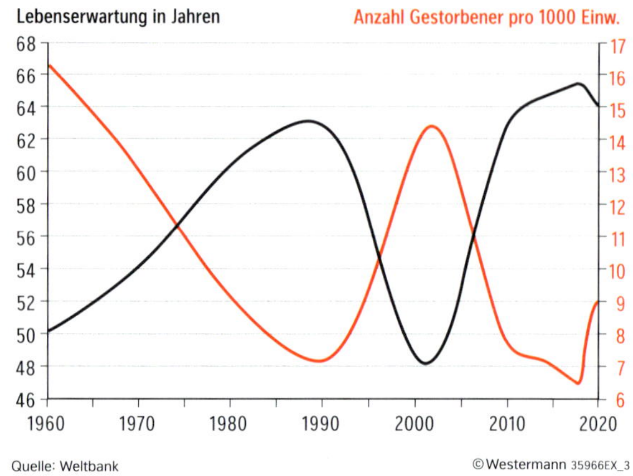

M3 Botsuana – Lebenserwartung und Sterberate

Botsuana – Umsetzung von Millenniumszielen durch wirtschaftlichen Aufschwung

Botsuana erlebte in den letzten Jahrzehnten einen außergewöhnlichen wirtschaftlichen Aufschwung. Dies ermöglichte dem Staat, ein ganzes Bündel an Sozial- und Infrastrukturleistungen zu realisieren. Was bewirkte diesen Aufschwung, der Botsuana wegen seiner politischen und sozialen Entwicklung zum Musterland Afrikas gemacht hat?

Das 1966 unabhängig gewordene Botsuana gehörte zunächst zu den ärmsten Ländern der Welt. Die Ausgangsbedingungen für eine nachhaltige Verbesserung der wirtschaftlichen und sozialen Situation waren denkbar ungünstig. Hohes Dürrerisiko durch die Lage in der Trocken- und Dornsavanne, unproduktive mobile Tierhaltung, dürftiger Ackerbau und mangelnde Infrastruktur standen den Verbesserungen der Lebensbedingungen entgegen.

Anfang der 1970er-Jahre veränderte die Entdeckung von enormen Diamantenvorkommen am Nordrand der Kalahari diese prekäre Situation. Botsuana wurde zum größten Produzenten der Welt für Schmuckdiamanten. Die 2008 gegründete *Diamond Trading Company* Botswana, heute das weltgrößte Diamantenvertriebsunternehmen, hatte einen erheblichen Anteil daran, dass die Erträge aus Produktion und Vermarktung von Diamanten in Botsuana verblieben. Durch die Diamantenausfuhr, die heute 60 % des Exportvolumens ausmacht, erlebte das Land einen rapiden Aufschwung, denn die Staatseinnahmen erlaubten der Regierung, massiv in den Ausbau der Bildungs-, Gesundheits- und Energieinfrastruktur zu investieren.

M2 Wirtschaftliche Entwicklung Botsuanas

Die Diversifizierung seiner monostrukturierten Wirtschaft ist eine der Hauptaufgaben Botsuanas. Um zu einer modernen Dienstleistungs- und Wissensgesellschaft zu werden, setzte der Staat auf Investitionen in sein Bildungssystem. So wurden das Schulgeld abgeschafft, die kostenlose regelmäßige Schulspeisung eingeführt und Universitäten sowie Fachschulen gegründet. Durch die Einführung einer staatlichen Rente ab 64 Jahre, den Zugang zu staatlich subventionierten Lebensmitteln für arme Familien und Wohnungsbauprogramme kann Botsuana sogar als Wohlfahrtsstaat bezeichnet werden.

Doch inmitten dieses Aufschwungs wurde Botsuana in den 1990er-Jahren von der HIV/AIDS-Pandemie überrollt. Die Zahl der Infizierten lag 2003 bei 35 Prozent und machte das Land zu den drei am stärksten von AIDS betroffenen Staaten weltweit. Die Regierung stellte sich dieser Herausforderung. 2002 wurde das Anti-AIDS-Therapieprogramm *Masa* (Morgendämmerung), das erste staatliche, flächendeckende HIV-Programm Afrikas, initiiert. Es ermöglicht HIV-Infizierten eine kostenlose, lebenslange medikamentöse Therapie und verhilft vielen Patienten zur Rückkehr in ein nahezu normales Leben.

M4 Herausforderungen Botsuanas

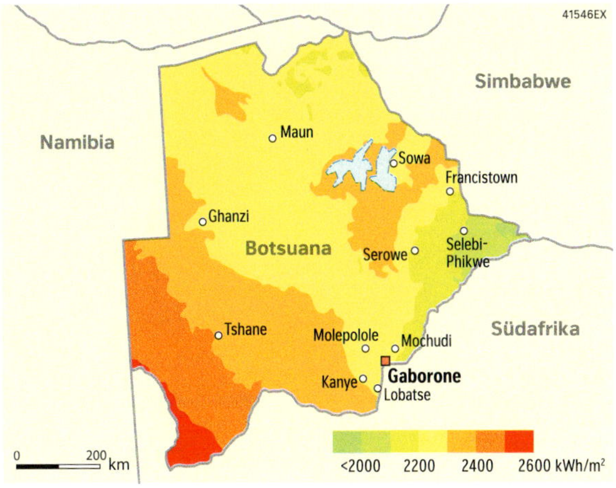

M5 Solareinstrahlung in Botsuana in kW/m²

M7 Solarkocher

Die Stromerzeugung Botsuanas basiert großteils auf Kohle- und Dieselkraftwerken. Der botsuanische Markt für erneuerbare Energien befindet sich noch im Anfangsstadium. Der politische Wille zum Ausbau des Solarenergiesektors ist wegen der hohen solaren Einstrahlungswerte (M5) und der Nähe zur energiehungrigen Republik Südafrika vielversprechend. Das Investitionsklima in Botsuana ist als positiv zu bewerten, denn das Land will seine Wirtschaft diversivizieren. Dazu bietet es Rechtssicherheit und eine wirtschaftsfreundliche Gesetzgebung.Hinzu kommen Förderprogramme für ausländische Investoren, freier Devisenverkehr, geringe Steuersätze und keine Beschränkungen beim Besitz von lokalen Firmen durch ausländische Unternehmen bzw. der Ausführung erzielter Gewinne.

M6 Aus einer Broschüre zu Botsuana im Rahmen einer Exportoffensive des Bundesministeriums für Wirtschaft und Energie

❶ Erarbeiten Sie einen Werbe-Flyer, der die Strategien zur nachhaltigen und zukunftsorientierten Entwicklung Botsuanas widerspiegelt und so Anreiz für ausländische Investoren sein könnte.

❷ Gliedern Sie das Diagramm M3 sinnvoll in drei Phasen und erläutern Sie die Verläufe der Lebenserwartung und Sterberate in den jeweiligen Abschnitten.

Da dezentrale Energieversorgungseinrichtungen weitgehend fehlen, verbrennt man in Botsuana große Mengen an Holz und Holzkohle zum Kochen und Heizen. Bei dieser traditionellen Nutzung ist die Energieeffizienz gering. Zudem stellt die Verbuschung des Weidelands ein großes Problem für die Viehwirtschaft dar. Daher setzen Viehwirtschaftsbetriebe zur Entbuschung überwiegend Chemikalien ein. Die Verbuschung wäre jedoch eine Chance, wenn man die bei der Beseitigung der Gehölze anfallende Biomasse nutzen würde. Ziel des Projekts ist es, ein Bewusstsein dafür zu schaffen, dass Biomasse, wie etwa Holzschnitzel, nicht entsorgt werden muss, sondern ein wichtiger regenerativer Energieträger ist. Daher erscheint es sinnvoll, zur Energieversorgung des Landes in Biomassekraftwerke zu investieren.

M8 Nutzung von Busch-Biomasse – Projekt des Bundesministeriums für wirtschaftliche Zusammenarbeit und Entwicklung (BMZ)

❸ Diskutieren Sie, inwieweit das Solarkocher-Projekt zur Lösung des Problems der Energieversorgung beitragen kann (M7).

GeoPlus

Recherchieren Sie im Internet über die Stromerzeugungsprojekte mittels Geothermie in Kenia.

GeoKompakt

Botsuanas Regierung versucht, den Rohstoffreichtum des Landes zur nachhaltigen Diversifizierung der Wirtschaft, zum Aufbau eines Sozialstaates sowie zur gesicherten Energieversorgung zu nutzen. Darüber hinaus werden Herausforderungen wie der Ausbau des Bildungssektors und die Bewältigung der AIDS-Pandemie durch aktive politische Maßnahmen angegangen.

M1 Vision industrialisierter Landwirtschaft

M3 Kleinbäuerliche Landnutzung in Tansania

Tansanias Landwirtschaft – neue Wege, alte Probleme

Tansania ist durch politische Stabilität gekennzeichnet und konnte in den letzten Jahren ein konstantes Wirtschaftswachstum vorweisen. Dennoch lebt fast die Hälfte der Bevölkerung unterhalb der Armutsgrenze. Welche Wege kann das immer noch stark agrarisch geprägte Land gehen, um seinen Bürgern eine nachhaltige Entwicklung zu ermöglichen?

Der Strukturwandel in der Landwirtschaft hat für unser Land oberste Priorität. In den ländlichen Räumen Tansanias sind noch immer 75 % der Bevölkerung von kleinbäuerlicher Landwirtschaft abhängig. Mit dem Projekt SAGCOT (*Southern Agricultural Growth Corridor of Tanzania*) wird mithilfe privater und staatlicher Organisationen der Entwicklungszusammenarbeit auf einer Fläche von der Größe Italiens die Modernisierung der Landwirtschaft vorangetrieben. Unser Ziel: Zwei Millionen Menschen aus der Armut befreien und hunderttausende Arbeitsplätze schaffen. Zuerst war es nötig, im Entwicklungskorridor SAGCOT die Fernstraßen, Stromnetze und weitere Versorgungsinfrastruktur auszubauen. Die Hafenstadt Daressalam fungiert dabei als Umschlagsort für den Export landwirtschaftlicher Produkte (M5). Einige Städte im Korridor sind Knotenpunkte mit Lagerhallen und Logistikzentren. Die landwirtschaftliche Produktion selbst konzentriert sich auf agrarische Cluster. Hier findet eine räumliche und wirtschaftliche Verknüpfung von Produzenten (Kleinbauern im Vertragsanbau, weiterverarbeitenden Lebensmittelbetrieben sowie Forschungs- und Beratungszentren) statt. Mit den geschaffenen Wertschöpfungsketten werden wir unsere Agrarproduktion steigern und der Bevölkerung einen besseren Zugang zu Nahrungsmitteln und höheren Einkommen ermöglichen.

M2 Das Projekt SAGCOT aus Sicht eines Politikers

Als Vertreter einer Bauernorganisation sehe ich SAGCOT sehr kritisch. Da nur ein Bruchteil der Investitionen durch staatliche Institutionen getätigt wird, können private Investoren unverhältnismäßig Einfluss auf die Vergabe und Nutzung der landwirtschaftlichen Flächen nehmen. Ein Problem ist, dass die Bauern keine offiziellen Landtitel für ihr Ackerland besitzen. So wurde im Dorf Lipokela doppelt so viel Land an einen Investor verpachtet, als die Dorfgemeinschaft ursprünglich zugestimmt hat. Außerdem machten die Investoren sehr viele Versprechen, z. B. Schulen oder Krankenstationen zu bauen und weitere Infrastruktur sowie Arbeitsplätze zu schaffen. Das hat sich nicht bewahrheitet.
Die Bauern sind folglich wütend und fordern ihr Land zurück. Die meisten Investoren produzieren *Cash Crops,* wie z. B. Kaffee, aber keinen Mais, den die Menschen dringend für sich selbst brauchen. Das Nukleus-Konzept verschärft die Problematik: Rund um die Plantagen sollen Kleinbauern als Vertragsbauern Kaffee produzieren. Mir erscheint es wichtiger, die ineffizienten landwirtschaftlichen Strukturen, wie z. B. veraltete Anbaumethoden und Geräte oder unsachgemäßen Düngereinsatz, zu verbessern. Wir fördern daher lokale Märkte für die Kleinbauern. Die Hoffnung, dass SAGCOT die Ernährungssicherheit in Tansania erhöht, haben wir verloren.

M4 SAGCOT aus Sicht eines Kleinbauernvertreters

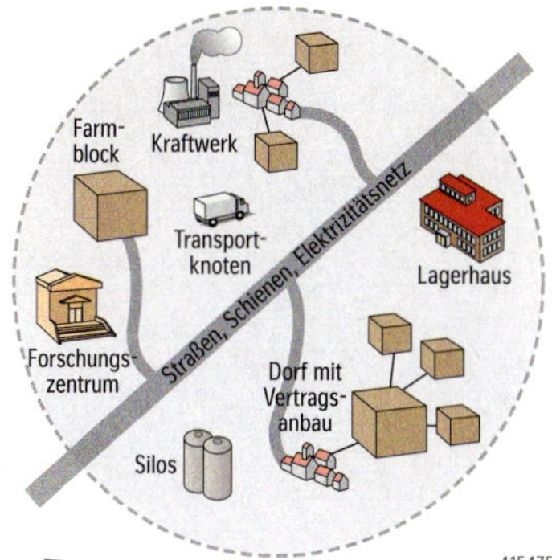

M5 Entwicklungskorridor (links) und Cluster-Bildung (rechts) im SAGCOT-Projekt in Tansania

Spendenaufruf
Wir brauchen noch 150 000 Euro für unser Entwicklungsprojekt
Macho Sauti – Mach mit!

Du kannst dabei helfen, dass ...
- Bauern in Tansania ihre Lebensweise beibehalten können.
- Bauern in Tansania mehr verdienen.
- Kulturen miteinander in Kontakt treten.

Swissaid, eine schweizerische Stiftung zur Entwicklungszusammenarbeit, setzt auf das Smartphone, um tansanischen Kleinbauern beim Anbau ihrer Produkte zu helfen. Was zunächst weit hergeholt klingt, hat großes Potenzial. „Hallo, ich habe ein Problem mit meinen Salatköpfen: Sie haben schwarzbraune Stellen. Was kann ich dagegen tun?“ Bäuerin Teresia Mpunga spricht diese Nachricht in ihrer Muttersprache Suaheli in ihr Smartphone und lädt die Frage auf die Plattform Macho Sauti hoch. Sie erhält dann innerhalb kurzer Zeit entweder von anderen Kleinbauern oder Agrarexperten aus anderen Ländern eine passende Antwort. Fachwissen kann so die tansanischen Landwirte schnell und direkt erreichen und zu einer Steigerung der Erträge verhelfen, sagt Maria Egger, eine der Initiatorinnen des Projekts. Die oftmals mangelnde Bildung der tansanischen Kleinbauern ist kein Problem, da die Übersetzungssoftware gut funktioniert und Antworten passgenau und fast in Echtzeit auf den Smartphones landen. Darüber hinaus dürfte die Vernetzung auch ein Beitrag zum interkulturellen Austausch zwischen verschiedenen Ländern sein.

M6 Das Projekt Macho Sauti – Agrarberatung über das Smartphone

1. Arbeiten Sie für einen 2-Minuten-Vortrag aus geeigneten Atlaskarten die naturräumlichen Voraussetzungen für die landwirtschaftliche Nutzung Tansanias heraus.

2. Erläutern Sie anhand der erfolgten Maßnahmen die Ziele des SAGCOT-Projektes (M1 – M4).

3. Diskutieren Sie kritisch die tatsächliche Realisierung des SAGCOT-Projektes (M4).

4. Stellen Sie begründet dar, ob Sie für das Projekt Macho Sauti einen Spendenaufruf unterstützen würden (M6).

GeoKompakt

Tansania hat ein gutes natürliches agrarisches Potenzial. Dieses gilt es, durch einen gezielten Strukturwandel in der Landwirtschaft besser in Wert zu setzen. Durch den Aufbau von Entwicklungskorridoren erhofft man sich, den Agrarsektor zu modernisieren. Andererseits sollte die Förderung der traditionellen kleinbäuerlichen Landwirtschaft mit gezielten Maßnahmen nicht vernachlässigt werden.

M1 Von China finanziertes und durchgeführtes Straßenbauprojekt in Uganda

M3 Ein Geschenk Chinas – Hauptquartier der Afrikanischen Union in Addis Abeba/ Äthiopien

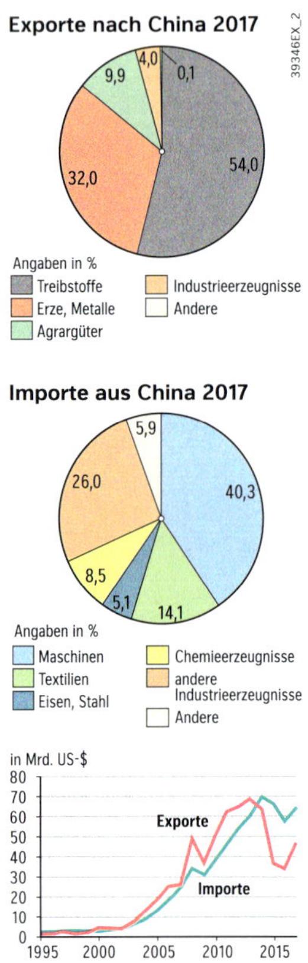

M2 Handel von Subsahara-Afrika mit der VR China

Chinesische Direktinvestitionen – Hoffnung für Afrika?

Chinesische Arbeiter im Straßenbau in Afrika, chinesische Ingenieure auf afrikanischen Ölförderanlagen und chinesische Plastikwaren auf afrikanischen Märkten - China ist mittlerweile äußerst engagiert bei der Entwicklung afrikanischer Staaten. Welche Motivation steckt dahinter? Kann Afrika auf einen Entwicklungsschub hoffen?

China ist mit einem Handelsvolumen von 400 Mrd. US-Dollar im Jahr 2020 längst zu Afrikas größtem Investor und Handelspartner aufgestiegen (→ S. 104 Karte 2). Staatliche und private chinesische Unternehmen engagieren sich in vielen Wirtschaftssektoren und Branchen in fast allen afrikanischen Ländern. Dabei wird nicht nur der Ausbau der Transport-, Energie- und Telekommunikationssektoren von chinesischer Seite finanziert, sondern auch meist von chinesischen Firmen mit chinesischem Personal durchgeführt.
China kündigte zudem an, ein afrikanische Hauptstädte verbindendes Hochgeschwindigkeitseisenbahnnetz zu errichten und zu finanzieren. Die chinesische Regierung tut all dies nicht ohne Eigeninteresse. Afrika liefert China wichtige Rohstoffe und hat damit strategische Bedeutung für die chinesische Wirtschaftsentwicklung. Andererseits nutzt der Ausbau der Infrastruktur auch den Binnenwirtschaften afrikanischer Staaten und deren Wirtschaftsentwicklung.

M4 Engagement der Volksrepublik China in den Ländern des subsaharischen Afrikas

Wir müssen befürchten, den Wettlauf um Afrikas Rohstoffe zu verlieren. (aus europäischer und US-amerikanische Sicht)

Billigwaren und Arbeitskräfteimporte aus China gefährden unsere Arbeitsplätze und unsere Existenz. (aus Sicht afrikanischer Händler und Arbeitskräfte)

Chinas Investitionen ohne politische Bedingungen stabilisieren im Gegensatz zur westlichen Entwicklungszusammenarbeit autokratische Despotenregime. (aus Sicht von Menschenrechtsaktivisten)

M5 Kritische Stimmen zum Engagement der Volksrepublik China in Subsahara-Afrika

1 Arbeiten Sie aus Karte 2 (→ Seite 104) die Exportprodukte und Aufbauhilfen Chinas heraus und legen Sie auf dieser Grundlage die in Afrika praktizierte Strategie Chinas dar.

M6 Eine Stadt aus dem Nichts – Projektchef Li am Modell der neuen Freihandelszone in Dschibuti

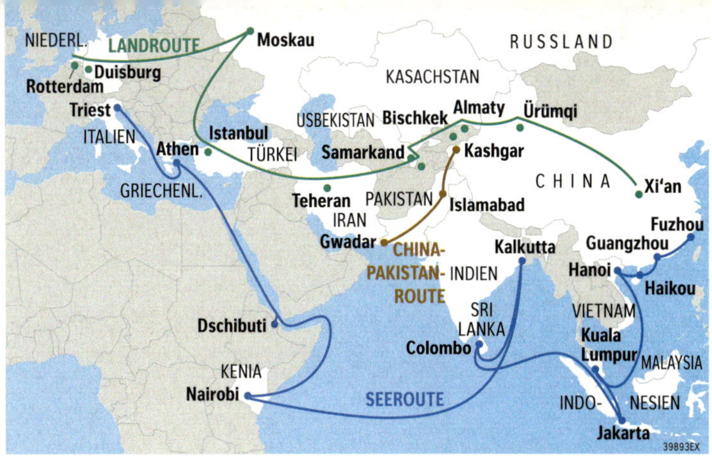

dpa•29984

Quelle: Merics, Council on Foreign Relations

M9 Chinas Neue Seidenstraße – globales Verkehrs- und Handelsnetz

Afrika spielt beim chinesischen Projekt Neue Seidenstraße eine wichtige Rolle. Ostafrikanische Häfen ermöglichen den Aufbau einer stabilen Handelsroute über das Rote Meer und den Suezkanal nach Europa. So wurde beispielsweise der Hafen von Dschibuti am Eingang des Roten Meeres als wichtiger Bestandteil einer dort errichteten Freihandelszone mithilfe chinesischer Kredite modernisiert. Hier sollen sich durch den Wegfall aller Steuern Unternehmen ansiedeln, die sowohl für die einheimische Wirtschaft als auch für China Gewinne erwirtschaften. Für unser Land, das über keine nennenswerten Bodenschätze verfügt und nur seine günstige Lage vorzuweisen hat, ist die chinesische Investitionspolitik eine große Chance, so die Regierung Dschibutis. Wir bekommen Hilfe zum Aufbau der Infrastruktur, wodurch Handels- und Arbeitsplätze entstehen – wir entwickeln unser Land nachhaltig! heißt es in einem offiziellen Statement. Die Kritik an der steigenden Verschuldung bei den chinesischen Geldgebern und die daraus entstehende wirtschaftliche Abhängigkeit sowie der Vorwurf, China wolle eine militärische Basis am Roten Meer aufbauen, seien unangebracht. Zumindest sind wir jetzt nicht mehr nur von der Entwicklungshilfe des Westens abhängig, heißt es auf Nachfrage.

M7 Chinesische Investitionen in die Freihandelszone Dschibutis

Das chinesische Unternehmen Transsion bedient fast 50 % des afrikanischen Handymarktes. Das ist kein Zufall, sagt Mara Nkembe aus Kenia. Die Firma passt die Smartphones ideal an die Bedürfnisse der afrikanischen Bürger an: Niedrige Preise (ca. 76 Euro), lange Akkulaufzeiten, vorinstallierte Apps und ein Menü in afrikanischen Sprachen sind nur einige Beispiele. Hinzu kommen chinesische Initiativen, die digitale Infrastruktur in Afrika auszubauen.

M8 Chinesische Smartphones für den afrikanischen Markt

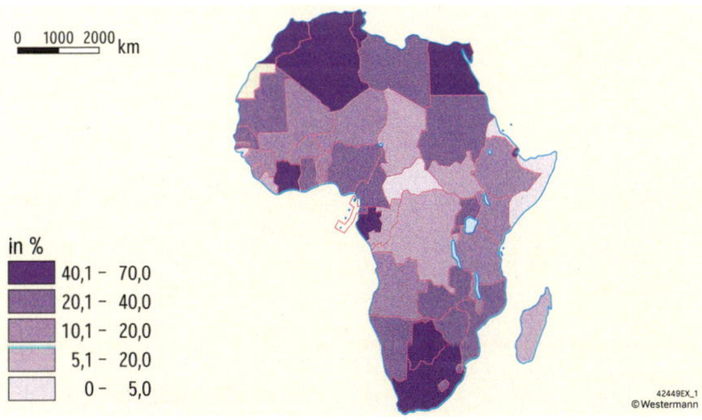

M10 Internetnutzer in % der Bevölkerung

GeoKompakt

Die VR China investiert massiv in den Ausbau der Infrastruktur und die Förderung von Rohstoffen in Afrika südlich der Sahara. Die von der chinesischen Staatsbank großzügig gewährten Kredite ermöglichen die rasche gemeinsame Umsetzung der Projekte, führen jedoch auch zur Verschuldung und wirtschaftlichen Abhängigkeit afrikanischer Länder. Obwohl sicherlich wirtschafts- und geopolitische Ziele im Zentrum des chinesischen Engagements stehen, so hoffen viele afrikanische Länder auch auf nachhaltige Entwicklungsimpulse.

2 Bereiten Sie mit allen Materialien Argumente für eine Fishbowl-Diskussion (→ S. 169) vor, bei der die Wirtschaftsbeziehungen aus chinesischer und afrikanischer Sicht erörtert werden.

Kompetenzcheck Geographisches Fachreferat zu einem Projekt deutscher Entwicklungszusammenarbeit mit Ländern Afrikas südlich der Sahara

In einem Fachreferat informieren Sie als Expertin oder Experte über einen bestimmten Sachverhalt. Dabei erweckt ein gut konzipierter und präsentierter Vortrag die Aufmerksamkeit und das Interesse Ihrer Zuhörerinnen und Zuhörer. Dieser Leitfaden soll Ihnen dabei helfen, zu einem deutschen Projekt zur Entwicklungszusammenarbeit in Afrika südlich der Sahara ein Referat zu halten.

GeoMethode

Das Fachreferat – geographische Inhalte erarbeiten und visualisieren

1 Vorüberlegungen und -arbeiten

- **Thema klären:** Was ist das Thema und das Ziel des Referats? Wie kann ich mein Thema abgrenzen? Welche Teilaspekte sind interessant? Welches Vorwissen haben meine Mitschülerinnen und Mitschüler?
- **Material sammeln und Informationen einholen:** relevante Informationen, z. B. aus Fachbüchern, Atlanten, Lexika, Zeitschriften und aus dem Internet, zusammentragen und sondieren
- **Material auswerten, Stoffsammlung anlegen:** Kerninformationen und geeignete Zitate markieren und exzerpieren, Informationen in eigenen Worten fachlich richtig zusammenfassen

2 Erarbeitung des Vortrags

- **Gliederung erstellen:** Schwerpunkte setzen und nach sachlichen Gesichtspunkten in logischer Reihenfolge strukturieren
- **Einstieg gestalten:** Eckpunkte (Thema, Gliederung) festlegen; durch ein Zitat, einen Impuls oder geeignete Materialien emotionales Interesse für die Thematik wecken.
- **Referat vorbereiten:** gedanklich zusammenhängende Darstellung bzw. schlüssige Argumentation bedenken, Teilabschnitte in sachlogischer Gedankenentwicklung stimmig verknüpfen, geeignete Zitate und Fachbegriffe einbauen, topographische Namen und Räume richtig verorten, Vortragskarten erstellen
- **Inhalte mit Anschauungsmaterial visualisieren:** informative und aussagekräftige Abbildungen (Bilder, Grafiken, Karten, Tabellen, Texte) an geeigneter Stelle mit Informationen verknüpfen, Illustrationen formal und thematisch exakt erläutern und auswerten, unbekannte topographische Namen und Fachbegriffe durch Tafelanschrieb visualisieren
- **Schluss gestalten:** an Einleitung anknüpfen, zentrale Informationen zusammenfassen, Thesen für eine abschließende Diskussion formulieren

Stadt, Land, Fluss: Orte und Räume an Karten oder in Atlanten zeigen

Variatio delectat: Stimme, Betonung und Sprechtempo variieren, Inhalte veranschaulichen, zwischen auditiven und visuellen Impulsen wechseln

Referent ist kein Redner, sondern Moderator: Adressaten anschauen, Aufmerksamkeit aller wecken, mit Mimik und Gestik das Gesagte dezent unterstreichen; weitgehend frei vortragen, nicht ablesen

Visualisierung soll tragen, nicht erschlagen: überlegt, sinn- und maßvoll einsetzen, für sich selbst sprechen lassen, Stichpunkte erläutern, nicht nur beschreiben

Wahrnehmen und Verstehen brauchen Zeit: langsam und deutlich sprechen, sinnvolle Sprechpausen machen, Visualisierung länger stehen lassen, Schachtelsätze vermeiden

M1 Tipps zur Präsentation

Einstiegsbild Menschen auf der Flucht vor dem Bürgerkrieg in der D.R. Kongo

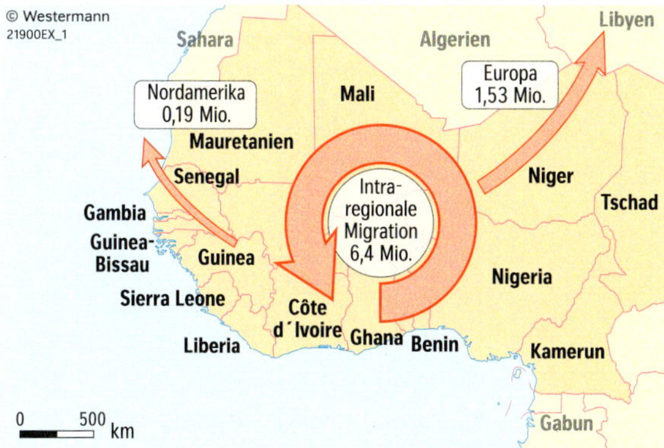

	Migration in Prozent		
	innerhalb der Region	innerhalb Afrikas	außerhalb Afrikas
Zentralafrika	23	38	39
Ostafrika	52	7	41
Südl. Afrika	66	7	28
Westafrika	71	5	24

Schwerpunkt 1: Visualisierung von Informationen zu Mustern und Dimensionen der Migration

Kriege und Konflikte wie in der Demokratischen Republik Kongo, im Sudan oder in Somalia treffen oft die arme Landbevölkerung besonders hart und treiben Millionen Menschen in die Flucht. Über 26 Millionen Menschen auf dem Kontinent leben als Flüchtlinge oder Vertriebene. Die Sonderinitiative Flucht des deutschen Bundesministeriums für wirtschaftliche Zusammenarbeit und Entwicklung (BMZ) unterstützt die Länder des subsaharischen Afrikas mit 385 Millionen Euro, die in 79 Projekte fließen.

Schwerpunkt 2: Vorstellung des Projekts Sonderinitiative Flucht in Afrika

„Der Zugang zu Trinkwasser hat unser Leben im Flüchtlingscamp verändert. Dank der Errichtung der Wasserpipeline haben wir genug sauberes Wasser. Die Kinder müssen kein Wasser mehr aus weit entfernten Brunnen holen und können sich stattdessen auf die Schule konzentrieren. Auch sind sie besser vor Cholera und Durchfall geschützt, weil das Wasser keine schädlichen Bakterien enthält", sagt Nymal, die vor dem Bürgerkrieg aus dem Südsudan geflohen ist und seither in einem äthiopischen Flüchtlingscamp Schutz gesucht hat.

Schwerpunkt 3: Maßnahme des BMZ – Versorgung der Flüchtlingslager mit Trinkwasser

Wer zur Flucht gezwungen ist, verliert, was sein Leben bisher ausgemacht hat: ein Zuhause, Familie, und Freunde, die vertraute Umgebung, die Arbeit und das Eigentum. Wir unterstützen alle von akuten Fluchtsituationen betroffenen Menschen. Unser Ziel ist es, den Flüchtlingen in der Aufnahmeregion vor Ort neue Perspektiven zu geben und ihnen eine Rückkehr in ihre Heimat – wo möglich – zu erleichtern.

Schluss: Vorwort des Bundesministers für wirtschaftliche Zusammenarbeit und Entwicklung zur Broschüre Perspektiven für Flüchtlinge schaffen (Zitat).

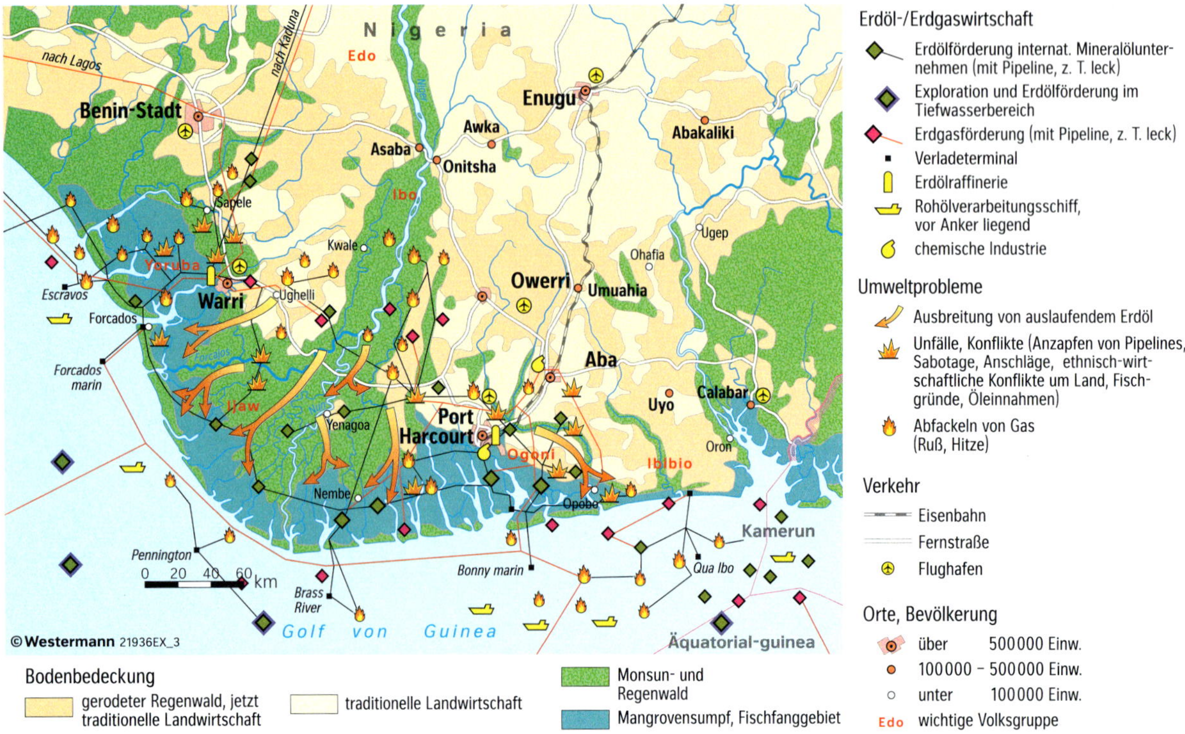

Karte 1 Erdölwirtschaft im Nigerdelta

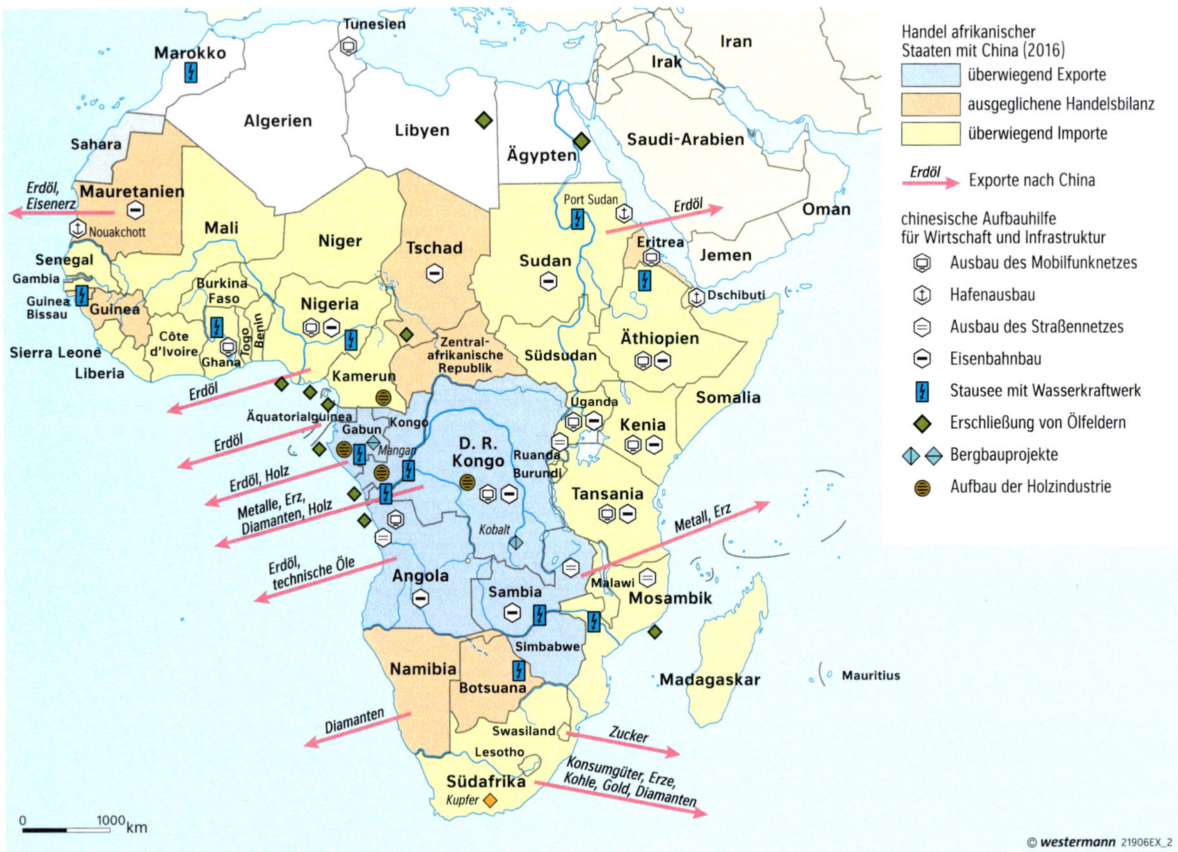

Karte 2 Wirtschaftliches Engagement der Volksrepublik China in Afrika

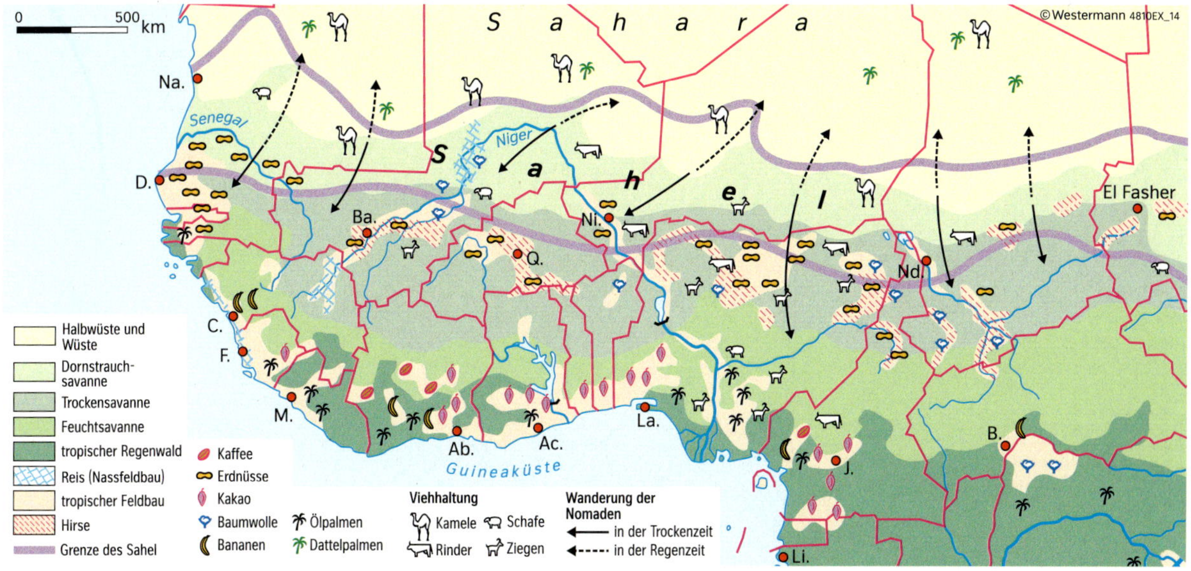

Karte 1 Vegetation und Landnutzung in Westafrika

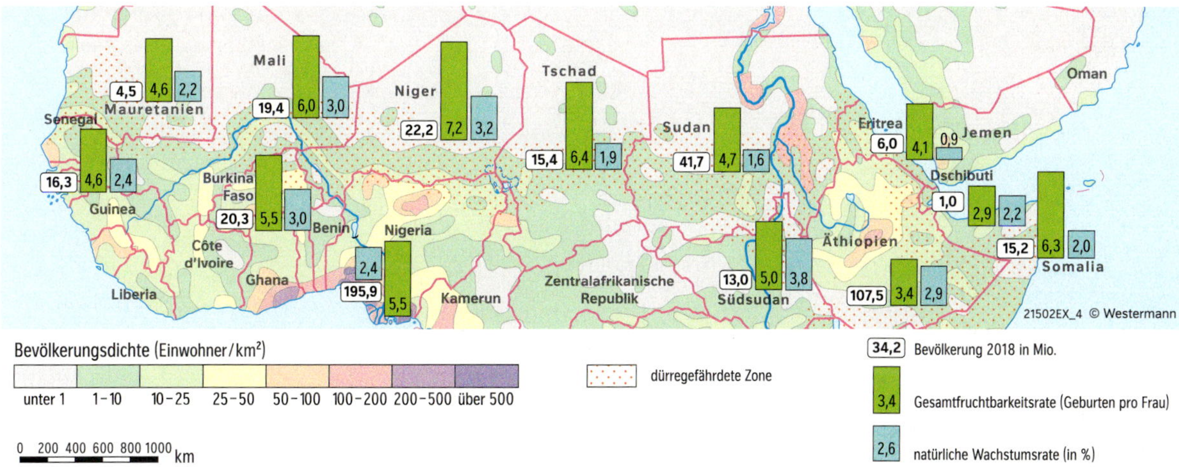

Karte 2 Bevölkerungsentwicklung in der Sahelzone

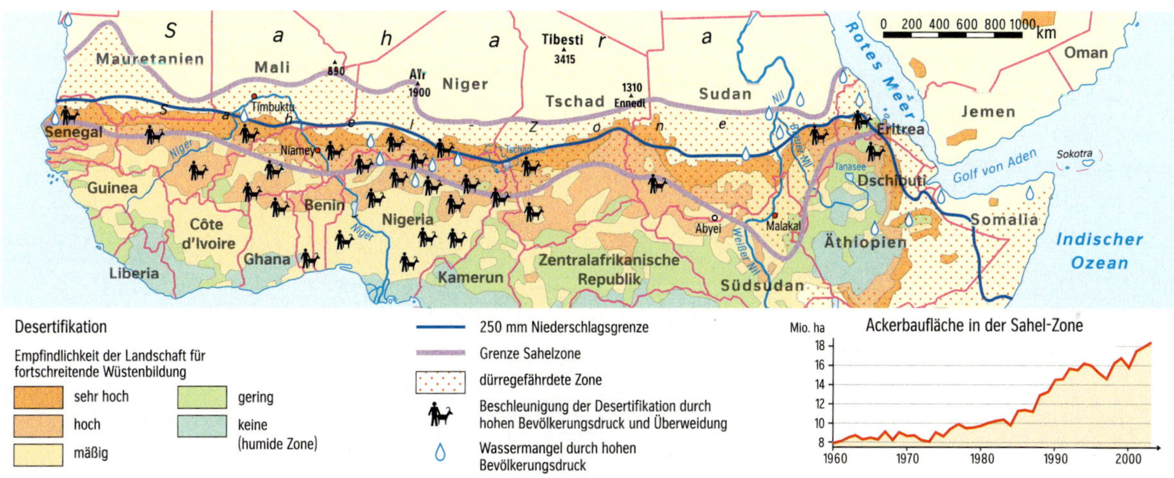

Karte 3 Übernutzung der Sahelzone

Herausforderungen der Entwicklung in tropischen Räumen – Mittel- und Südamerika, Karibik

Rio de Janeiro mit der Copacabana

In diesem Kapitel erfahren Sie ...

... Wesentliches zur Topographie und der naturräumlichen Gliederung Mittel- und Südamerikas sowie der Karibik,

... wie sich die Ausdehnung der Klima- und Vegetationszonen in Südamerika von der in Afrika unterscheidet,

... wie man Klima- und Vegetationskarten sowie Block-, Luft- und Satellitenbilder auswertet,

... wie sich die Höhenstufen der Vegetation in den Anden von denen der Alpen unterscheiden,

... welche Ursachen und Folgen menschliche Eingriffe in das Ökosystem tropischer Regenwald in Amazonien haben,

... wie Konzepte einer nachhaltigen Raumerschließung und -nutzung in Amazonien aussehen können,

... vor welchen Herausforderungen lateinamerikanische Megastädte stehen,

... welche Maßnahmen für eine nachhaltige Stadtentwicklung zu bewältigen sind,

... wie Plantagenwirtschaft und Ferntourismus für Mittelamerika und die Karibik Entwicklungsimpulse sein können,

... wie es um die Integration der Wirtschaft Lateinamerikas in den globalen Markt steht,

... wie der karibische Raum durch Hurrikans gefährdet ist.

M1 Aconcagua – der höchste Berg Südamerikas

M4 Titicacasee – der größte Hochgebirgssee der Erde

Die Naturräume Mittel- und Südamerikas und der Karibik

Die Oberflächenformen Mittel- und Südamerikas und der Karibik sind wie die Europas das Ergebnis endogener plattentektonischer sowie exogener Vorgänge seit mehr als 250 Mio. Jahren. Wie haben plattentektonische Prozesse zur heutigen naturräumlichen Grundgliederung dieses Großraumes beigetragen?

Die Anden sind der südamerikanische Teil des mächtigen, 16 000 km langen Kettengebirges (span. Cordilleras, Ketten), das sich im Westen Nord-, Mittel- und Südamerikas entlang der Pazifikküste zieht. Die Anden sind mit einer Länge von 7500 km somit Teil des längsten Faltengebirges der Erde. Sie bestehen aus zwei Hauptzügen, der Ost- und der Westkordillere. Zwischen beiden liegen ausgedehnte Hochflächen und weite Becken, wie z. B. das Hochland von Mexiko oder die Hochebene Altiplano. Die Höhen der Anden steigen von Nord nach Süd bis zum Aconcagua (6 959 m ü. NN) an und fallen dann schnell bis zu den Fjorden von Feuerland ab. Die Anden enthalten eine Kette von hohen, steilen Vulkanen mit aktivem, explosivem Vulkanismus.

Östlich der Anden liegen mit Höhen zwischen 200 und 400 m weite Tiefländer, die von den Sedimenten der in den Anden entspringenden großen Flusssysteme des Amazonas, Orinoco und Paraná gebildet wurden. Sie werden im Nordosten vom Bergland von Guayana, im Osten vom Brasilianischen Bergland umrahmt. Sie sind Teile uralter Kontinente aus alten kristallinen Schilden aus dem Präkambrium mit Höhen von 500 bis 1 500 m. Im Südosten Südamerikas schließen sich die weiten Ebenen der Pampas sowie das Tafelland Patagoniens an.

M2 Naturräumliche Gliederung Mittel- und Südamerikas

1 Ordnen Sie die Bilder M1, M4, M5 und M8 einer Großlandschaft zu. Nennen Sie die Länder, in denen diese Großlandschaften liegen und erklären Sie die Entstehung dieser Naturlandschaften.

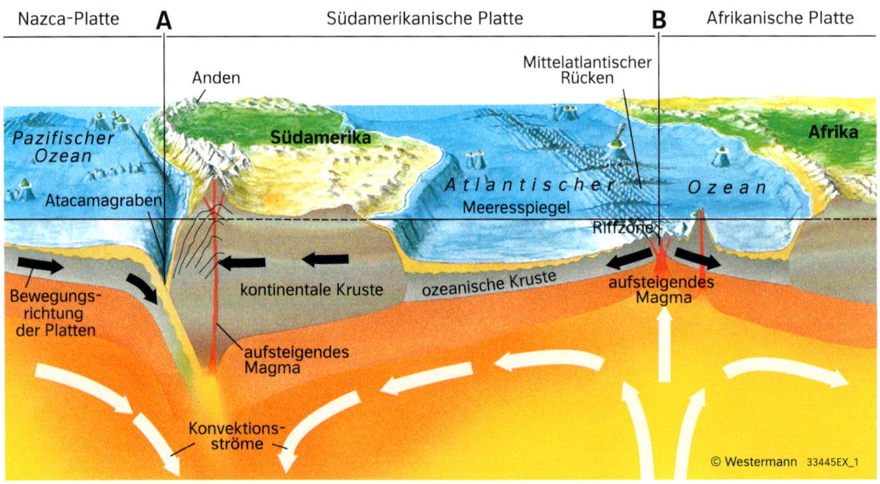

M3 Blockbild zu plattentektonischen Prozessen in Südamerika

M5 Amazonas – das wasserreichste Stromsystem der Erde

M8 Roraima Plateau – ein Teil des Urkontinents Gondwana

Vor 160 Millionen Jahren trennte sich die Südamerikanische Platte an einer Riftzone von der Afrikanischen und bewegt sich seitdem jährlich um etwa vier Zentimeter nach Westen. Am Westrand dieser driftenden Platte taucht entlang der pazifischen Seite Südamerikas die schwerere ozeanische Nazca-Platte unter die Südamerikanische Platte ab. In dieser Subduktionszone bildete sich ein Tiefseegraben aus, der Atacamagraben. Das abgetauchte Material der ozeanischen **Lithosphäre** schmolz aufgrund des enormen Drucks sowie der hohen Temperaturen im Erdmantel zu glutflüssigem, gasreichem Magma. Dieses stieg empor, durchschmolz die Südamerikanische Platte und ließ eine Kette heute noch sehr aktiver Vulkankegel entstehen. Vor ca. 65 Millionen Jahren begann dann die Entstehung der Anden, etwa zur gleichen Zeit wie die der Alpen. Im Zuge der Subduktion wurde das Krustenmaterial der beiden Platten ineinandergeschoben, gefaltet, verworfen und durch aufsteigende Magmamassen hochgehoben. Dabei wurden oft auch alte Schollen, die heutigen Hochebenen, mitgehoben und vom Gebirge umschlossen. Da die Subduktion der ozeanischen Nazca-Kruste andauert, kommt es durch die starken Reibungseffekte zwischen den Platten heute noch zu schweren, tiefherdigen Erdbeben.
Die Karibik besteht vor allem aus einer ozeanischen Platte, die von vier großen und kleinen Platten umgeben ist. An deren Plattengrenzen, an denen sich im Osten vulkanische Inselketten, im Westen die Mittelamerikanische Landbrücke gebildet haben, kommt es ebenso häufig zu Vulkanausbrüchen und schweren Erdbeben.

M6 Plattentektonische Vorgänge

M7 Großlandschaften und Plattentektonik Südamerikas

❷ Erstellen Sie in arbeitsteiliger Gruppenarbeit für jede Großlandschaft von Mittel- und Südamerika (M7) jeweils ein Plakat, das über die Topographie sowie die Genese der Großlandschaft informiert. Stellen Sie in einem Kurzreferat ihre Großlandschaft vor (M3, M6).

GeoKompakt

Vor 65 Millionen Jahren entstanden die Mittelamerikanische Landbrücke und die Anden durch plattentektonische Prozesse. Weit älter sind die Schilde im Osten Südamerikas. In erdgeschichtlich jüngerer Zeit entstanden die karibische Inselwelt und die Tiefländer Südamerikas mit ihren gewaltigen Flusssystemen. Da die plattentektonischen Prozesse bis heute anhalten, bedrohen Erdbeben und Vulkanausbrüche vor allem die im Westen Mittel- und Südamerikas ansässige Bevölkerung.

Klima- und Vegetationszonen in Südamerika

Südamerika weist in seiner natürlichen Ausstattung eine hohe Bandbreite auf. Finden Sie heraus, warum in Südamerika das Großrelief die räumliche Verteilung und Ausprägung der Klima- und Vegetationszonen weitaus stärker abwandelt als in Afrika.

Südamerika erstreckt sich zwischen 12° nördlicher und 56° südlicher Breite über drei Klimazonen – Tropen, Subtropen und Mittelbreiten. Die Andenkette mit ihren Höhenstufen, den Luv- und Leelagen und der enormen meridionalen Erstreckung sorgt für ein eher kleinteiliges räumliches Muster an Klima- und Vegetationsregionen. Der Formenwandel in den östlichen Teilen des Kontinents ist hingegen großräumiger angelegt.

Im zentralen Südamerika sorgt das innertropische Klima mit seinen Zenitalregen für starke Humidität. Hier findet man die flächenmäßig ausgedehnteste Zone Südamerikas – die tropischen Regenwälder Amazoniens. Die Llanos del Orinoco im Norden sowie die Regionen Nordostbrasilien und Minas Gerais im Osten sind dagegen weniger den Passatwinden ausgesetzt, weshalb hier Grassavannen und Trockenwälder vorherrschen. Die räumliche Verteilung der Savannen Südamerikas weicht auffällig von der breitenkreisparallelen Anordnung der Klimazonen ab – auch eine Folge von Luv- und Lee-Effekten im Bereich der Bergländer von Guayana und Brasilien. Die Niederschlagsverteilung in Südamerika wird entscheidend von den meridional verlaufenden Anden geprägt. Diese zwingen die aus östlicher Richtung wehenden Passatwinde zum Aufsteigen. Dadurch kommt es im Luv der Anden zu Steigungsniederschlägen, während die pazifische Leeseite nur wenig Niederschlag erhält. Die Aridität dieser Region, der Küstenwüste Atacama, wird zudem durch den küstenparallel verlaufenden, kalten Humboldtstrom verstärkt.

Im südlichen Südamerika dominieren ganzjährig Westwinde. An der Andenwestseite fällt daher Steigungsregen mit Jahresniederschlagsmengen bis zu 2 000 mm, im Lee kommt es wegen der Föhneffekte der absteigenden Luftmassen nur zu geringen Niederschlägen. Hier liegen die Trockenwälder des Gran Chaco bzw. die Steppen der Pampa.

M1 Wandel der Temperaturen und Niederschläge in Südamerika

1. Erklären Sie die Ursachen für die Niederschlagsverteilung im Juli und Januar in Südamerika und der Karibik (M3, Atlas).

2. Erläutern Sie die wichtigsten Unterschiede in der räumlichen Verteilung der Klima- und Vegetationszonen zwischen Südamerika und Afrika (M2, → S. 80/81).

3. Begründen Sie, warum das Flusssystem des Amazonas' das wasserreichste der Erde ist.

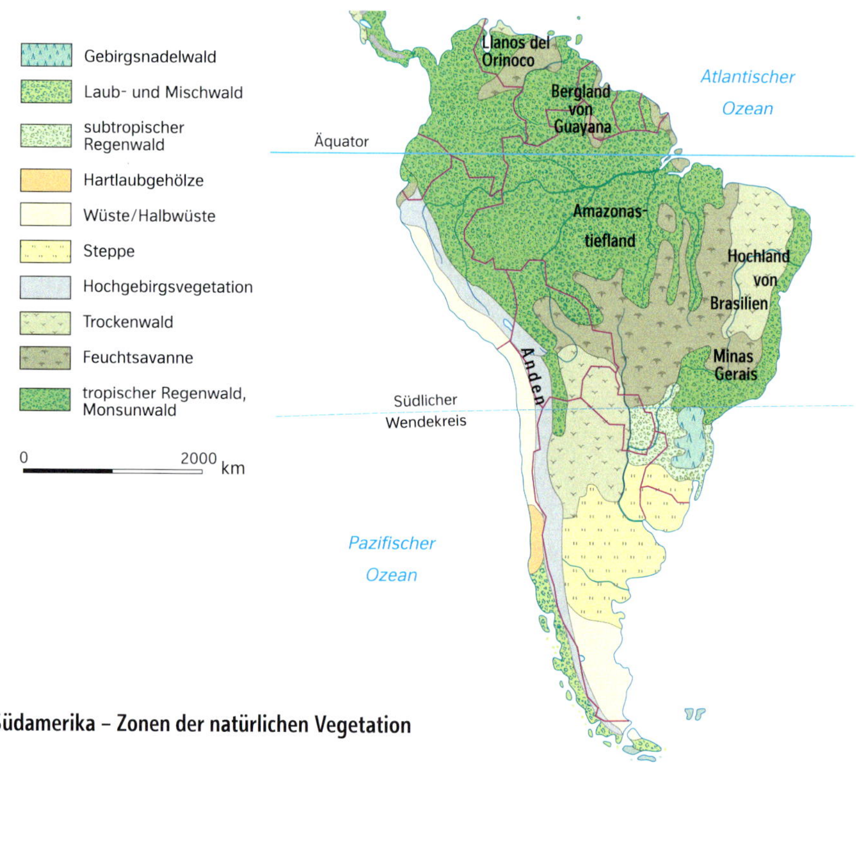

M2 Südamerika – Zonen der natürlichen Vegetation

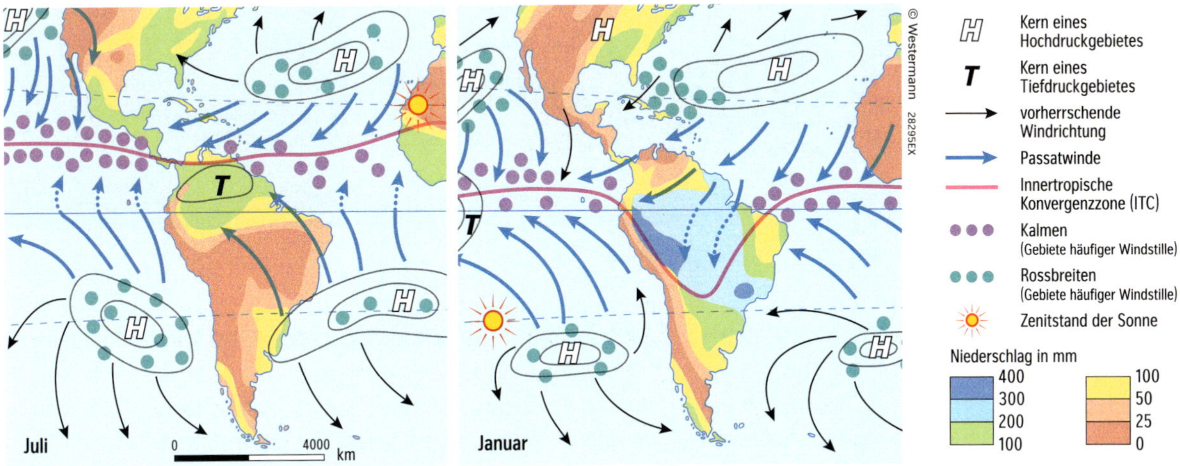

M3 Luftdruck und Luftmassenströmungen in Südamerika

„Patagonien, fünfmal so groß wie Deutschland – unendliche Weiten, glasklare Seen, schroffe Gebirgszüge und Gletscherpanoramen. Den argentinischen Teil Patagoniens prägen Graslandschaften der winterfeuchten Steppen und Wüsten, im chilenischen Teil westlich der Anden hingegen befinden sich Laub- und Mischwälder (M2) der gemäßigten Zone und Gletscherfjorde. Entlang der berühmten argentinischen Nationalstraße RN-40 passiert man den Monte Fitz Roy sowie den Perito-Moreno-Gletscher im Nationalpark Los Glaciares, den weltweit einzigen Gletscher, der noch wächst. Eine weitere Besonderheit dieses Gletschers ist das Phänomen der abbrechenden Gletscherkanten. Dies kann man bequem von einem Holzlaufsteg von der Magellanhalbinsel aus beobachten. Das Wetter Patagoniens ist insgesamt eher unberechenbar, mal regnet es in Strömen und keine zehn Minuten später überrascht strahlender Sonnenschein."

Perito-Moreno-Gletscher

Monte Fitz Roy

M4 Auszüge aus einem Reiseführer für Patagonien

GeoKompakt

Typisch für Südamerika sind zwei Muster in der räumlichen Verteilung der Klima- und Vegetationszonen: zum einem die kleinräumig vielfach untergliederte Andenkette im Westen, zum anderen die von tropischem, subtropischem und gemäßigtem Klima geprägten großräumigen Klima- und Vegetationszonen im Osten des Kontinents. Obwohl diese in etwa breitenkreisparallel sind, ergeben sich jedoch aufgrund des Reliefs der Gebirge Unterschiede in den Temperatur- und Niederschlagsverhältnissen.

4 Begründen Sie die steigende touristische Attraktivität Patagoniens (M4).

5 Erklären Sie mithilfe Ihrer Kenntnisse über die afrikanische Namibwüste die Entstehung der Atacamawüste an der Westküste Südamerikas.

6 Erstellen Sie einen kurzen Bericht für einen Reiseführer zur Pampa Argentiniens.

M1 Typische Vegetation ausgewählter Höhenstufen in den Anden

Höhenstufen in den Anden – vom Regenwald ins ewige Eis

INFO

Der deutsche Naturforscher **Alexander von Humboldt** (1769 – 1859) leistete wesentliche Beiträge zur Ozeanographie, Klimatologie und Botanik. Von geographischer Bedeutung ist seine auf die Anden angewandte klassische Terminologie für die Höhenstufen tropischer Gebirge. Zudem gelang ihm durch Temperaturmessungen der Nachweis der später nach ihm benannten Meeresströmung, des Humboldt-Stromes.

„Beim Aufstieg aus dem Amazonastiefland auf einen Andengipfel durchquert man gewissermaßen die gleichen Vegetationszonen wie auf einem Flug vom Äquator zum Pol." Finden Sie heraus, ob diese These haltbar ist.

Pro 100 Höhenmeter nimmt die Lufttemperatur um etwa 0,5 °C ab. Besonders in den tropischen Gebirgen zeigt sich diese höhenbedingte Veränderung in einer ausgeprägten Höhenstufung der Vegetation. An der östlichen Flanke der Anden geht der tropische Regenwald des Amazonastieflands mit der Höhe in den artenärmeren tropischen Bergwald über. Weiter oben, in der Wolkenregion zwischen 1000 und 2500 m über NN, hat sich ein feuchtigkeitsgesättigter tropischer Nebelwald mit Eichen, Nadelbäumen, riesigen Baumfarnen und Bärlappgewächsen, aber auch Lianen und Epiphyten ausgebildet. Mit zunehmender Höhe im farn- und moosreichen subalpinen Krüppelwald wird die Vegetation niederwüchsiger. Oberhalb der Waldgrenze beherrschen infolge ständigen Frostwechsels Grasfluren aus Büschelgras, Polsterpflanzen und niedrige Sträucher die baumlosen Hochlandsteppen. Besonders auffällig in dieser als Páramo bezeichneten Region sind Schopfbäume mit wasserspeichernden Stämmen. In den trockenen innerandinen Hochlagen, der Puna, wachsen Gräser und Hartpolsterpflanzen. In der Höhe folgt auf die nahezu pflanzenlose Felslandschaft dann eine Gipfelregion mit Schnee und Eis.

M2 Höhenstufen der Vegetation in tropischen Gebirgen – Beispiel Anden

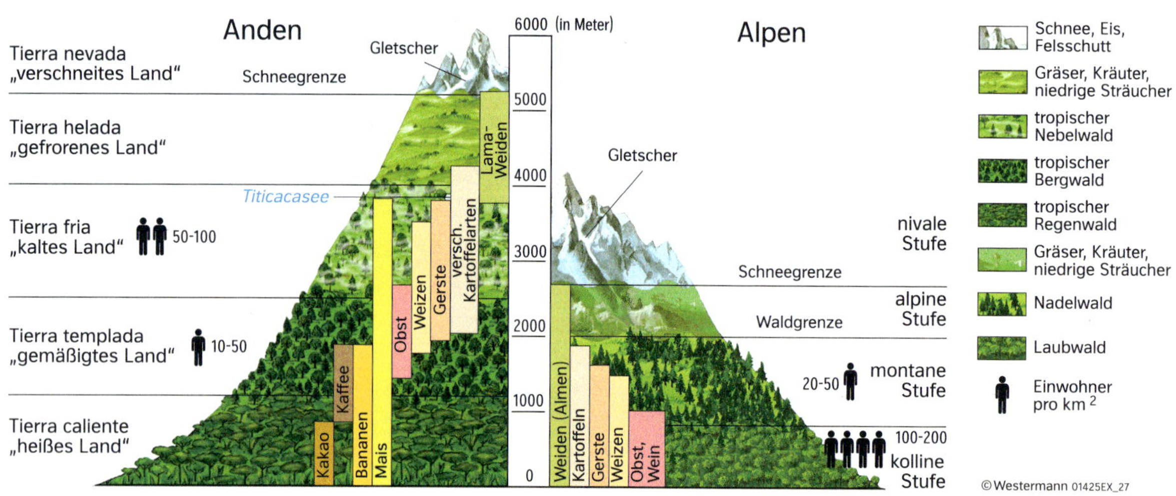

M3 Höhenstufen in den Anden und den Alpen im Vergleich

M4 Blockbild – Höhen- und Vegetationsprofil durch den Andenraum

Die Küstenregion (Costa) an der Pazifikabdachung in Peru mit ihrer wüstenhaften Ausprägung steht in einem außergewöhnlichen Gegensatz zu den tropischen Berg- und Tieflandwäldern auf der Ostflanke der Anden (Montaña/Selva). Die inneren Gebirgsbereiche (Sierra) nehmen dabei eine vermittelnde Stellung ein. Entlang der Pazifikküste erstreckt sich eine Wüste mit weniger als 200 mm Niederschlag pro Jahr und episodischem Pflanzenwuchs. Landwirtschaft ist im Küstenbereich nur mit Bewässerung entlang der aus den Anden kommenden Fremdlingsflüsse möglich. Erhalten blieben die alten, technisch perfekten Bewässerungsanlagen aus der Vor-Inkazeit, deren Errichtung bis heute ein Rätsel ist. In den Flussoasen werden Reis, Mais, Hülsenfrüchte und Gemüse für den peruanischen Markt angebaut. Aber auch *Cash Crops* für den Export wie Obst, Wein, Spargel und Zuckerrohr stellen eine wichtige Einnahmequelle dar.

M5 Wein aus Peru – Landwirtschaft in den Flussoasen an der Pazifikküste Perus (Auszüge aus einem Reiseführer)

GeoKompakt

Die Hochgebirge der Erde zeigen Höhenstufen mit charakteristischer Vegetationsabfolge. Diese Höhenstufung ist das Ergebnis unterschiedlicher höhenbedingter Temperatur-, Luftfeuchtigkeits- und Wachstumsverhältnisse. Die Abfolge der natürlichen Höhenstufen der Vegetation ist jedoch durch Eingriffe der Landwirtschaft treibenden Menschen vielerorts verändert worden.

1. Ordnen Sie den Bildern in M1 begründet die jeweilige Höhenstufe zu und finden Sie geeignete Bilduntertitel.

2. Verfassen Sie einen fiktiven Reisebericht, der die typischen Merkmale der andinen Höhenstufen beschreibt (M2, M3).

3. Arbeiten Sie grundlegende Gemeinsamkeiten und Unterschiede zwischen den Höhenstufen der Anden und Alpen heraus (M3).

4. In Abhängigkeit von der Höhenlage werden in den Anden unterschiedliche Nutzpflanzen kultiviert. Ordnen Sie den Regionen in M4 die jeweiligen Nutzpflanzen bzw. agrarischen Nutzungsformen zu (M3, M5).

5. Begründen Sie die unterschiedliche Höhenstufung der Vegetation zwischen der Ost- und der Westflanke der Anden.

M1 Siedler bei der Brandrodung

Landwirtschaft im tropischen Regenwald – von der Landwechselwirtschaft zum Dauerfeldbau

Angesichts des üppigen Pflanzenwuchses erschienen den Menschen die riesigen Regenwaldflächen als unerschöpfliches Potenzial fruchtbaren Ackerlands. Finden Sie heraus, ob dies so ist, welche Formen der Landwirtschaft am besten an die natürlichen Bedingungen des Regenwaldes angepasst sind und wie der Mensch dieses Ökosystem gefährdet.

1 Erklären Sie anhand von M2 das Prinzip der Landwechselwirtschaft und erörtern Sie, inwieweit diese Art des Ackerbaus an die ökologischen Bedingungen des tropischen Regenwalds angepasst ist.

2 Ordnen Sie den Buchstaben im Luftbild M2 folgende Phasen der Landwechselwirtschaft zu: Rodung, Anbau, Brache.

„Ich bin vor ein paar Jahren aus São Paulo in die Regenwälder Amazoniens gekommen. Dort habe ich zunächst einen kleinen Teil meines von der brasilianischen Regierung zugeteilten Landes gerodet, ohne die Baumstümpfe zu entfernen. Die verbleibenden Wurzeln der gerodeten Bäume verhindern nämlich zum Teil die Auswaschung der Mineralien aus dem Oberboden in tiefere Bodenbereiche. Wie schon bei den indigenen Völkern traditionell üblich, habe ich das Rodungsholz in Brand gesteckt. Die verbleibende Asche liefert dem Boden wichtige Mineralstoffe, Schädlinge werden durch das Feuer vernichtet. Um die Bodenkrume nicht zu sehr aufzureißen, bearbeite ich zur Aussaat der Pflanzen den Boden nur mit der Hacke oder einem Pflanzstock. Nach einer mehrjährigen Fruchtfolge muss aufgrund des Ertragsrückgangs das Feld aufgegeben werden, das dann brach liegt. Da Düngen wegen der starken vertikalen Durchwaschung kaum hilft, muss ich jedes Jahr ein neues Waldstück brandroden. Auf den Brachflächen wächst dann nur noch ein artenärmerer Sekundärwald nach. Erst wenn genügend Biomasse und Mineralstoffe vorhanden sind, kann ich diese Waldstücke wieder in die Anbaurotation einbeziehen. Die tief im Regenwald lebenden indigenen Völker betreiben hingegen heute noch einen sogenannten **Wanderfeldbau**. Sie verlegen nämlich nach mehreren Anbauperioden ihre Siedlung in eine andere Region des Regenwaldes, um dort wieder von vorne mit **Brandrodung** und der Anbaurotation zu beginnen.“

M3 Bericht eines Siedlers zur Landnutzung durch Landwechselwirtschaft

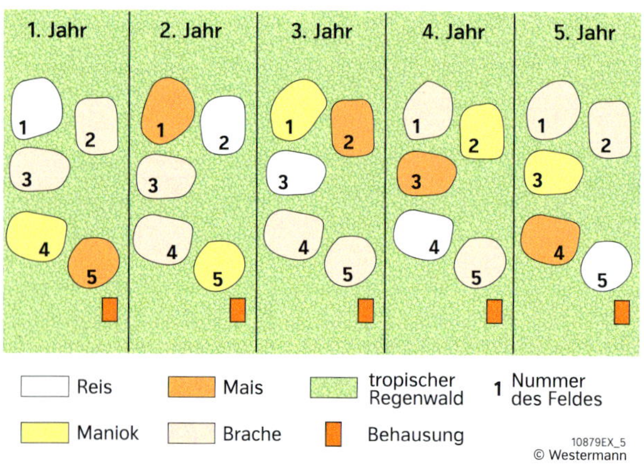

M2 Das System der Landwechselwirtschaft in tropischen Regenwäldern

M4 Brandrodung in den Regenwäldern Amazoniens

Heute geht die Zerstörung der tropischen Regenwälder zu etwa einem Drittel auf kleinbäuerliche Siedler zurück. Weshalb dringen diese immer tiefer in die Regenwälder vor? Die Gründe sind im Wesentlichen demographischer und ökonomischer Natur. In den letzten 25 Jahren hat sich die Bevölkerung in den Tropenwaldländern nahezu verdoppelt, sodass sich der Bedarf an Agrarflächen erhöht hat. Die extensive Landwechselwirtschaft, die bei sehr geringer Bevölkerungsdichte nur maßvoll in das Ökosystem des tropischen Regenwalds eingreift, dient aufgrund der sehr geringen Flächenerträge fast ausschließlich der Selbstversorgung.
Um die benötigten Nahrungsmittel für die wachsende Nachfrage zu erzeugen, geht man dazu über, alle verfügbaren Flächen im **Dauerfeldbau** zu bewirtschaften. Unberührte Waldgebiete werden großflächig gerodet, Baumstümpfe vollständig entfernt und die Böden maschinell bearbeitet. Brachzeiten zur Regeneration der Böden werden nicht mehr eingehalten. Die Ernteerträge sinken wegen einer unsachgemäßen Bodenbearbeitung und fehlender Kenntnisse der Siedler schnell. Resigniert geben viele Kleinbauern ihr Land auf und ziehen auf der Suche nach neuem fruchtbaren Land immer weiter in den tropischen Regenwald. So führt der Dauerfeldbau neben anderen Einflüssen langfristig zur großflächigen Zerstörung tropischer Regenwälder.

M5 Kleinbäuerlicher Dauerfeldbau – eine Gefahr für die tropischen Wälder

M6 Ökologische Folgen der Landnutzung durch bäuerlichen Dauerfeldbau

3 Übertragen Sie M6 in Ihre Aufzeichnungen. Beschriften Sie diese mit den Begriffen Einstrahlung, Starkregen, Verdunstung, Versickerung, Blätterdach, Brandrodung, Humusschicht, Mineralstoffe, Verkrustung, Bodenerosion, kurzfristiger Anbau. Erklären Sie die Zusammenhänge.

GeoKompakt

Bei der Landwechselwirtschaft werden auf Grund des labilen Ökosystems des tropischen Regenwalds die Ackerflächen in einer rotierenden Fruchtfolge bepflanzt und bei nachlassender Bodenfruchtbarkeit schon nach wenigen Anbauzyklen aufgegeben. Da die Anbaufläche gering und die Region dünn besiedelt ist, ergeben sich im Gegensatz zum Dauerfeldbau kaum gravierende ökologische Schäden.

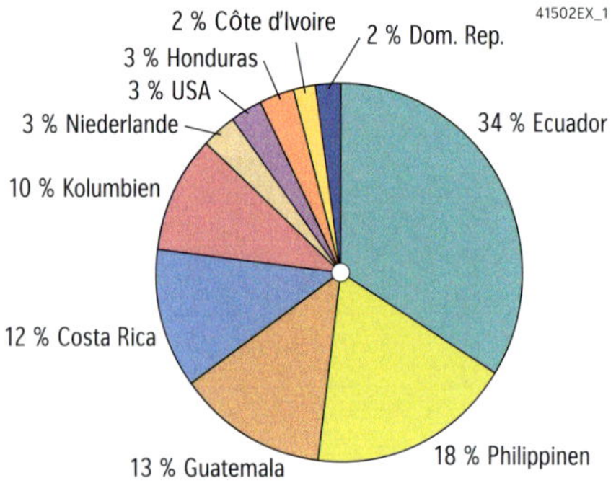

M1 Anteile der zehn größten Bananenexportländer (2020)

M3 Plantage in Costa Rica – Schädlingsbekämpfung aus der Luft

Tropische Früchte aus den Plantagen Mittel- und Südamerikas für den Weltmarkt

Durchschnittlich verzehrt jeder Deutsche im Jahr 13 Kilogramm Bananen und trinkt 162 Liter Kaffee. Wie beeinflusst unser Konsum von Erzeugnissen aus tropischen Baum-, Strauch- und Staudenkulturen die Wirtschaft, die Umwelt und das soziale Leben in den Anbauländern?

Ein Plantagenarbeiter berichtet: „Ich bin froh, hier Arbeit zu haben. Mein Lohn liegt über dem Mindestlohn in Costa Rica. Dafür arbeite ich im Akkord bei 35 °C und 80 % Luftfeuchtigkeit 13 Stunden am Tag. Die Firma stellt mir kostenlos ein Haus. Zudem haben wir einen firmeneigenen Kindergarten und eine Krankenstation. Meine Aufgabe ist es, mit der Machete den 50 kg schweren Fruchtstand von der Staude zu schlagen. Mein Freund Pedro schleppt die Bananen dann zur Seilwinde, die diese zu den Wasch- und Verpackungsanlagen zieht. Dort werden die Fruchtbündel in „Bananenhände" zerlegt, mit Desinfektionsmitteln und Fungiziden behandelt, sortiert und etikettiert. Sind die noch unreifen Bananen in Kartons verpackt, müssen sie binnen 36 Stunden mit Eisenbahn oder Lkw zu den Kühlschiffen im Exporthafen transportiert werden. Erst in den Empfängerländern werden sie in speziellen Reifereien zu süßen, gelben Bananen nachgereift."

Ein Plantagenmanager berichtet: „Eigentümer unserer 300-ha-Plantage ist ein US-amerikanischer Konzern. Wir produzieren hier makellose Bananen für den Weltmarkt. Der Konzernumsatz beträgt ca. 2 Mrd. US-Dollar pro Jahr, wobei natürlich Missernten oder Preisschwankungen schwer kalkulierbar sind. Um möglichst hohe Erträge zu erzielen, arbeiten wir sehr rationell unter Einsatz moderner Agrartechnologie, hochwertiger Pflanzen, Düngung und Pflanzenschutz. Früher gehörten unserem Konzern noch das Plantagen- und Siedlungsland, die Eisenbahnlinien sowie eine Kühlschiffflotte. Heute pachten wir das Bananenland vom Staat. Unsere Straßen und Transportmittel haben wir an Costa Rica übergeben. Wir konzentrieren uns nur noch auf die optimale Verarbeitung und Vermarktung der Bananen. Darüber hinaus tun wir viel für die Umwelt: Plastik wird gesammelt und aufbereitet, Wasser geklärt, brachliegende Flächen werden wieder aufgeforstet".

Ein Staatsbeamter berichtet: „In Costa Rica werden auf 42 000 ha Plantagenland – etwa einem Viertel der landwirtschaftlichen Nutzfläche – Bananen kultiviert. Heute dominieren unseren Bananenhandel immer noch drei multinationale Konzerne. Die Produktion erfolgt hingegen meist durch nationale Partnerunternehmen. Von den Erlösen der Bananenwirtschaft bleibt aufgrund der marktbeherrschenden Stellung der Konzerne jedoch nur ein geringer Teil im Land. Zudem machen sich Ernteausfälle oder Preisschwankungen in unserem Staatshaushalt sofort bemerkbar, denn Bananen sind mit 7 % der Deviseneinnahmen unser drittwichtigstes Exportgut. Da sich in den Bananenmonokulturen Schädlinge und Pilzkrankheiten rasch ausbreiten, müssen die Pflanzen bis zu 30 Mal im Jahr gespritzt werden. Gesundheitsschäden bei den Beschäftigten sind da nicht auszuschließen. Zudem reichern sich die Pflanzenschutzmittel im Boden, in Flüssen und im Grundwasser an und gefährden so auch die Bewohner der Umgebung."

M2 Bananenanbau in Mittel- und Südamerika aus verschiedenen Perspektiven

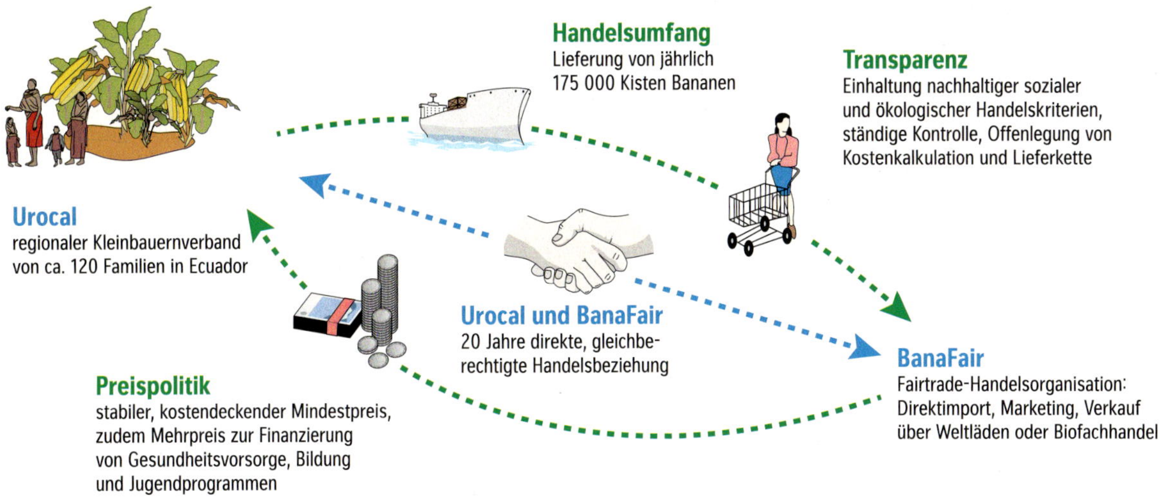

M4 Zusammenarbeit der Fairtrade-Organisation Banafair mit der UROCAL (Unión Regional des Organizaciones Campesinas del Litoral)

Um den kleinbäuerlichen Erzeugern tropischer Produkte ein höheres und dauerhaftes Einkommen zu ermöglichen, setzen sich in Europa und den USA Organisationen für einen gerechten Handel und faire Sozial- und Umweltstandards ein. Sie bemühen sich um Zertifizierung und Verbesserung der Produkte sowie um einen effektiven Marktzugang. Die meist in Genossenschaften organisierten Kleinbauern verpflichten sich ihrerseits dazu, vorgegebene Standards einzuhalten. Im Gegenzug werden stabile Abnehmerpreise, Fairtrade-Prämien und solche für eine nachhaltige Bioproduktion garantiert. So können Fairtrade-Handelsbeziehungen für die Bauern zu höheren Exporterlösen beitragen und neue Arbeitsplätze schaffen. Sie können sich zum Wirtschaftsmotor einzelner Anbauregionen entwickeln.

M5 Fairtrade – Handel zu fairen Preisen

1 Stellen Sie den Weg der Banane aus einer Plantage in Costa Rica zum Verbraucher in Europa grafisch dar.

2 Entwickeln Sie eine Mindmap, welche bedeutende Aspekte der Plantagenwirtschaft strukturiert aufzeigt (M2).

3 Die Organisation BanaFair wirbt mit dem Slogan „Biobananen aus Fairem Handel" für die Umsetzung von Standards im Handel mit tropischen Früchten. Arbeiten Sie aus M4 die ökonomischen, sozialen und ökologischen Kriterien des Fairtrade-Labels heraus und legen Sie diese in Form einer Tabelle an.

GeoPlus

Das Gymnasium bei St. Anna in Augsburg trägt den Titel einer Fairtrade-Schule. Recherchieren Sie im Internet, welche Anforderungen für eine Schule mit diesem Titel verbunden sind.

GeoKompakt

Erzeugnisse aus tropischen Baum-, Strauch- und Staudenkulturen sind wichtige Exportprodukte lateinamerikanischer Länder, die größtenteils in Monokultur in kapital- und arbeitsintensiven Großbetrieben, sogenannten Plantagen, angebaut werden. Jedoch profitieren mittlerweile auch viele kleinbäuerliche Genossenschaften durch den Handel mit Fairtrade-Organisationen.

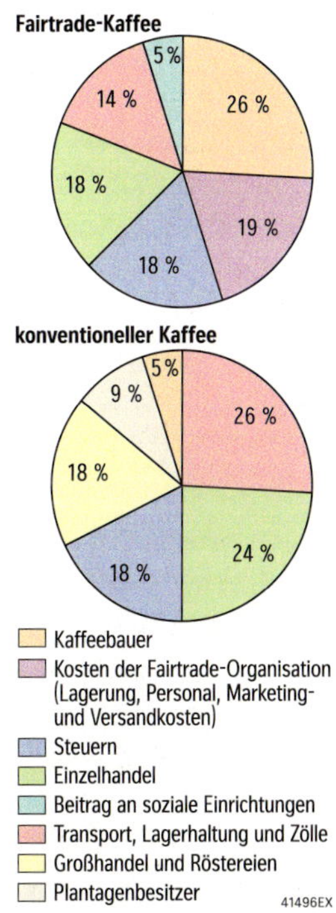

M6 Anteile am Kaffeeverkaufspreis

M1 Bau der Transamazônica

- wasserreichstes Flusssystem der Erde
- Quelle: in den Anden in 5 000 m Höhe
- Gesamtlänge: 6 400 km
- Mündungsbreite: 320 km
- Einzugsgebiet: 6,5 Mio. km^2
- 1100 Nebenflüsse
- Gefälle im Mittellauf: 0,5 cm/km

M5 Der Amazonas

1 Erläutern Sie die Motive der brasilianischen Regierung für die Erschließung Amazoniens (M7, M9, → S. 138 M2, M3)

2 Berichten Sie in einem Kurzvortrag über die Schwierigkeiten beim Bau der Transamazônica (M1, M7).

3 Begründen Sie, weshalb eine kleinbäuerliche Kolonisation im tropischen Regenwald zum Scheitern verurteilt ist.

Amazonien – ein Naturraum wird erschlossen

Noch Mitte der 1960er-Jahre war das Amazonasbecken (Amazonien) nahezu unberührt und menschenleer. Es schien geeignet zu sein, Millionen Menschen neuen Lebensraum zu bieten und die wirtschaftliche Entwicklung Brasiliens zu fördern. Haben sich die Erwartungen erfüllt? Liegt Brasiliens Zukunft tatsächlich im tropischen Regenwald?

Das Tiefland des Amazonas (M5) ist mit rund 5,2 Mio. km^2 das größte zusammenhängende Regenwaldgebiet der Erde und umfasst über ein Fünftel der Fläche Südamerikas. Früh weckte der Reichtum Amazoniens an natürlichen Ressourcen große Begehrlichkeiten. Die Pflanzenvielfalt des tropischen Regenwaldes mit ihrer hohen Biomasseproduktion ließ auf eine hohe Bodenfruchtbarkeit und damit bei einer landwirtschaftlichen Nutzung auf reiche Ernten für Millionen Menschen schließen. Ende der 1960er-Jahre begann mit dem Bau der Transamazônica die staatlich geplante Erschließung Amazoniens als Siedlungs- und Wirtschaftsraum (M8), um Brasiliens Aufstieg zu einer globalen Wirtschaftsmacht verkehrstechnisch zu unterstützen.

M2 Amazonien – Land der Hoffnung?

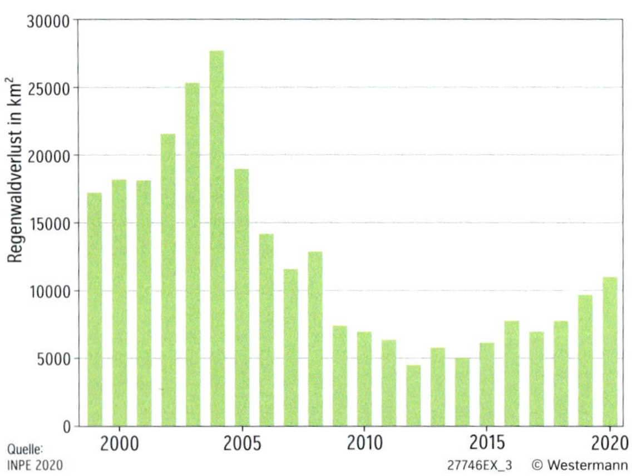

M3 Abholzung des tropischen Regenwalds in Brasilien

Der brasilianische Präsident Bolsonaro sagte 2021, der Regenwald dürfe der wirtschaftlichen Entwicklung nicht im Wege stehen und die indigene Bevölkerung sei ein Hindernis für den Fortschritt. Wegen dieser Aussagen vertrauten illegale Holzfäller (Foto) und Brandroder darauf, dass sie nicht bestraft werden.

M4 Interessenskonflikte

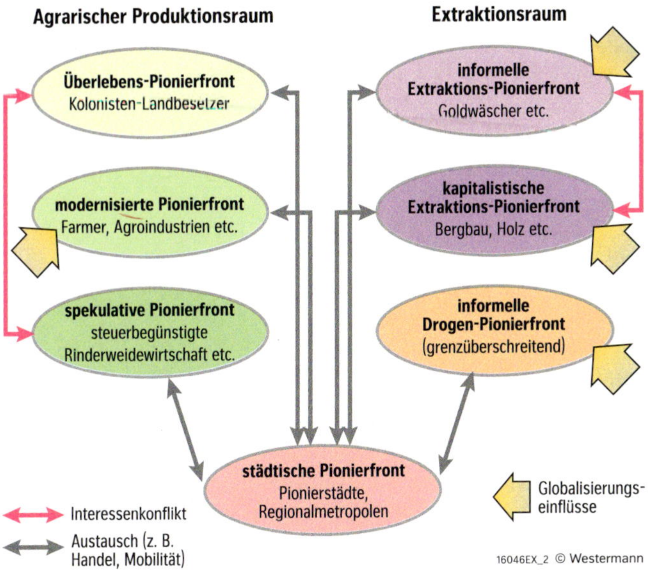

M6 Pionierfronten in Amazonien

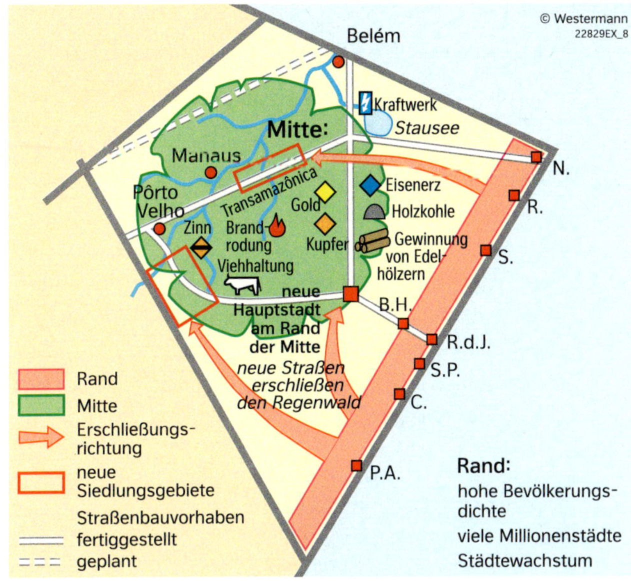

M9 Erschließungskonzept für Amazonien

Mit der Erschließung Amazoniens hoffte die brasilianische Regierung, dem Bevölkerungsdruck in den Armutsregionen und Küstenstädten entgegenzuwirken. Eine Landreform, die man gegen den erbitterten Widerstand der Großgrundbesitzer hätte durchsetzen müssen, vermied man. Voraussetzung für die Inwertsetzung des riesigen Gebietes war der Bau eines Straßennetzes durch den Regenwald. Die Hauptachse bildet dabei die Transamazônica, von der weitere Fernverkehrsstraßen abzweigen. Entlang dieser wurden Flächen ausgewiesen, die im Zuge einer **Agrarkolonisation** an landlose Tagelöhner und Pächter vergeben wurden. Zu beiden Seiten der Transamazônica wurde ein etwa 100 km breiter Streifen bereitgehalten, wo sich Siedler niederlassen konnten und jeweils eine etwa 100 ha große Parzelle ehemaligen Regenwaldes zur landwirtschaftlichen Nutzung erhielten. Millionen „Menschen ohne Land“ folgten der Aufforderung der Regierung in das „Land ohne Menschen“, doch kaum jemand beriet die unerfahrenen Kolonisten. Der scheinbar fruchtbare Boden erwies sich nach der Rodung und den ersten Ernten als wenig ertragreich, für Dünger fehlte das Geld, denn die versprochene staatliche Unterstützung kam nur spärlich. Rasch verlor auch die Regierung das Interesse an den Kleinbauern, von denen viele aufgaben, zurück in die Großstädte zogen oder einen neuen Anfang in den Neulandgebieten im Westen suchten.

M7 Agrarkolonisation in Amazonien

4 Die Erschließung Amazoniens erfolgt durch das Vorrücken unterschiedlicher Pionierfronten (M6). Charakterisieren Sie jeweils die Folgen für das Ökosystem des Regenwaldes.

5 Erläutern Sie die im Satellitenbild von Rondônia (→ S. 138 M1, M2, M3) erkennbaren Strukturen. Ermitteln Sie mit einem digitalen Globus deren heutigen Entwicklungsstand.

M8 Siedlung an der Transamazônica

GeoKompakt

Die Agrarkolonisation Amazoniens entlang der Transamazônica hatte mehrere Ziele: den Bevölkerungsdruck auf die dicht bevölkerten Großstädte an der Küste zu reduzieren und die Erschließung neuer Flächen zur Steigerung der Agrarproduktion. Heute muss dieser Versuch einer staatlich geplanten Ansiedlung von unerfahrenen Kleinbauern im tropischen Regenwald Amazoniens als gescheitert betrachtet werden.

Amazonien – Ressourcennutzung und die Folgen

Um die Agrarproduktion und die Energieerzeugung zu steigern, die Industrialisierung und das Wirtschaftswachstum anzukurbeln und um die Staatskassen mit Exporteinnahmen zu füllen, startete die brasilianische Regierung mithilfe ausländischer Investoren zahlreiche Projekte zur Inwertsetzung der Amazonasregion. Waren diese Maßnahmen erfolgreich? Welche Folgen ergeben sich für die Regenwälder?

M1 Abtransport von Edelhölzern

Tropenhölzer wie Mahagoni oder Palisander sind weltweit begehrte Rohstoffe und finden Verwendung etwa in der Möbelindustrie oder im Bootsbau. Im tropischen Regenwald findet man auf einem Hektar jedoch nur einige wenige Edelholzbäume. Um diese zu fällen und abzutransportieren, müssen oft Hunderte kleinere Bäume weichen, deren Holz dann meist in der Papierindustrie verwendet wird.
Die Nutzungsrechte für den Holzeinschlag besitzen häufig internationale Konzerne, die die unverarbeiteten Stämme exportieren. Umweltgruppen beklagen diesen Raubbau, denn für die zum Transport benötigten Straßen und Lagerplätze werden zusätzlich wertvolle Waldflächen zerstört. Neben dem behördlich genehmigten, legalen Holzeinschlag stellt die illegale Abholzung mittlerweile eine große Gefahr für den Regenwald dar. Vor allem private Holzfäller dringen immer weiter selbst in staatliche, geschützte Waldgebiete vor und zerstören das sensible Ökosystem.

M2 Holzfäller auf dem Vormarsch

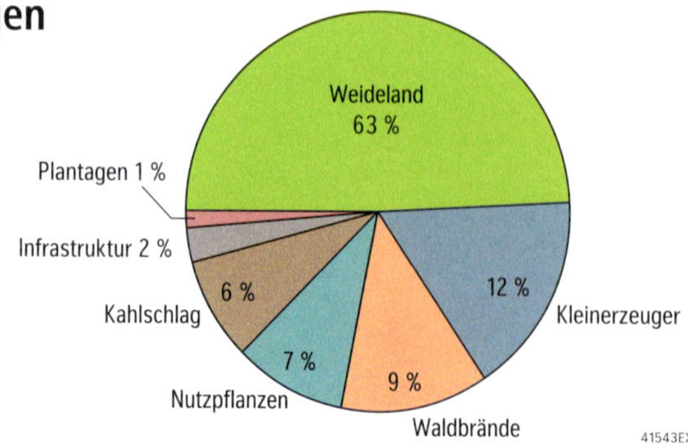

M3 Ursachen für die Waldrodung

Seine geologischen Verhältnisse bescheren Amazonien einen großen Reichtum an Bodenschätzen. Den Untergrund bildet der präkambrische Brasilianische Schild mit ergiebigen Lagerstätten von Eisen- und Kupfererzen, aber auch Gold und Diamanten. Die reichsten Eisenerzlager der Welt im Hügelland von Carajás könnten jahrzehntelang den gesamten Weltbedarf decken. Um dieses im Tagebau geförderte Eisenerz vor allem nach Europa und Japan zu exportieren, wurden eine 900 km lange Eisenbahnstrecke zur Küste und ein neuer Seehafen errichtet.
Das Großprojekt mitten im tropischen Regenwald bringt viele Probleme mit sich: Der Tagebau, die Verkehrswege, die Siedlungen für Arbeitskräfte und die Verhüttung des Eisenerzes vor Ort mit Holzkohle bedeuten enorme Flächenverluste für den Regenwald. Der für die Energieerzeugung errichtete Tucurui-Stausee überflutet eine Fläche so groß wie das Saarland. Hierfür wurden über 20 000 Menschen, vor allem indigene Ureinwohner, oft gegen ihren Willen und mit Gewalt umgesiedelt.

M4 Erze aus Amazonien für den Weltmarkt

M5 Eisenerztagebau Carajás

M6 Auf dem Balbina-Stausee

Brasilien erzeugt heute fast 90 % seiner elektrischen Energie in Wasserkraftwerken. Deren Bau erfolgte bisher vor allem im Süden des Landes, am Rio Paraná und seinen Nebenflüssen. Das staatliche Energieprogramm richtete das Interesse ebenso auf den wasserreichsten Raum Brasiliens, das Amazonasbecken. Da jedoch das Relief eben, das Gefälle und die Fließgeschwindigkeit gering sind, benötigen hier Wasserkraftwerke lange Staudämme und riesige Stauseen.
Anfang der 1990er-Jahre wurde das Balbina-Kraftwerk am Rio Uatumá fertiggestellt, das die Millionenstadt Manaus mit elektrischer Energie versorgt. Umweltschützer bezeichnen den 2400 km^2 große Balbina-Stausee als ökologische Katastrophe. Teilweise ist der See nur vier Meter tief und der Wasseraustausch erfolgt mit bis zu 14 Monaten extrem langsam. Aus Kostengründen wurde auf eine Rodung der Stauseefläche verzichtet. Die Waldvegetation stirbt ab und beginnt zu faulen. Es bildet sich Methan, das den Treibhauseffekt verstärkt. Der Lebensraum und die Jagdgebiete mehrerer indigener Völker wurden zerstört, die Familien in entfernte Regenwaldgebiete umgesiedelt.

M7 Wasserkraftwerke statt Regenwald

GeoKompakt

Die fortschreitende Erschließung Amazoniens gefährdet sowohl den Bestand und die Artenvielfalt des Regenwaldes als auch den Lebensraum indigener Völker. Die Ursachen liegen im Flächenbedarf für die Ausbeutung natürlicher und mineralischer Ressourcen, die Energiegewinnung und die Agroindustrie durch lokale und global agierende Unternehmen.

Der Regenwald Amazoniens ist nach wie vor durch legale und illegale Rodungen stark gefährdet. Vor allem für die Anlage von Plantagen für den Anbau von Soja, Reis und Mais und Viehfarmen werden alljährlich Tausende Quadratkilometer Regenwald unwiderruflich zerstört. Die Schaffung von riesigen Weideflächen zur extensiven Rinderhaltung verläuft nach einem einfachen Muster: Nach der Brandrodung werden vom Flugzeug aus schnell wachsende Gräser auf die Rodungsflächen gesät, die aber im Schnitt nur einem Rind pro Hektar ausreichend Futter bieten. Da Dornbüsche, Gestrüpp und giftige Pflanzen nach wenigen Jahren die Futtergräser verdrängen, müssen immer wieder neue Flächen erschlossen werden.
Brasilien ist heute schon der größte Sojaproduzent weltweit. Die stetig steigende Nachfrage nach Viehfutter hat zu einer zusätzlichen Rodung der Regenwälder besonders im südlichen Amazonien geführt. Auf mehrere Quadratkilometer großen Flächen wird Soja in Monokultur angebaut.

M8 Agroindustrie statt Regenwald

M9 Viehweide im Regenwald Amazoniens

1 Legen Sie die natürlichen Voraussetzungen, die räumlichen Auswirkungen sowie die sozialen, wirtschaftlichen und ökologischen Folgen der Erschließung Amazoniens dar (M1 – M9).

2 Vertreten Sie in einer Partnerdiskussion zum Thema „Inwertsetzung des tropischen Regenwaldes" die Position eines Vertreters des brasilianischen Wirtschafts- bzw. Umweltministeriums.

3 Erörtern Sie, inwiefern die Erschließung der Regenwälder Amazoniens als eine Inwertsetzung bezeichnet werden kann (S. 138 M1 – M3).

M1 Karikatur

Die Regenwälder Amazoniens – bedroht und geschützt

Wegen ihrer großen Bedeutung für den globalen Wasser-, Sauerstoff- und Wärmehaushalt wurden auf der Weltklimakonferenz 1992 in Rio de Janeiro Maßnahmen zum Schutz der Tropenwälder verabschiedet. Welche Maßnahmen wurden seither umgesetzt? Warum werden seit Sommer 2019 in der Amazonasregion wieder sehr viele Waldflächen gerodet oder gehen in Flammen auf?

1 Erstellen Sie Plakate zur Thematik „Regionale Klimaveränderungen“ bzw. „Der Verlust der Artenvielfalt“ (M3, M4).

2 Schreiben Sie einen Artikel für die Schülerzeitung mit dem Thema „Klimawandel und Regenwald – wie hängt das zusammen?“ (M2)

3 Interpretieren Sie die Karikatur (M1) und diskutieren Sie Ihre Meinungen zum dargestellten Spannungsfeld zwischen Ökologie und Ökonomie.

4 Viele Umweltorganisationen rufen mit Slogans wie „Jeder kann dazu beitragen, den Regenwald zu erhalten – und das beginnt mit dir!“ auf, die Regenwälder der Erde zu bewahren. Stellen Sie in der Klasse jeweils ein Projekt zum Schutz des Regenwaldes vor. Diskutieren Sie Chancen und Grenzen dieser Projekte sowie der Alltagstipps (M6) von Umweltschutzorganisation.

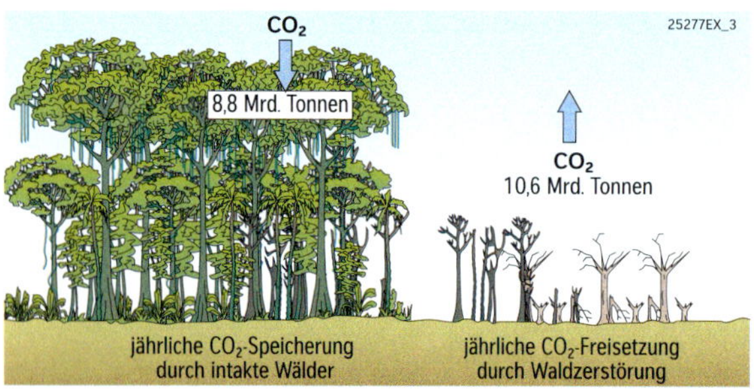

M2 Regenwälder als CO_2-Speicher

Der tropische Regenwald, der größte Speicher für CO_2 auf den Kontinenten (M2), speichert rund drei Viertel der Niederschläge. Der Rest verdunstet, kondensiert erneut und fällt wiederum als Regen. Wenn das schützende Blätterdach fehlt, trocknet der Boden aus, Regenwasser kann nicht mehr versickern, fließt oberflächlich ab und erhöht die Bodenerosion. Außerdem verdunstet dann das Wasser schneller auf den nun entwaldeten und aufgeheizten Flächen. Die Verdunstungsrate selbst wird mittelfristig geringer, die Niederschlagsmengen nehmen ab. In Teilen Amazoniens sind bereits Anstiege der Jahresdurchschnittstemperatur um 2 bis 3 °C feststellbar. Wassermangel und Dürreperioden sind die Folgen.

M3 Regionale Klimaveränderungen in Folge der Rodung des Regenwaldes

Regenwälder zählen zu den artenreichsten Biotopen, in denen bis zu 75 % aller Pflanzen- und Tierarten der Erde beheimatet sind. Mit der Rodung des Waldes ist eine unwiderrufliche Vernichtung der Vielfalt von Flora und Fauna verbunden, mit einem Artenschwund um die Hälfte muss gerechnet werden. Die Regenerationsfähigkeit des Ökosystems ist offenbar weit weniger ausgeprägt als es den Anschein hat. Untersuchungen haben gezeigt, dass fünfzig Jahre nach einer Brandrodung erst weniger als die Hälfte der ursprünglichen Baumarten nachgewachsen war.
Aus den Regenwäldern stammen viele Nutzpflanzen, z. B. Kakao. Der Regenwald stellt zudem eine natürliche Genbank dar, auch für eine Vielzahl medizinisch wertvoller Heilpflanzen, die für die Arzneimittelherstellung Verwendung finden.

M4 Verlust der Artenvielfalt

Ausgelöst durch den Widerstand regionaler Umweltgruppen und das Engagement internationaler **NGOs**, wie etwa dem WWF oder Greenpeace, ergriff die brasilianische Regierung auch mit Unterstützung der Weltbank ab 1992 Maßnahmen zur Eindämmung der illegalen Brandrodungen.
Beim Umweltschutz spielen die Regenwaldvölker und ihre schonende Wirtschaftsweise eine ganz entscheidende Rolle. In Brasilien liegen deren Stammesgebiete (*terras indígenas*) hauptsächlich in den noch verbliebenen Regenwaldgebieten. Heute ist es wichtig, *terras indígenas* sowie Naturschutzgebiete auszuweisen. Damit sollen ungefähr 15 % der Waldfläche durch ein umfangreiches Netzwerk aus Schutzgebieten und Korridoren, die als Grünbrücken fungieren, gesichert werden (M6).
Eine nachhaltige Forstwirtschaft soll verhindern, dass mehr Bäume gefällt werden, als im gleichen Zeitraum nachwachsen können. Gerodete Wälder müssen zudem wieder aufgeforstet werden. Werden diese Standards eingehalten, kann das geschlagene Holz mit einem weltweit anerkannten Umweltzertifikat ausgezeichnet werden. Ebenfalls darf Holz aus einer Holzplantage zertifiziert werden, wenn hierfür kein Regenwald neu gerodet wird. Eine weitere Möglichkeit zur Sicherung eines Grundeinkommens für die Bevölkerung und zum Schutz der Wälder durch angepasste Wirtschaftsweisen ist die Ausweisung von Sammlerreservaten zur Gewinnung z. B. von Kautschuk, Paranüssen oder Baumölen. Auch die **Agroforstwirtschaft**, bei der Mischkulturen von Nutzbäumen und -sträuchern sowie traditionellen Feldfrüchten den geschlossenen Mineralstoffkreislauf des Regenwaldes nachahmen, bietet diese Chance.
Der Erlass von Regeln zur Kontrolle und Bekämpfung von Waldbränden sowie die staatliche Reglementierung der wirtschaftlichen Aktivitäten und empfindliche Strafen zeigte Wirkung: In Amazonien sank zwischen 2004 und 2014 die jährliche Entwaldungsrate von 28 000 km^2 auf 5 000 km^2.

M5 Schutz der Regenwälder

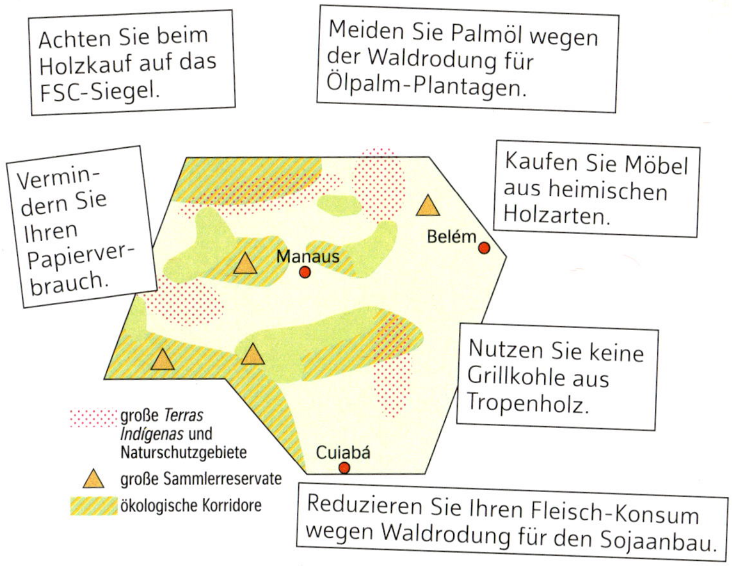

M6 Projekte und Alltagstipps zum Schutz der Regenwälder

Die brasilianische Regierung hat 2021 den weltweit größten tropischen Regenwald Amazoniens zum Abholzen bzw. zur Ausbeutung durch die Bergbau-, Holz- und Agrarindustrie freigegeben (→ S. 118 M4) und verbittet sich die Einmischung von außen. So sollen die Besetzung und der Verkauf von Land in den Schutzgebieten erlaubt werden. Davon sind auch die *terras indígenas*, die gesetzlich geschützten Gebiete der indigenen Bevölkerung, die nach Aussage Bolsonaros der Entwicklung im Wege stünden, stark betroffen. Und die Eindringlinge wissen, sie können die Gesetze brechen, ohne dafür belangt zu werden. Zusätzlich hat Bolsonaro die Umweltschutzorganisationen entmachtet, ihnen die Budgets gekürzt und auch die Ureinwohnerbehörde FUNAI in ihrer Gestaltungsmacht eingeschränkt.
Der Staatschef macht immer wieder seine Position klar: Für ihn ist die Amazonasregion vor allem ungenutztes wirtschaftliches Potenzial. Fast 11 000 km^2 Wald – eine Fläche etwas größer als die Regierungsbezirke Niederbayern oder Schwaben – sind 2019 in Brasilien gerodet worden. Damit hat die Rodungsrate seit Bolsonaros Amtsübernahme am 1. Januar 2019 um 30 Prozent zugenommen.

M7 Maßnahmen der brasilianischen Regierung 2021

GeoKompakt

Der Schutz tropischer Regenwälder steht im Spannungsfeld zwischen ökonomischen und ökologischen Interessen. Deren Abholzung kann jedoch zu Veränderungen des regionalen und des globalen Klimas sowie zum unwiderruflichen Verlust der Artenvielfalt von Flora und Fauna führen. Der Schutz der Regenwälder sollte daher im Interesse nicht nur der Weltgemeinschaft, sondern auch jedes Einzelnen liegen.

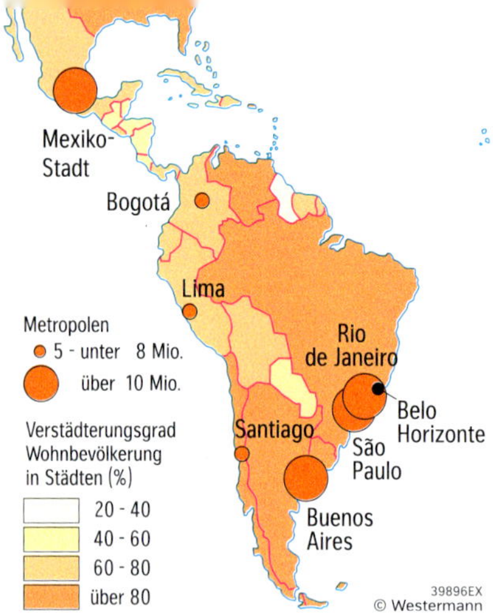

M1 Verstädterungsgrad und Metropolen in Mittel- und Südamerika

M2 Megastadt São Paulo

São Paulo – von der Kolonialstadt zur Megastadt

INFO

Megastadt ist die größte, statistische Kategorie für städtische Agglomerationen mit mindestens ca. 10 Mio. E. (nach UN), einer Dichte von 2000 E. pro km² und einer monozentrischen Struktur. Häufig sind Megacitys Knotenpunkte nationaler Verkehrs-, Finanz- und Informationsströme.

Lateinamerika erlebt seit Beginn des 20. Jahrhunderts eine Phase extremer Verstädterung. Heute wohnen etwa rund 76 % seiner Bevölkerung in Städten. Was sind die Gründe hierfür und wie haben sich die Städte entwickelt?

São Paulo wuchs im 20. Jahrhundert zur bevölkerungsreichsten Stadt Brasiliens heran. Mit heute über 22 Mio. Menschen ist sie eine der drei Megastädte Brasiliens, gleichzeitig die größte Stadt der Südhalbkugel und reiht sich unter die zehn größten Städte der Welt ein. Zum Vergleich: 2020 hatte ganz Bayern etwa 13 Mio. Einwohner.
Megastädte haben eine ungebrochene Anziehungskraft auf die Bevölkerung aus ärmeren ländlichen Gebieten. Die Menschen verlassen ihre Heimat in der Hoffnung auf Wohlstand, bessere Lebensbedingungen und eine gesicherte Versorgung in der Stadt. Die sich daraus ergebende Landflucht ist Ergebnis verschiedenartiger **Push- und Pull-Faktoren** (→ S. 71 M9). Der Prozess des explosionsartigen Städtewachstums durch die hohen natürlichen Geburtenraten und die ungebremste Zuwanderung sowie die zunehmende Konzentration politischer, wirtschaftlicher und kultureller Einrichtungen auf die Hauptstadt oder wenige Zentren eines Landes wird als **Metropolisierung** bezeichnet.

M3 Megastädte und Metropolisierung

M4 Hoffnung auf ein besseres Leben

M5 Paraisópolis mit ca. 60 000 Einw. größte Favela São Paulos inmitten von Morumbi, einem der reichsten Stadtteile der Megacity

A In der Stadt liegen Hüttensiedlungen und Barrios Cerrados (span.)/Condomínios Fechados (port.), d.h. abgeschottete, zugangsbeschränkte und sozial homogene Inseln von Hochhäusern mit Luxusapartments direkt nebeneinander. Da zudem Marginalsiedlungen legalisiert, saniert und ebenfalls mit Zäunen umgeben werden, kennzeichnen fragmentierte Strukturen diese Stadt.

B Das Stadtzentrum dieser mit Schachbrettgrundriss geplanten Städte bildet eine von öffentlichen Gebäuden sowie Häusern der Kolonialherren umgebene repräsentative Plaza.

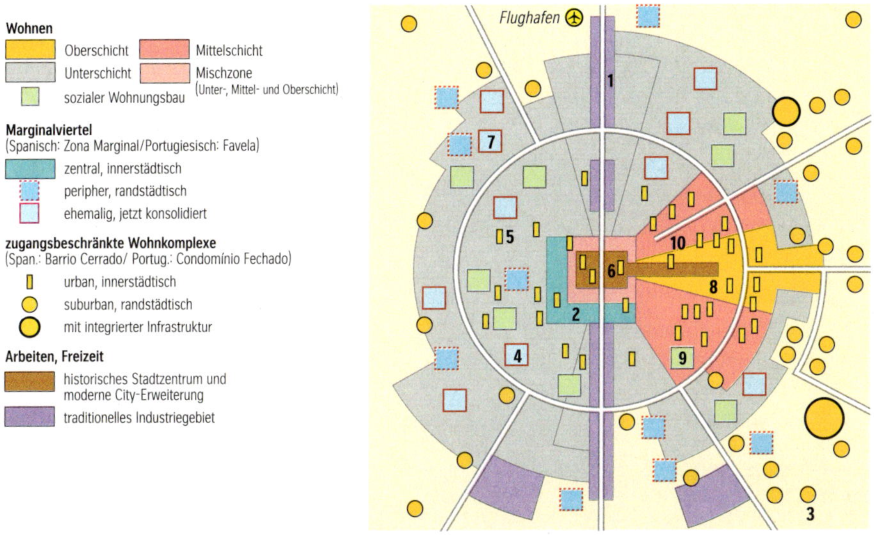

C Im kolonialen Zentrum begann der Prozess der modernen Citybildung. Entlang der Eisenbahntrasse entstanden Sektoren mit Industrie, entlang der Ausfallstraßen Sektoren der Unter-, Mittel- und Oberschicht. In die verlassenen Wohnbereiche des Zentrums zogen Zuwanderer in Massenquartiere ein. Zudem entstanden in der Peripherie illegale oder semilegale Hüttensiedlungen, aber auch Viertel des sozialen Wohnungsbaus. Ein Gegensatz von reicher und armer Stadt bildete sich heraus.

M6 Entwicklung und Modell der lateinamerikanischen Großstadt

GeoKompakt

In Lateinamerika leben über drei Viertel der Menschen in Städten. Die Metropolisierung und damit die Entstehung von Megastädten werden durch Industrialisierung, Bevölkerungswachstum, Landflucht und Zuwanderung angetrieben. Im Zuge dieses Prozesses haben sich die Strukturen der Städte Lateinamerikas permanent gewandelt.

1. Belegen Sie, warum Lateinamerika der „verstädterte Kontinent“ genannt wird (M1).

2. Zeigen Sie anhand von São Paulo die Unterschiede zwischen Megastadt und Metropole sowie Verstädterung und Metropolisierung auf.

3. Ermitteln Sie die N-S- und W-O-Ausdehnung von São Paulo (→ S. 139 Karte 1). Vergleichen Sie mit Distanzen in Bayern (Atlas).

4. Ergänzen Sie die Unterhaltung im Bus (M4) mit weiteren Aussagen anhand geeigneter Pull- und Push-Faktoren (→ S. 71, M9).

5. Ordnen Sie die Texte A, B und C (M6) sowie die Zahlen 1 bis 10 im Stadtmodell (M6) einzelnen Phasen der Entwicklung lateinamerikanischer Städte zu (→ S. 139 M1).

São Paulo – Stadt mit Gegensätzen

auf São Paulo entfallen...
- 20 % des BIP
- 21 % der Fahrzeuge
- 55 % der Industrieproduktion
- 60 % des Energieverbrauchs

Brasiliens, aber auch...
- 25 % aller Einw. in 2 000 Armutsvierteln
- tägl. 11 Morde, 986 Raubüberfälle, 692 Autodiebstähle.
- 4 000 gepanzerte Fahrzeuge
- größte Hubschrauberdichte weltweit.

M1 Gegensätze 2019

INFO

Marginalviertel (port. Favela, span. Zona Marginal) sind heruntergekommene innerstädtische Wohnviertel bzw. randstädtische Hüttensiedlungen. „Marginal" bezeichnet aber nicht nur die randliche Lage, sondern auch die soziale Randposition der Bewohner.

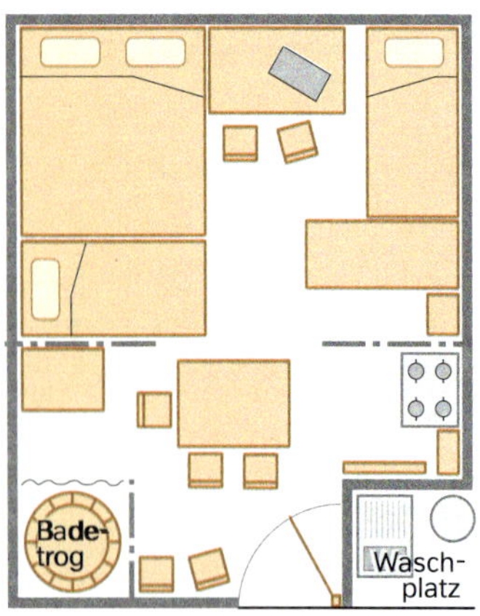

M2 Grundriss einer Einraumhütte

Die Stadtstruktur São Paulos wird oft mit folgendem Bild beschrieben – Inseln des Reichtums umgeben von einem Häusermeer der Armut. Finden Sie heraus, welche gesellschaftlichen Entwicklungen diesem räumlichen Muster zu Grunde liegen.

„Als meine Eltern aus ihrem Dorf in Nordostbrasilien nach São Paulo kamen, war ihr Traum vom besseren Leben schnell vergessen. Wie viele andere mussten sie in der ersten Zeit die Nächte meist geduldet, aber oftmals verjagt in Passagen oder auf Gehsteigen in der Innenstadt verbringen. Ihre Abfälle landeten im Rinnstein, frisches Wasser gab es nur aus Springbrunnen oder Hydranten. Um ihr Überleben zu sichern, waren sie gezwungen, eine Tätigkeit im informellen Sektor als Schuhputzer und Blumenverkäuferin anzunehmen. Als mein Vater eine feste Anstellung als Taxifahrer bekam, mieteten sie ein Zimmer in einem heruntergekommenen, überbelegten Kolonialhaus in der Altstadt. Hier mussten 21 Familien mit fünf intakten Waschbecken und drei Toiletten auskommen. Als meine große Schwester zur Welt kam, beteiligte sich mein Vater an einer illegalen Besetzung eines Stücks brachliegenden Landes am Rande von São Paulo. Hier, in einer Behausung aus Holz, Wellblech und Pappe, wurde ich geboren. Außer einer illegal angezapften Stromleitung hatte unser Haus keinerlei Versorgungseinrichtungen. Wasser musste von weit her geholt werden oder kam mit einem Tanklastwagen. Da es in unserer Hüttensiedlung keine Kanalisation und Müllabfuhr gab, brachte nur der Starkregen Erlösung, weil er den Abfall und die Exkremente wegspülte. Heute arbeiten mein Vater als Schreiner und meine Mutter als Haushaltshilfe. So können wir uns jetzt als semilegale – d. h. rechtmäßige Besitzer ohne Dokument – ein Steinhaus in einer konsolidierten Favela mit Strom, Wasser und Kanalisation leisten. Meine kleine Schwester und ich können zur Schule gehen, meine beiden älteren Geschwister haben einen Job. Einige unserer Freunde schlossen sich leider einer Bande an. Sie handeln mit Drogen und brechen in Wohnungen ein. São Paulo heißt für uns Kampf ums Überleben."

M3 Leandros Geschichte – 16-Jähriger Bewohner der Favela Paraisópolis

M4 Favela Paraisópolis – die Heimat Leandros

M5 Suburbanes Barrio Cerrado

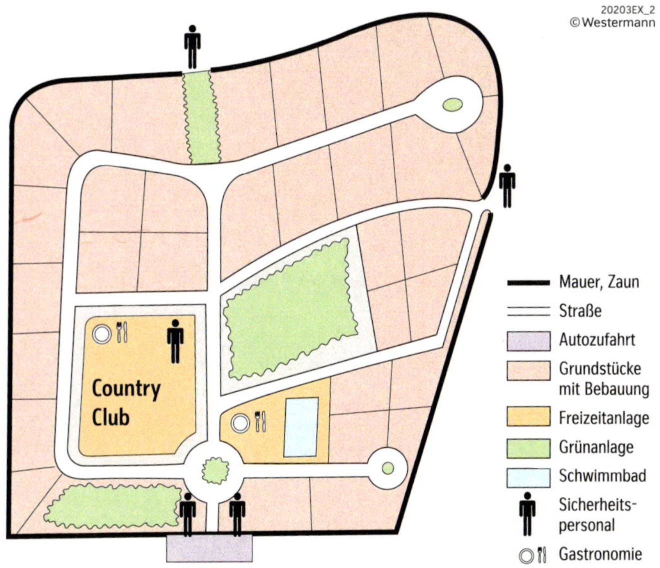

M7 Grundriss eines suburbanen Barrio Cerrado

„Früher wohnten wir in der Residenz „The Houses" im Stadtteil Morumbi. Dort hatten wir alles für ein Luxusleben. In Morumbi leben Arme und Reiche dicht beieinander. Von unserem Balkon im 10. Stock konnte man direkt auf die Holzhütten und vermüllten Lehmwege des Slums Paraisópolis blicken. Doch Angst vor Überfällen hatten wir nicht, da das Viertel von einer hohen Mauer umgeben ist, aber auch durch Videokameras und von bewaffneten Wachmännern kontrolliert wird. Wenn mich unser Fahrer morgens zur Schule fuhr, brauchten wir allein für die 15 km fast zwei Stunden, weil wir ewig im Stau standen. Beim Verlassen des Autos fiel mir wegen der Abgase jedes Mal das Atmen schwer.
Mein Vater arbeitet im Management einer Bank. São Paulo ist nämlich mit seinen Dienstleistungs- und Wirtschaftsunternehmen das wirtschaftliche Zentrum Brasiliens. Viele Freunde von Papa besitzen mittlerweile einen Helikopter, mit dem sie zu Geschäftsterminen oder zum Golfspielen fliegen. So gehen sie dem Verkehr, aber auch der Kriminalität aus dem Weg, denn immer wieder werden reiche Menschen entführt, um Lösegeld zu erpressen. Die größte Gefahr lauert vor allem an Ampeln. Wer eine teure Uhr oder Bargeld bei sich trägt, muss ständig damit rechnen, bei Rot in den Lauf einer Pistole zu schauen. Heute leben wir in einem suburbanen Barrio Cerrado in Alphaville mit bewachten Zufahrtsstraßen, hohen Zäunen und modernen Sicherheitseinrichtungen unter Unseresgleichen. Unsere Luxushäuser mit eigenem Pool liegen im Grünen fernab von innerstädtischen Umweltproblemen. Und der Country Club im Zentrum unserer **Gated Community** bietet viele Sport- und Freizeitanlagen, exklusive Boutiquen, Feinkostläden und exquisite Restaurants."

M6 Fernandas Geschichte – 16-jährige Bewohnerin von Alphaville

GeoKompakt

Lateinamerikanische Städte zeichnen sich durch den Gegensatz zwischen inner- und randstädtischen Elendsvierteln und abgeschotteten exklusiven Wohnanlagen mit hochwertigen Freizeit-, Versorgungs- und Sporteinrichtungen aus. Waren früher die Megastädte Lateinamerikas großflächig in arme und reiche Stadtteile gegliedert, so sind die Gegensätze heute viel differenzierter und kleinräumiger geworden.

1. Vergleichen Sie die Lebenssituationen der Familien Leandros und Fernandas (M3, M6).

2. Erstellen Sie eine tabellarische Mängelliste der verschiedenen Typen von Marginalsiedlungen (Status, Lage, Wohn- und Lebensverhältnisse, Infrastruktur; M3, M6).

3. Verfassen Sie anhand des Raumbeispiels São Paulo Lexikoneinträge für die Begriffe „polarisierte Stadt" und „fragmentierte Stadt" (M1 – M7; →S. 139 M1).

4. Erstellen Sie einen kurzen digitalen Vortrag zum Thema „São Paulo – Megacity mit zwei Gesichtern" (M1).

M1 Favela in Rio de Janeiro

M4 Straßenverkehr in São Paulo

Probleme der Megacitys – nachhaltige Stadtentwicklung als Lösung?

Bevölkerungswachstum, fehlende Finanzmittel und versäumte Stadtplanung stellen lateinamerikanische Megacitys vor große soziale, ökologische und räumliche Herausforderungen. Finden Sie heraus, mit welchen Ansätzen nachhaltiger Stadtentwicklung die Stadtplanung diese zu lösen versucht.

Mit 7400 Einwohnern/km² ist die Einwohnerdichte São Paulos fast doppelt so hoch wie jene Münchens. Als Folge fehlenden Wohnraums entstehen illegale Hüttensiedlungen – teilweise auf erdrutsch- oder überschwemmungsgefährdeten Flächen (M1). Örtliche Stadtplanungsbehörden versuchen, dieses unkontrollierte Städtewachstum in den Griff zu bekommen.
So werden Slumsiedlungen mit dem Ziel, eine höherwertige Bausubstanz zu schaffen, abgerissen und deren Bewohner auf freie Flächen umgesiedelt. Ursprünglich illegal entstandene Favelas werden unter Beteiligung ihrer Bewohner saniert sowie ihre Infrastruktur durch Kanalisation, Wasser- und Stromanschluss und asphaltierte Wege verbessert. „Site-and-Service"-Programme bieten Interessenten Parzellenflächen mit fertiger Infrastruktur zum Kauf bzw. zur Miete an. Der Bau der Häuser erfolgt dann in Eigeninitiative und Nachbarschaftshilfe durch die Bewohner.

M2 Problemfeld informelle Siedlungen

São Paulo ist eine der verkehrsreichsten Städte der Welt. Obwohl die Masse der Bevölkerung die 15 000 Busse des öffentlichen Personennahverkehrs und das inzwischen 80 km lange U-Bahnnetz nutzt, wird das Straßennetz durch sieben Millionen Kraftfahrzeuge hoffnungslos überlastet. Verkehrsstaus bis hin zum völligen Stillstand sind an der Tagesordnung (M4).
Die hohe tägliche Schadstoffbelastung etwa durch Bleiverbindungen, Kohlenmonoxid und Schwefeldioxid führt bei vielen Menschen zu Atemwegserkrankungen oder Entzündungen der Binde- und Schleimhäute. Um den Verkehrsproblemen nachhaltig entgegenzuwirken und den Bewohnern der Marginalsiedlungen am Stadtrand die Nutzung öffentlicher Verkehrsmittel schmackhaft zu machen, entwickeln Stadtverwaltungen Verkehrsleitsysteme (M3), richten Expressbuslinien ein und realisieren entfernungsunabhängige soziale Einheitstarife.

M5 Problemfeld Verkehr

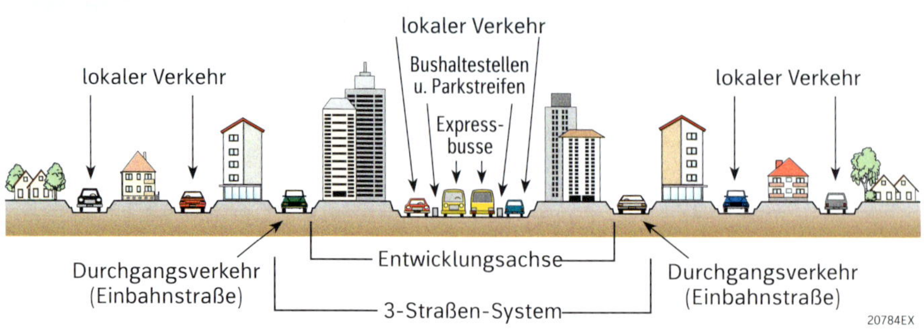

M3 3-Straßensystem in Curitiba, der Hauptstadt des brasilianischen Bundesstaates Paraná

Mit dem enormen Wachstum der Megacitys kann deren Infrastruktur kaum Schritt halten. Eine flächendeckende Versorgung der Bevölkerung mit Schulen oder Krankenhäusern fehlt und viele Stadtviertel sind nicht einmal an das Elektrizitätsnetz angeschlossen. Weitaus kritischer ist das Fehlen einer Kanalisation und des direkten Zugangs zu sauberem Trinkwasser für Millionen Einwohner. Häufig werden Fäkalien in Straßengräben, auf freien Flächen oder in Flüssen entsorgt (M8). Der Ausbreitung von Infektionskrankheiten und Seuchen wird dadurch Tür und Tor geöffnet. Zudem übersteigt das Abfallaufkommen bei Weitem die Entsorgungskapazitäten der öffentlichen Müllentsorgung. Aufgetürmte, stinkende Müllberge sind deshalb besonders in den Slums an der Tagesordnung. Die entsorgten Abfälle werden zudem meist völlig ungesichert auf riesigen Deponien rings um die Stadt abgelagert, wo sie zunehmend den Boden und das Grundwasser belasten.

M6 Problemfeld Infrastruktur

Für die meisten Zuwanderer besteht kaum eine Chance, eine Beschäftigung auf dem geregelten Arbeitsmarkt zu finden. Viele arbeiten deshalb im informellen Sektor ohne Arbeitsvertrag, Arbeitsschutz oder Krankenversicherung. Sie versuchen, sich als ambulante Händler, Parkwächter, Betreiberinnen von Garküchen oder Schneiderinnen eine bescheidene Grundversorgung zu sichern. Oft sind der formelle und informelle Sektor miteinander verknüpft, wenn Handwerker, Händler oder Dienstleister Aufträge an den informellen Sektor vergeben, um durch niedrige Löhne, wegfallende Steuern und Sozialabgaben Kosten einzusparen. Da den Städten durch den informellen Sektor allerdings ein Großteil der möglichen Steuereinnahmen entgeht, werden die Arbeitsvermittlung und das vermehrte Angebot von Aus- und Fortbildungsprogrammen forciert. Zudem werden in den Slums Straßennamen und Hausnummern vergeben, um deren Bewohner offiziell für eine Anstellung im formellen Sektor oder den Bezug von Sozialleistungen registrieren zu können.

M7 Problemfeld informeller Sektor

GeoKompakt

Die hohe Bevölkerungskonzentration in lateinamerikanischen Megastädten verursacht gravierende soziale, ökologische und wirtschaftliche Probleme. Die Stadtplanung ist im Bereich des Wohnungsbaus, der Infrastruktur, des Ausbaus der Verkehrswege sowie des Umweltschutzes wegen des Bevölkerungswachstums stark überlastet. Dennoch versucht man mit Maßnahmen und Projekten, Ansätze einer nachhaltigen Stadtentwicklung zu verfolgen.

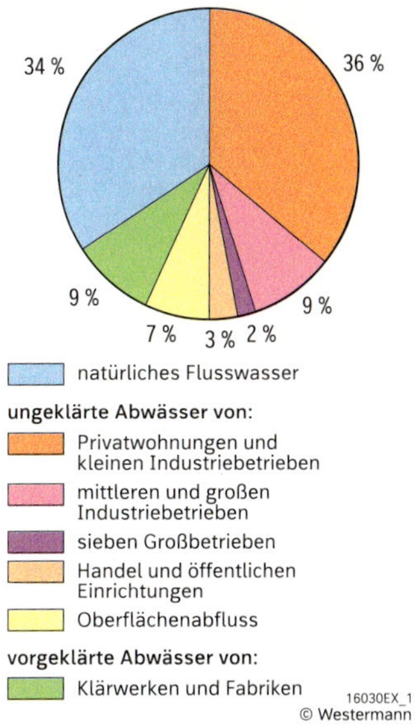

M8 Versuchung des Flusses Rio Tietê in São Paulo

1. Recherchieren Sie, warum Curitiba als eine Modellstadt für nachhaltige Stadtentwicklung gilt (Internet).

2. Gestalten Sie in arbeitsteiliger Gruppenarbeit für jedes Problemfeld ein Poster zu Problemen und deren Lösungsansätzen in lateinamerikanischen Megacitys. Präsentieren Sie dieses und diskutieren Sie die jeweiligen Arbeitsergebnisse.

GeoPlus

„Enorme räumliche und soziale Disparitäten sind Kennzeichen der Metropolen in Ländern mit Entwicklungsdefiziten." Belegen Sie diese Aussage anhand eines selbstgewählten Beispiels aus Afrika oder dem Nahen und Mittleren Osten.

M1 Globaler Tourismus (2018)

❶ Erstellen Sie eine Mindmap, welche die hohe touristische Attraktivität der karibischen Destinationen aufzeigt (M3).

❷ Listen Sie Ihre persönlichen Erwartungen an und Aktivitäten für einen Karibikurlaub auf. Vergleichen und diskutieren Sie, wie sich Ihre Vorstellungen eines perfekten Urlaubs auf die Urlaubsdestinationen auswirken.

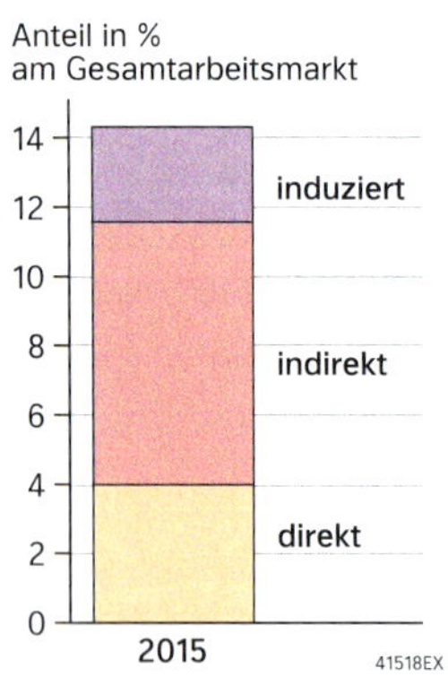

M2 Dominikanische Republik – Anteil touristischer Arbeitsplätze

M3 Karibik – Sehnsuchtsort des internationalen Tourismus

Weiße Strände und Palmen – Segen oder doch Fluch der Karibik?

Viele Länder sehen im internationalen Tourismus eine Chance, ihre wirtschaftliche Entwicklung und Integration in die Weltwirtschaft zu forcieren. Ergründen Sie, inwieweit dies für die Staaten der Karibik zutrifft.

Jährlich besuchen etwa 30 Mio. Touristen per Flugzeug oder Kreuzfahrtschiff die Karibik und bescheren diesem Raum mehr als 18 Mrd. Euro Deviseneinnahmen. Tourismus ist in den meisten Karibikstaaten bedeutendster Wirtschaftssektor (M9), für kleine Inselstaaten sogar die einzige Quelle für Deviseneinnahmen. Den karibischen Staaten selbst kommt allerdings nur ein Drittel der touristischen Ausgaben zugute, denn vom Reisepreis der Pauschaltouristen und Kreuzfahrten verbleibt ein Großteil bei den ausländischen Reisekonzernen (M7). Außerdem müssen enorme Investitionen für den Aufbau und den Erhalt touristischer Infrastruktur, so etwa Flughäfen, Straßenbau und Versorgungseinrichtungen, getätigt werden. Die Devisen fließen wegen des Imports von Konsum- und Investitionsgütern in die Industrieländer zurück, da die Touristen im Urlaub nicht auf den gewohnten Komfort verzichten wollen.
Aber der Tourismus schafft andererseits in Hotels, in der Gastronomie und im Freizeitgewerbe nicht nur direkte Einkommen, sondern auch differenzierte Arbeitsplätze (M2). Dies gilt auch für die indirekt vom Tourismus profitierenden Handwerks- und Zulieferbetriebe sowie Dienstleister. Weitere Erwerbsquellen findet man im informellen Sektor, wo z. B. ambulante Händler ihre Produkte oder Fremdenführer ihre Dienstleistungen anbieten. Da viele touristische Arbeitsplätze aber nur eine geringe Qualifikation erfordern, sind sie allerdings oftmals saisonal befristet, schlecht bezahlt und ohne geregelte Arbeitszeit sowie soziale Absicherung. Durch seine spezifische Struktur eröffnet der Tourismus besonders Frauen die Chance auf gering entlohnte Erwerbstätigkeit, z. B. als Kinderbetreuerin, Zimmermädchen oder Kellnerin. Allerdings treibt der Tourismus oft die Preise für Nahrungsmittel und Dienstleistungen und damit auch die Lebenshaltungskosten für die Einheimischen in die Höhe.

M4 Tourismus – Investitionen und ökonomische Entwicklungsimpulse

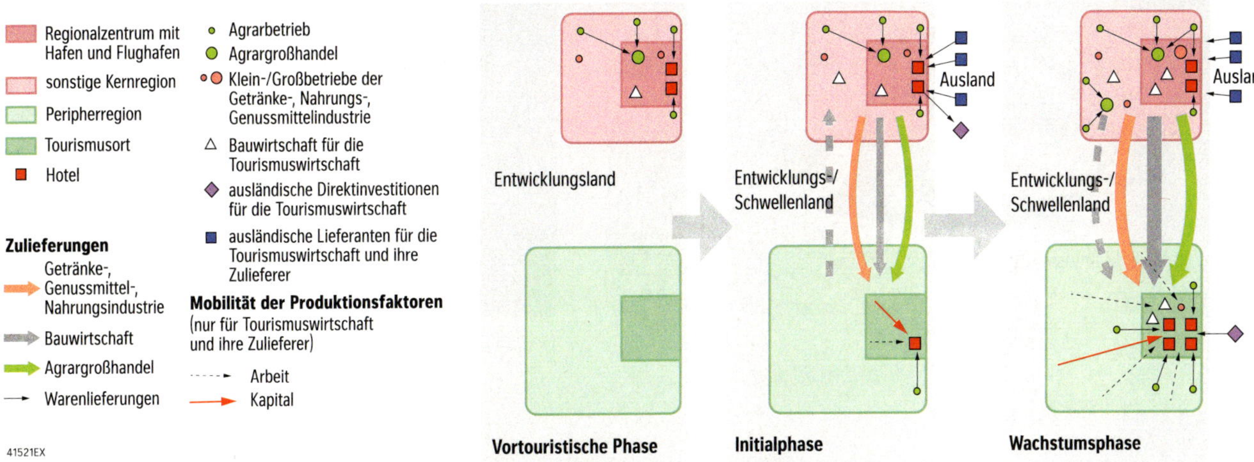

M5 Raumzeitliche Entwicklung der Tourismuswirtschaft in Ländern mit Entwicklungsdefiziten

Viele Fernreiseländer weisen räumliche Disparitäten zwischen entwickelten Zentren und rückständigen Gebieten auf. Wenn der Fremdenverkehr an Küstenregionen oder in entlegenen Gebieten mit Attraktionen touristische Entwicklungspole schafft, eröffnet er die Chance, Disparitäten abzuschwächen, periphere Gebiete infrastrukturell zu erschließen und wirtschaftlich zu beleben (M5). Doch sollte die geschaffene Infrastruktur nicht nur auf die touristischen Destinationen ausgerichtet sein, sondern auch deren Umgebung einbinden. Da im Tourismus Beschäftigte häufig einen beträchtlichen Teil ihres Einkommens an Verwandte im Binnenland transferieren, können touristische Einnahmen auch ein Motor der Entwicklung peripherer Räume sein.

M6 Regionale Entwicklung durch Tourismus

Anteil für die Ausgaben bei einer Pauschalreise an den Gesamtausgaben (=100 %)		davon fließen in das Quellgebiet zurück	davon bleiben im Zielgebiet
Reiseveranstalter und Reisebüro	(20%)	100%	0%
Flug und Flughafengebühren	(40%)	90%	10%
Hotel, Personal, Speisen, Getränke	(24%)	40%	60%
Exkursionen, Einkäufe, Souvenirs	(16%)	30%	70%

M7 Bilanz von Gewinnanteilen

Reisedestination	Ankünfte in Mio.	Anteil der Kreuzfahrttouristen	Anteil am BNE
Aruba	1,81	48 %	60,9 %
Grenada	0,52	69 %	46,9 %
Jamaika	4,32	19 %	19,7 %
Dominikanische Republik	7,55	6 %	8,8 %

M9 Karibikstaaten – Daten zum Tourismus 2018

Elf der hauptsächlich auf Tourismus bauenden Staaten der Welt liegen in der Karibik. Derartig monostrukturell ausgerichtete Wirtschaften haben das Risiko großer Abhängigkeiten und sind krisenanfällig. Naturereignisse wie Hurrikans, Erdbeben oder Vulkanausbrüche machen den karibischen Raum besonders hinsichtlich seines Tourismus vulnerabel. Noch gravierender können sich globale Prozesse wie die Ausbreitung von Infektions- und epidemischen Krankheiten oder die Folgen des Klimawandels auswirken. Zudem steuern der Urlaubsgeschmack der Touristen sowie abschreckende ökologische und soziale Folgen des Massentourismus indirekt die Ströme des globalen Tourismus.

M8 Krisenanfälligkeit des Tourismus

GeoKompakt

Viele Länder nutzen den Ferntourismus zur Steigerung ihrer Wirtschaftskraft durch Deviseneinnahmen, neu geschaffene Einkommensmöglichkeiten und Arbeitsplätze. Die einseitige Ausrichtung auf den Tourismus schafft jedoch große wirtschaftliche Abhängigkeit und ist deswegen sehr krisenanfällig.

3 Erläutern Sie die in M5 dargelegte raumzeitliche Entwicklung des Tourismus.

4 Stellen Sie in einem Schaubild dar, inwieweit der internationale Tourismus Impuls und Chance, aber auch Gefährdung für die Bevölkerung und Wirtschaftsentwicklung der Urlaubsländer sein kann (M1, M4, M5, M9).

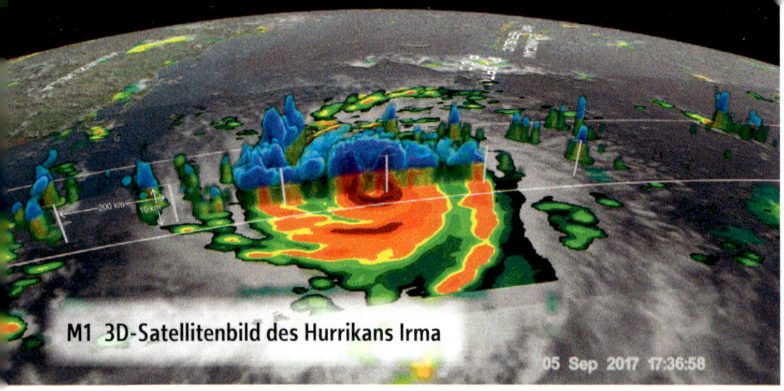

M1 3D-Satellitenbild des Hurrikans Irma

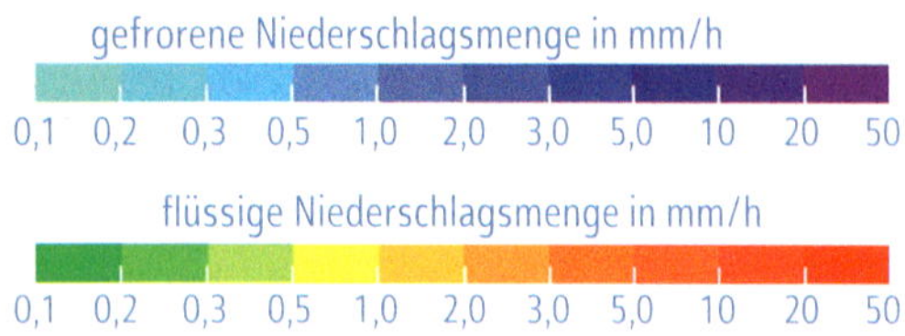

M5 Das Auge des Hurrikans Irma über Barbuda

M2 Schlagzeilen zum Tourismus auf Barbuda

Anfälligkeit	+ Bewältigungskapazitäten	+ Anpassungskapazitäten
hohe Wahrscheinlichkeit von Schäden im Ereignisfall	Mangel an Kapazitäten zur Verringerung negativer Auswirkungen im Ereignisfall	Mangel an Kapazitäten für langfristige Strategien zum Wandel in der Gesellschaft
Ernährungszustand der Bevölkerung, Zugang zu Wasser und Sanitäranlagen, Versorgungsabhängigkeit, Wirtschaftskraft, Einkommen, Armut	Qualität der Regierungsführung, Grad der medizinischen Versorgung, Versicherungsschutz	Alphabetisierungsrate und Bildungsinvestitionen, Gleichstellung der Geschlechter, Schutz der Umwelt, Ausgaben für Gesundheit und Lebenserwartung

M3 Schema **Vulnerabilität** (Verwundbarkeit)

M4 Evakuierung mit dem Flugzeug

Tropische Wirbelstürme – Urlaubsparadiese der Karibik und ihre Anfälligkeit

„Die Karibik nach dem Monstersturm Irma: Aus einem Paradies wurde die Hölle". Schlagzeilen wie diese werfen viele Fragen auf: Wie und wo entstehen derartige Stürme und warum verursachen sie oft katastrophale Schäden?

Warren Lloyd besitzt ein Strandlokal auf der Karibikinsel Barbuda. „Wir sind Hurrikans gewohnt, sie sind Teil unseres Lebens", sagt er. Warren sorgte sich deshalb nicht besonders, als er Anfang September 2017 vor dem heranziehenden Hurrikan Irma (M1) gewarnt wurde. Er tat, was er immer tat: Fenster und Türen seines Hauses und Lokals mit Brettern vernageln, alle Gegenstände außerhalb des Hauses sturmfest machen oder in Sicherheit bringen, Essen und Wasser für mehrere Tage besorgen. Denn Wirbelstürme verursachen Überschwemmungen, die das Trinkwasser verschmutzen. Am 6. September 2017 war Barbuda die erste Insel in der Karibik, auf die Irma traf (M5). Mitten in der Nacht zog der zentrale Teil des Sturms mit Windgeschwindigkeiten von fast 300 km/h direkt über die Insel. Warren und seine Familie suchten im gemauerten Keller ihres Hauses Schutz. Doch zuerst riss der Sturm die Fenster heraus, dann flog das Dach davon. Wie durch ein Wunder blieb die Familie unversehrt, aber Warren hat in jener Nacht Haus und Lokal verloren. Irma hinterließ verheerende Schäden auf Barbuda. Starkwinde, Starkregen und Sturmfluten beschädigten neun von zehn Häusern, ein Fünftel aller Gebäude wurde zerstört. Tausende gestrandete Touristen und obdachlose Einheimische mussten von der kleinen Insel evakuiert werden (M2).

M6 Hurrikan Irma über Barbuda

c) An den Rändern des Auges entstehen gewaltige Wolkenbänder mit hohen Windgeschwindigkeiten, begleitet von heftigen Regenfällen.

b) Tropische Wirbelstürme entstehen über tropischen Meeren nördlich und südlich des Äquators. Dort ist das Wasser besonders warm (über 26°C).

f) Die mit Feuchtigkeit gesättigte Luft über dem warmen Meer erwärmt sich und steigt hoch.

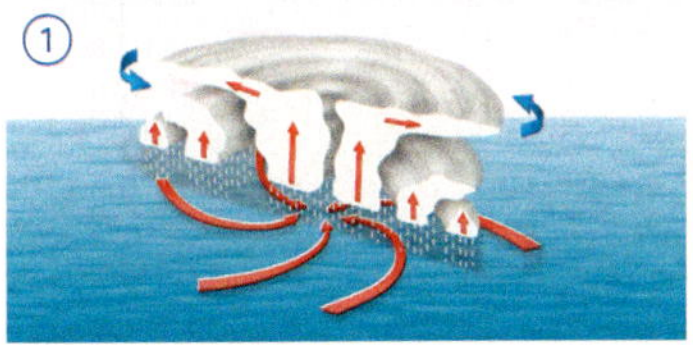

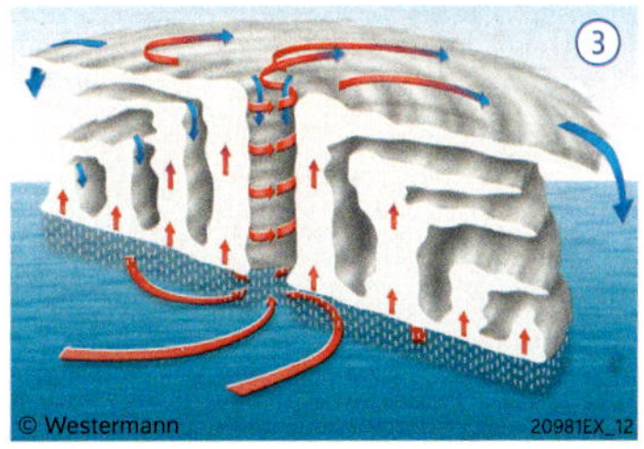

h) Von außen strömt Luft nach und steigt auf. Es kommt zu gewaltigen Wolkenbrüchen.

e) Die Luftmassen werden nach außen gedrückt und im Inneren des tropischen Wirbelsturms entsteht das wolkenlose Auge des Sturms.

a) Durch die nach oben strömende Luft entsteht über dem Wasser ein Unterdruck – eine Tiefdruckrinne.

g) In einer Höhe von etwa 500 m beginnt die Feuchtigkeit zu kondensieren und es bilden sich Wolken.

d) Die einströmende Luft wird durch die Erdrotation in Drehung versetzt. Der Sturm beginnt sich zu drehen.

M7 Ein Wirbelsturm entsteht

Tropische Wirbelstürme entstehen zumeist über Meeresgebieten in den äquatornahen Passatwindzonen, wo die Wassertemperaturen 26° C übersteigen. Tropische Wirbelstürme mit Ursprung im Atlantik, sogenannte **Hurrikans**, haben Durchmesser von bis zu 2000 km und Windgeschwindigkeiten von bis zu 350 km/h. Auf ihren Zugbahnen bewegen sie sich mit Geschwindigkeiten zwischen 10 bis 30 km/h. Erreichen sie das Festland, lässt ihre Kraft nach, weil dann keine Energie mehr durch Konvektion und Kondensation von verdunstendem Meerwasser aufgenommen wird. Zudem wirkt die Reibung an der Festlandoberfläche bremsend. Durch den Golfstrom und das allmähliche Eintauchen in die Westwindzone bewegen sich die dann abschwächenden Hurrikans nach Nordosten, überqueren den Atlantik und erreichen als Stürme, manchmal mit Orkanstärke, Europa.

M8 Entstehung tropischer Wirbelstürme

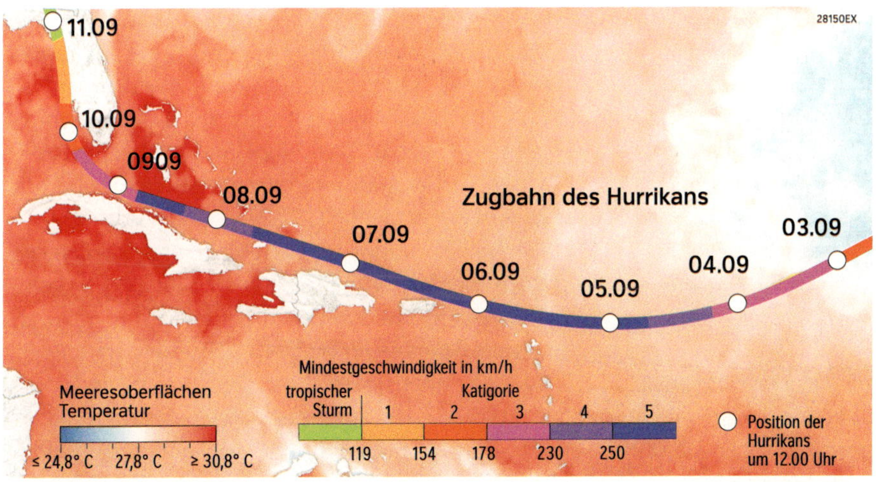

M9 Zugbahn des Hurrikans Irma 2017

GeoKompakt

Hurrikans sind Wirbelstürme, die über den warmen Meeresflächen des tropischen Atlantiks entstehen. Durch die hohe Vulnerabilität vieler karibischer Staaten sind die Schäden durch Hurrikans oft besonders dramatisch.

1. Ordnen Sie in M7 die Texte a – h und die Abbildungen 1 – 3 so zu, dass die Entstehung eines tropischen Wirbelsturms erklärt wird.

2. Erläutern Sie die in M1 dargestellten Niederschlagsverhältnisse im Hurrikan Irma.

3. Erklären Sie die Zugbahn und Entwicklung des Hurrikans Irma (M9).

4. Begründen Sie die hohe Vulnerabilität der karibischen Inselwelt.

5. Entwickeln Sie einen Flyer für Touristen, der Verhaltensmaßnahmen vor und während eines Hurrikans erläutert (M4, M6, Internet).

GeoPlus

Legen Sie die Anfälligkeit des Tourismus (M3) in vulnerablen Räumen dar (z. B. von Seuchen, kriegerischen Konflikten).

M1 Kreuzfahrttourismus – fiktive Schlagzeilen

All-inclusive, Kreuzfahrt, Rucksack oder? Welche Art von Reise soll es sein?

Der Ferntourismus in einer globalisierten Welt hat vor allem eine kulturelle Dimension. Menschen können so Einblicke in andere Lebensweisen gewinnen. Dies gilt für beide – Reisende wie Bereiste. Bewerten Sie die soziokulturellen Effekte von Fernreisen und lernen Sie Leitlinien nachhaltigen Tourismus für Ihr eigenes Reisen kennen.

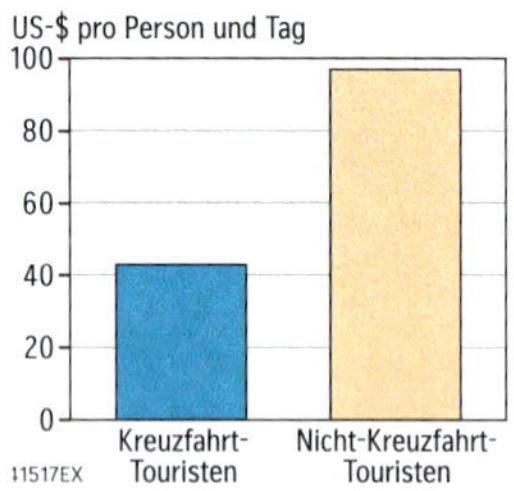

M2 Touristische Ausgaben

Kreuzfahrt in der Karibik – etwas ganz Besonderes! Gemächlich geht es von Insel zu Insel, von einem Traumstrand zur nächsten Sehenswürdigkeit. Entspannt lässt man im Liegestuhl den Blick über die Weiten des Ozeans schweifen, schlürft Cocktails im Pool oder schlemmt im klimatisierten Restaurant kulinarische Köstlichkeiten. Interessante Landausflüge für jeden Geschmack versüßen den Alltag, von Besichtigungstouren über sportliche Aktivitäten bis hin zu spannenden Abenteuern in der freien Natur.

M4 Auszug aus einem Werbeprospekt

„Mir ist es egal, in welches Land ich reise - Hauptsache ich habe Sonne, Strand, Meer und vor allem der Preis stimmt. In ärmeren Ländern lässt es sich sehr luxuriös Urlaub machen, denn es ist hier alles billiger als daheim. Aber so bringe ich dem Land Geld und schaffe für die Bewohner Arbeit. Im Urlaub habe ich nur wenig Kontakt zu Einheimischen, denn die Bars und Restaurants am Urlaubsort suche ich nicht auf, weil ich all-inclusive gebucht habe. Da kann ich so viel essen und trinken, wie ich will. Ich bleibe meist in der Hotelanlage, denn dort bin ich vor Diebstahl und Kriminalität sicher und werde nicht von einheimischen Händlern bedrängt. Um fremde Kulturen und Sehenswürdigkeiten zu sehen, buche ich im Hotel organisierte und von fachkundigem Personal geführte Ausflüge. Die Kultur des Gastlandes wird mir sowieso abends im Hotel im Unterhaltungsprogramm geboten."

M3 Statement eines all-inclusive-Touristen

„Das Interesse der Touristen hält unsere alten Kulturen und Traditionen am Leben. Der Tourismus finanziert auch Museen und den Erhalt historischer Bauwerke. Das nützt auch den Einheimischen und erlaubt uns gleichzeitig einen Blick in unsere Vergangenheit. Die Nachfrage nach Souvenirs belebt zudem unser traditionelles Handwerk. Doch werden oftmals unsere Kultur und unsere Rituale in Shows zweckentfremdet vermarktet und unsere Handwerksprodukte, Speisen, ja unser ganzes Alltagsleben dem Geschmack und den Wünschen der Touristen angepasst. Ich habe Angst, dass meine Kinder die Lebensweise und das Konsumverhalten der Fremden nachahmen wollen, wofür ich kein Geld habe. Wir müssen aufpassen, nicht unsere eigene Identität zu verlieren. Manchmal habe ich Minderwertigkeitskomplexe, obwohl ich sehr stolz auf unsere Kultur und meine Heimat bin."

M5 Statement eines Einheimischen

- In der **Dominikanischen Republik** gibt es Ressorts mit Bungalows nur aus Naturmaterialien. Es werden geführte Kajak- und Wandertouren in Biosphärenreservate angeboten.
- Auf **Anguilla** gibt es sechs Unterwasser-Naturschutzparks.
- Auf **Dominica** werden Öko-Ressorts mit erneuerbaren Energien versorgt. *Back-to-the-roots-Bungalows* können nur zu Fuß erreicht werden. *Caribwhale* klärt über verantwortungsbewusste Wal- und Delfinbeobachtung auf.
- **Virgin Islands** schützt seine Korallenriffe mit dem Projekt *Trash to Treasure*, bei dem Müll aus dem Meer zu Kunst verarbeitet und verkauft wird.
- Auf **Nevis Island** sollen zukünftig 100 % der Energie aus geothermalen Quellen stammen.
- Auf **Aruba** informiert die Organisation *Turtugaruba* mit Vorträgen und Aktionen vor Ort über den Schutz der Meeresschildkröten.

M6 Projekte nachhaltigen Tourismus in der Karibik

- Tritt im Gastland bescheiden auf.
- Reise mit dem Wunsch, mehr über Land und Leute zu erfahren.
- Mach dich mit den Gebräuchen vertraut.
- Respektiere die Gefühle der gastgebenden Bevölkerung.
- Frage nach, bevor du Menschen fotografierst.
- Übe dich im Zuhören und Beobachten.
- Stelle Fragen, anstatt alles besser zu wissen.
- Beanspruche keine besonderen Privilegien.
- Entdecke die Bereicherung durch die Begegnung mit anderen Lebensweisen.
- Sei offen für unbekannte Kulturen, Werte und Lebensweisen.
- Vergleiche nicht immer mit deinem Heimatland.
- Nimm dir Zeit und Muße beim Reisen.

M7 Tugenden sozialverträglichen Reisens

1 Setzen Sie kritisch mit den ökologischen Belastungen des Kreuzfahrttourismus auseinander (M1, M2, M4, Internet).

2 Erstellen Sie eine Tabelle, die Aspekte eines umweltschonenden, sozialverträglichen und wirtschaftlich nachhaltigen Tourismus auflistet (M1 – M7).

3 Bewerten Sie die Nachhaltigkeit der unterschiedlichen Arten des Ferntourismus mit Hilfe des Nachhaltigkeitsdreiecks (M8) und diskutieren Sie anhand Ihrer Ergebnisse, inwieweit solche Fernreisen einen umweltschonenden, sozialverträglichen und wirtschaftlich nachhaltigen Beitrag zur Entwicklung der Regionen in der Karibik leisten können (M1 – M7).

4 Planen Sie Ihren zweiwöchigen Traumurlaub in der Karibik und überprüfen Sie, inwiefern ihre Ansprüche an diese Reise mit den Anforderungen des nachhaltigen Tourismus übereinstimmen (M1 – M7).

GeoKompakt

Der bei Fernreisen mögliche kulturelle Austausch kann für alle Beteiligten bereichernd sein. Doch sollte man diesen Einblick in Lebensweisen und die Gesellschaft des Gastlandes durch nachhaltiges und sozialverträgliches Reiseverhalten steuern, damit man nicht die Normen und den berechtigten Stolz der Einheimischen verletzt.

M1 Aspekte einer Länderanalyse

Einwohner	4,9 Mio.
Fläche	51 100 km²
Verstädterung	%
Analphabeten	%
Absolute Armut	%
Lebenserwartung	Jahre
Arbeitslosig.	%
BNE/Einw.	US-$
Anteil am BNE Landw. Industrie Dienstleist.	 % % %
Erwerbstätige Landw. Industrie Dienstleist.	 % % %
HDI-Wert (Rang)	

M3 Strukturdaten 2019 und Landnutzung in Costa Rica

Kompetenzcheck Länderporträt Costa Ricas

Obwohl jedes Land auf unserer Erde einzigartig ist, sind viele geographische Aspekte mit anderen Ländern vergleichbar. Konzipieren Sie für Costa Rica ein Länderporträt (M1) in Form einer Reisebroschüre.

1 Ergänzen Sie in Ihren Aufzeichnungen die Tabelle zur Landesstruktur von Costa Rica (M3) mit den noch fehlenden Strukturdaten (Internet).

2 Charakterisieren Sie die Lage und Lagebeziehungen Costa Ricas. Gliedern Sie anhand von M3 Costa Rica in vier Naturräume (Atlas).

3 Erläutern Sie die Entstehung der zentralen Vulkankette in Costa Rica (M3) anhand der plattentektonischen Prozesse (→ S. 108 M3).

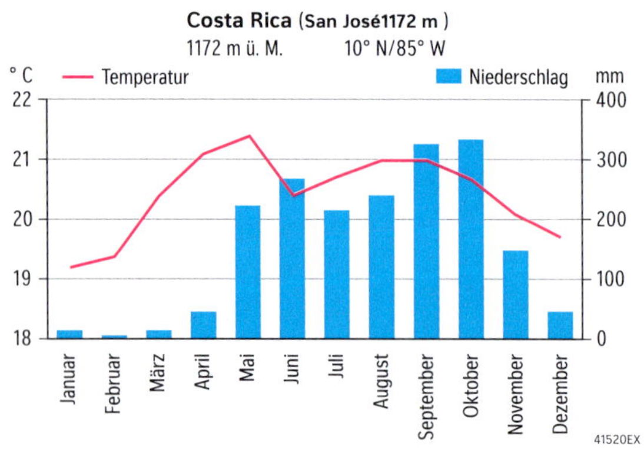

M2 Klimadiagramm von San José / Costa Rica

M4 Vulkan Irazú mit Schwefel-Kratersee

4 Der Irazú (3 432 m) ist nicht nur der höchste Vulkan Costa Ricas (M4), er zählt auch zu den gefährlichsten und unberechenbarsten Vulkanen Mittelamerikas. Erläutern Sie die Vulnerabilität Costa Ricas gegenüber Naturkatastrophen aufgrund seiner Lage in Mittelamerika.

5 Charakterisieren Sie das Klima Costa Ricas, indem Sie die Temperatur- und Niederschlagsverhältnisse im Jahresverlauf erklären (M2). Geben Sie Touristen einen Hinweis für die beste Reisezeit.

CHECK

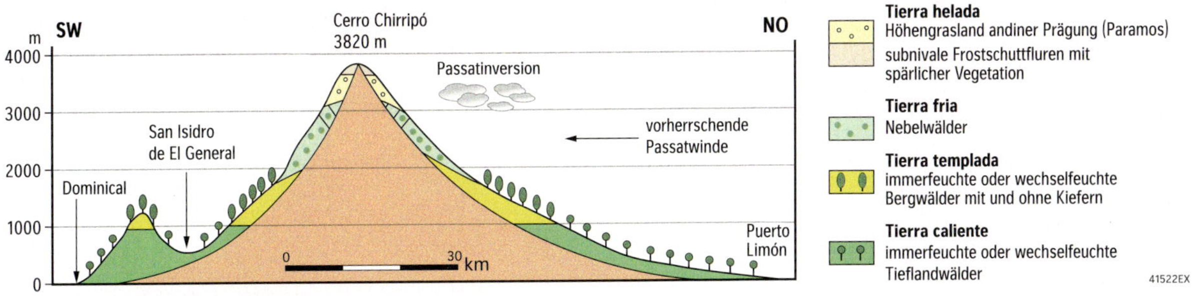

M5 Verbreitung der Vegetation in Costa Rica

6 Erläutern Sie die Abfolge der Vegetation (M5) entlang der Profillinie (M3) in Costa Rica.

7 Der Großteil Costa Ricas war ursprünglich bewaldet. Nach 1950 gingen durch jahrzehntelangen Raubbau fast 80 % der Waldfläche verloren. Stellen Sie mögliche Gründe für diese Entwicklung dar.

M6 Auf einer Bananenplantage

8 Costa Rica gilt als Pionierland des nachhaltigen Ökotourismus. Erstellen Sie ein Schaubild, welches das Konzept eines nachhaltigen Tourismus veranschaulicht (M7).

M7 Ökotourismus – Canopy im Regenwald

9 Costa Rica versucht, durch die Errichtung von Nationalparks seine tropischen Wälder zu schützen. Das Projekt COBIGA – der biologische Korridor *La Gamba* – hat sich die Wiederbewaldung von Weide- und Plantagenland zum nachhaltigen Schutz der Regenwälder zur Aufgabe gesetzt. Zeigen Sie die Ziele und Maßnahmen bei der Errichtung solcher biologischer Korridore auf (Internet).

10 Konzipieren Sie eine Besichtigungstour durch eine Bananenplantage in Costa Rica, bei der Sie für einzelne Stationen Informationen über Anbaubedingungen, Wirtschaftsweise, Bedeutung und Probleme der Plantagenwirtschaft verfassen (M6).

11 Bewohner führen Touristen durch den mit 2000 Einwohnern größten Slum *Triángulo de la Solidaridad* in San Jose, um diese für die Armut und Wohnverhältnisse der hier etwa 520 lebenden Familien zu sensibilisieren. Verfassen Sie ein kurzes Statement, in dem Sie sich kritisch mit den positiven und negativen Aspekten einer solchen Form des Tourismus auseinandersetzen (M8).

M8 Slumtourismus

CHECK

M1 Amazonien (2020) – Gesamtraum mit Verortung des Fallbeispiels Rondônia (M2, M3)

M2 Systematischer Holzeinschlag, Rondônia, 1996

M3 Systematischer Holzeinschlag im selben Gebiet, 2020

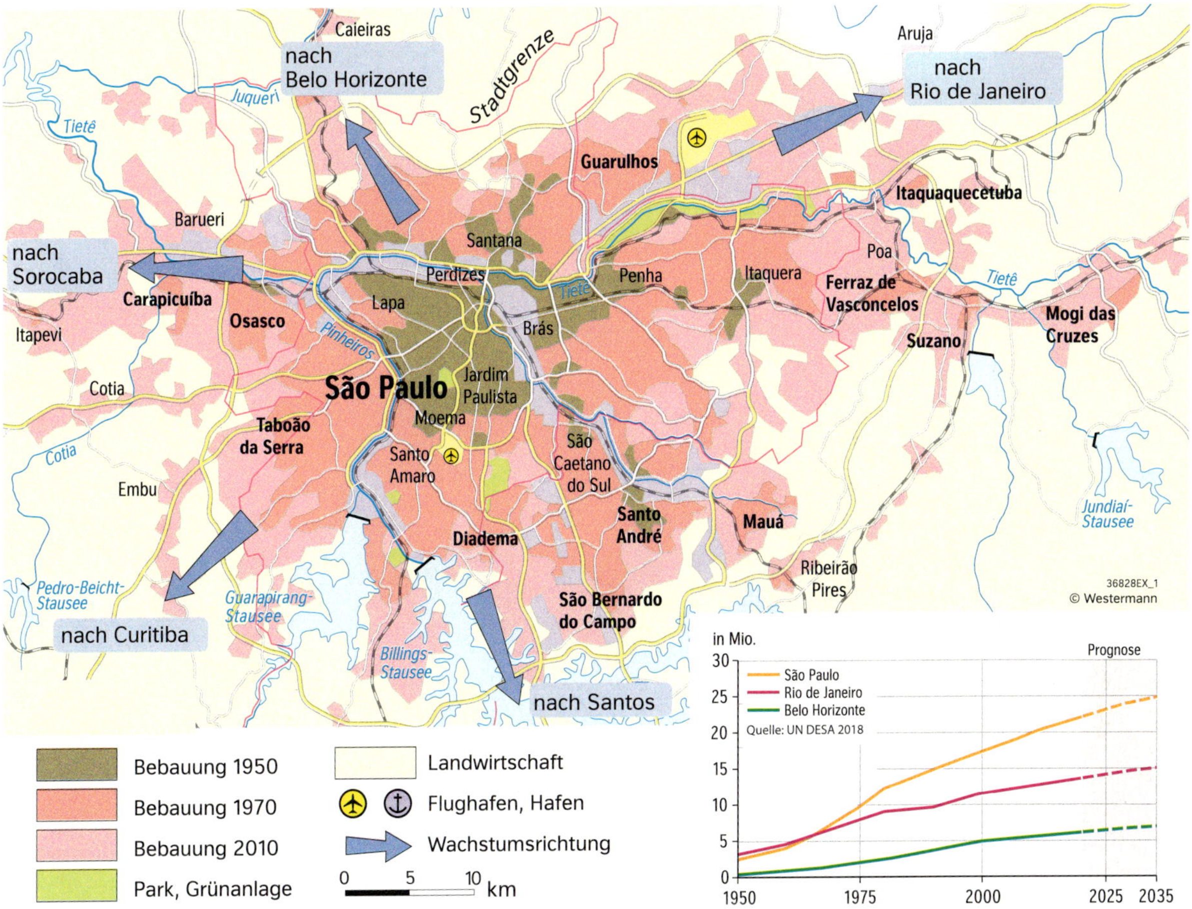

Karte 1 Megacity São Paulo mit Diagramm Bevölkerungsentwicklung der drei Megastädte Brasiliens

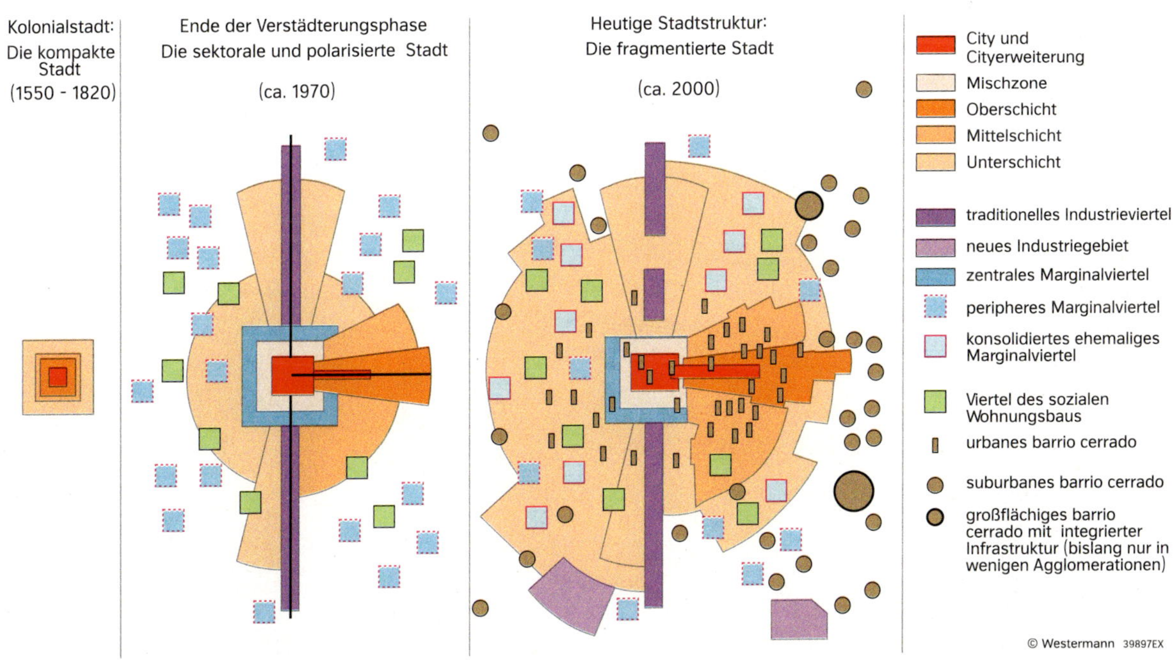

M1 Modell – Struktur und Entwicklung der lateinamerikanischen Stadt

Klima im Wandel

In diesem Kapitel erfahren Sie ...

... welche extraterrestrischen und terrestrischen Antriebskräfte den Klimawandel verursachen können,

... welche Mechanismen für den anthropogenen Treibhauseffekt verantwortlich sind,

... wie wissenschaftliche Erkenntnisse den anthropogenen Treibhauseffekt belegen,

... welche Folgen der globale Klimawandel hat und wie diese zu bewerten sind,

... welche unterschiedlichen Positionen und Meinungen es zum Klimawandel gibt und wie diese kritisch zu hinterfragen sind,

... wie sich Klimaszenarien in ihren regionalen Unterschieden darstellen,

... welche möglichen Anpassungsstrategien an den Klimawandel erfolgreich sein könnten,

... wie der Klimaschutz im Heimatraum gestaltet werden kann.

M1 Klimastreifen für München von 1881 bis 2018 – jährliche Abweichung vom langjährigen Temperaturmittel (9,7° C)

Das Klima verändert sich – beständig

„Nichts ist so beständig wie der Wandel.“ (Heraklit von Ephesus, griechischer Philosoph, etwa 540–480 v. Chr.). Finden Sie heraus, inwieweit diese Aussage auch für das Klima gelten kann.

1 Erstellen Sie eine Info-Box für die Kinderseite einer Tageszeitung, in der die Definitionen zu den Begriffen Wetter und Klima dargestellt werden.

2 Erklären Sie als Klimaforscher bzw. Klimaforscherin in einem Kurzvortrag anhand der Beispiele (M2, M3), wie sich das Klima im Laufe der Erdgeschichte immer wieder verändert hat und recherchieren Sie nach Klimazeugen der Erdgeschichte in Ihrem Heimatraum.

3 Erläutern Sie die Aussagekraft der Grafiken in M1 und M2.

Klimaforscherin: „Vor 4,5 Milliarden Jahren war die Erde weitgehend ein heißer, glutflüssiger Planet. Und das, obwohl die Sonneneinstrahlung damals um etwa ein Viertel schwächer war als heute. Vor etwa 700 Millionen Jahren war die Erdoberfläche dagegen nahezu komplett vereist – die sogenannte Schneeball-Erde. Heute herrscht auf unserem blauen Planeten, der zu zwei Dritteln mit Wasser bedeckt ist, eine globale Durchschnittstemperatur von ca. 14 °C, was ein vielfältiges Leben ermöglicht.“
Geologe: „Fossilienfunde zeigen, dass Teile Süddeutschlands im Erdmittelalter klimatisch der heutigen Karibik glichen. Zur Zeit der Dinosaurier war die Erde wohl nahezu eisfrei und der Meeresspiegel lag um etwa 80 Meter höher als heute.“
Geschäftsführer eines Kieswerks: „Den Kies, den wir hier auf der Münchner Schotterebene abbauen, haben die Gletscher der Eiszeiten und deren Schmelzwasser vor einigen zehn- bis hunderttausend Jahren in das Alpenvorland transportiert.“
Archäologin: „Die ‚Höhle der Schwimmer‘ in der östlichen Sahara zeigt Felszeichnungen von schwimmenden Figuren. Das ist ein Hinweis darauf, dass es dort in der Steinzeit viel feuchter war und es statt der heutigen Wüste fruchtbare Savannen gegeben haben muss.“
Umweltaktivistin: „Seit Jahren werden die Sommer bei uns immer heißer und trockener – nicht umsonst war ‚Heißzeit‘ das Wort des Jahres 2018. Dies darf für uns nicht zum neuen Normal werden. Wir alle müssen Verantwortung übernehmen für das Klima auf unserem Blauen Planeten – das ist das Gebot der Stunde und keine ‚Klimahysterie‘ (Unwort des Jahres 2019).“

M3 Zum Klima in der Erdgeschichte

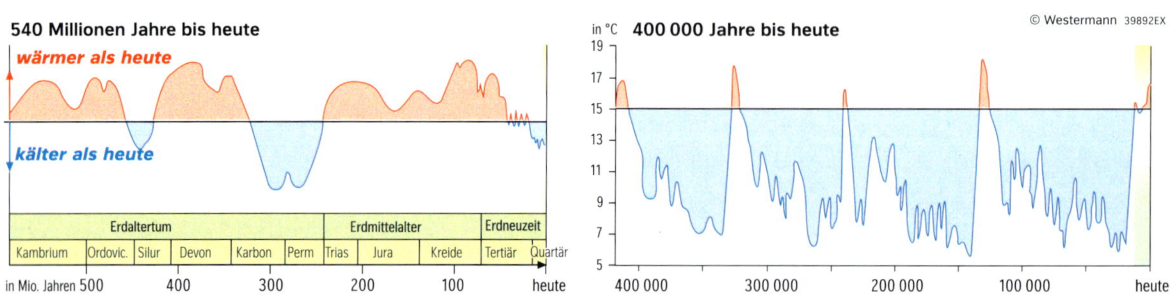

M2 Globale Durchschnittstemperaturen im Laufe der Erdgeschichte

M4 Eisbohrkerne – Archive des Klimawandels

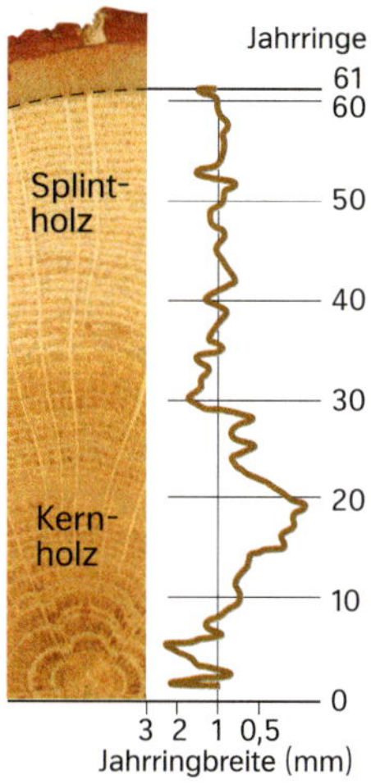

M7 Baumringanalyse

Erst seit Ende des 19. Jahrhunderts gibt es in Europa durchgehende schriftliche Wetteraufzeichnungen. Daneben ermöglichen historische Dokumente wie Schiffslogbücher, Gemälde, Chroniken oder Pegelmarken Rückschlüsse darauf, wie das Klima an einem bestimmten Ort in einem bestimmten Zeitraum war. Um die klimatischen Verhältnisse der Jahrtausende oder Jahrmillionen davor zu rekonstruieren, greift man heute auf sogenannte Klimaarchive, wie z. B. Eisbohrkerne, zurück. Auch ozeanische Sedimente geben Hinweise auf Temperatur und Salzgehalt des Meerwassers in der Vergangenheit. Ablagerungen, wie z. B. Moränen, zeigen die Ausdehnung von eiszeitlichen Gletschern an. Aus der Analyse von Pollen lässt sich auf die nacheiszeitliche Vegetation schließen und Baumringe erlauben Rückschlüsse auf Klima- und Wachstumsbedingungen der vergangenen Jahrhunderte. Neben solchen natürlichen Klimaarchiven ermöglichen seit den 1970er-Jahren Satelliten die Erfassung und Messung globaler und regionaler Klimamerkmale, wie etwa Gletscherstände, Meeresoberflächentemperaturen oder Wetterphänomene. Mithilfe solcher Daten können Hochleistungscomputer dann mögliche Verläufe des Klimas in der Vergangenheit errechnen – oder für die Zukunft simulieren.

M5 Dem Klima auf der Spur

INFO

Eisbohrkerne geben Auskunft über die Klimageschichte unserer Erde. Eingeschlossene Luft und der Gehalt an bestimmten Sauerstoff- und Kohlenstoffisotopen lassen Rückschlüsse auf die früheren Temperaturen zu. Asche- und Pollenpartikel geben Hinweise auf Vulkanausbrüche bzw. die natürliche Vegetation in der Vergangenheit.

M6 Gletscherstände der Pasterze am Fuß des Großglockners in Österreich

4 Legen Sie an einem Beispiel eines natürlichen Klimaarchivs dar (M4 – M7), wie Rückschlüsse auf die klimatischen Verhältnisse vergangener Zeiten gezogen werden können.

GeoKompakt

Das Klima der Erde hat sich immer wieder stark verändert – und zwar lange bevor der Mensch die Erde bevölkerte. Durch historische Aufzeichnungen, Klimaarchive, wie z. B. Eisbohrkerne, oder durch konkrete instrumentelle Messungen, z. B. durch Satelliten, lassen sich die klimatischen Verhältnisse der Vergangenheit erfassen und mit modernen Datenverarbeitungssystemen simulieren.

M1 Treibhaus Erde ...

... Gewächshaus auf Grönland

Der natürliche Treibhauseffekt

Im Innern eines Gewächshauses herrschen deutlich höhere Temperaturen als in dessen Umgebung (M1). Ähnlich wie dessen Glas wirken in unserer Atmosphäre die Treibhausgase. Ohne diese läge die globale Durchschnittstemperatur auf der Erde bei –18 °C, statt bei den gegenwärtigen +14 °C. Finden Sie heraus, welcher Mechanismus diesem Phänomen zugrunde liegt.

Der Treibhauseffekt ist ein natürlicher Erwärmungsprozess der Atmosphäre. Die kurzwellige **Solarstrahlung** kann die Atmosphäre zum großenTeil ungehindert durchdringen. Allerdings wird dabei etwa ein Drittel wieder direkt ins Weltall reflektiert. Dies nennt man Albedo-Effekt. Der größere Teil der Solarstrahlung wird jedoch von der Atmosphäre, v. a. aber von der Erdoberfläche, absorbiert und anschließend als langwellige **Wärmestrahlung** wieder abgegeben. Ein großer Teil dieser Wärmestrahlung wird von der Atmosphäre, insbesondere von den klimawirksamen **Treibhausgasen**, absorbiert und wiederum abgestrahlt, auch Richtung Erdoberfläche (Gegenstrahlung). Durch diesen natürlichen Treibhauseffekt kommt es zu einer Erhöhung der globalen Durchschnittstemperatur in Bodennähe von -18 °C auf etwa +14 °C. Die Treibhausgase, deren Anteil an der Atmosphäre zusammen nicht einmal 1% ausmacht, sind vor allem Kohlenstoffdioxid (CO_2), Distickstoffoxid (N_2O) und Methan (CH_4), aber auch Wasserdampf (H_2O). Der Anteil des Wasserdampfs in der Atmosphäre ist dabei temperaturabhängig. So kann eine wärmere Atmosphäre mehr Wasserdampf speichern als eine kühlere.

M2 Die Wirkungsweise des natürlichen Treibhauseffekts

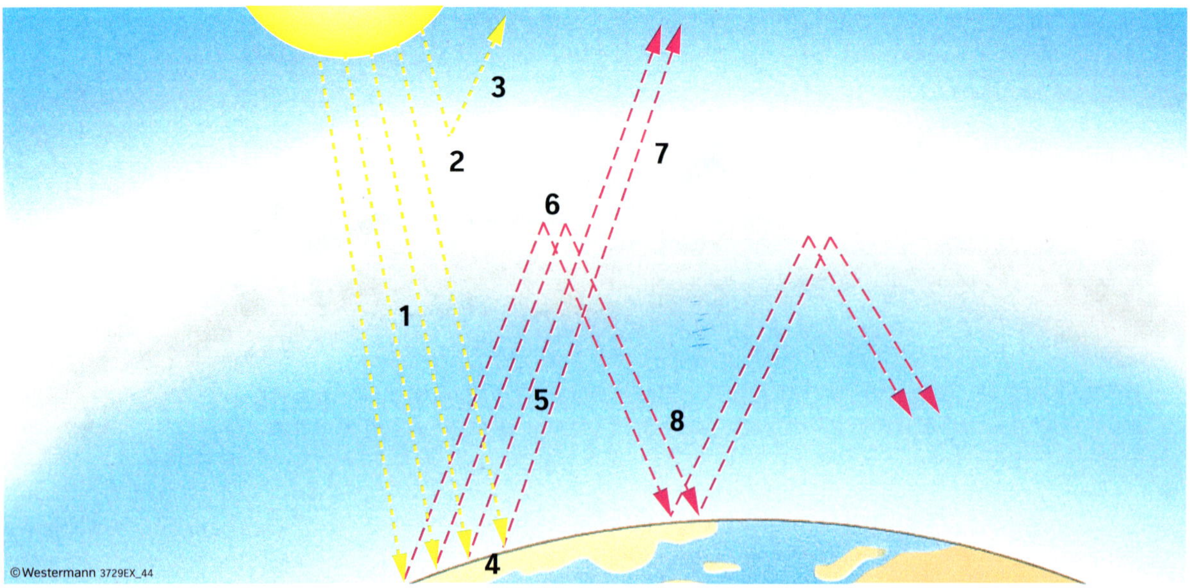

M3 Solarstrahlung der Sonne und Wärmestrahlung der Erdoberfläche

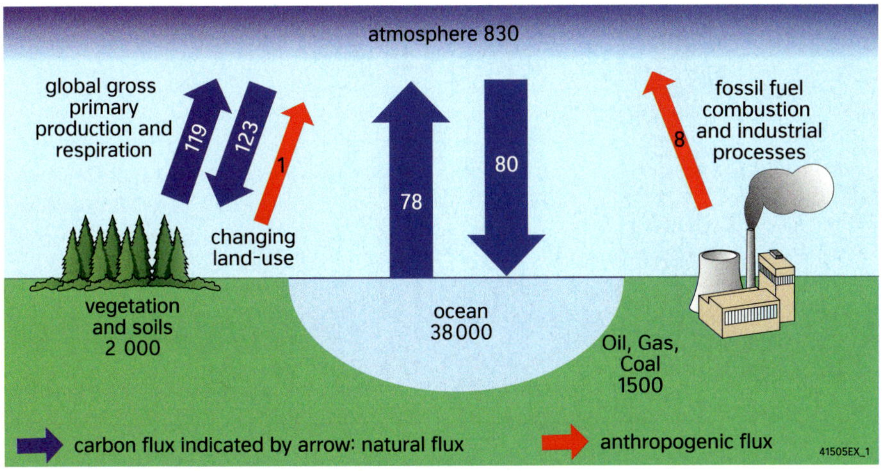

M4 Vereinfachtes Schema des Kohlenstoffkreislaufs (Angaben gerundet in Mrd. Tonnen C bzw. Mrd. Tonnen C pro Jahr, aus einer britischen Publikation)

Von zentraler Bedeutung für das Ausmaß des Treibhauseffekts ist Kohlenstoffdioxid, da dieses eine lange Verweildauer in der Atmosphäre aufweist. Sein Anteil in der Atmosphäre wird durch den globalen Kohlenstoffkreislauf (M4) gesteuert. Dieser besteht aus verschiedenen Kohlenstoffspeichern wie Atmosphäre, Böden und Vegetation, Ozeanen und Korallenriffen sowie Kohle-, Öl- und Gasvorkommen, in denen Kohlenstoff in unterschiedlicher Form gespeichert ist. Zwischen diesen natürlichen Teilsystemen findet ein ständiger Austausch statt. Wird Kohlenstoff in Speichern aufgenommen, spricht man von Senken, wird er freigesetzt, spricht man von Quellen. Wälder, Moore, **Permafrostböden** und vor allem Meere sind drei besonders bedeutende Senken. Hierbei ist die Speicherkapazität der Meere temperaturabhängig. Je höher die Wassertemperatur ist, desto weniger Kohlenstoff in Form von CO_2 kann gespeichert werden.

M5 Kohlenstoffkreislauf

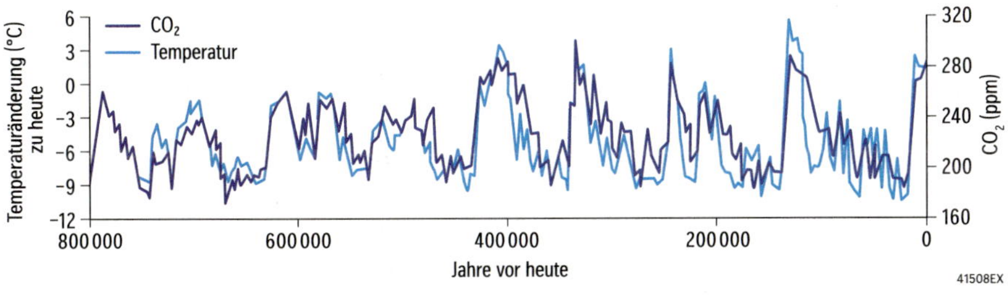

M6 CO_2-Daten aus einem antarktischen Eisbohrkern sowie daraus abgeleitete Temperaturen

1. Bereiten Sie in Partnerarbeit jeweils arbeitsteilig einen Kurzvortrag einerseits über den natürlichen Treibhauseffekt und andererseits über den Kohlenstoffkreislauf vor. Erklären Sie anschließend Ihrer Partnerin bzw. Ihrem Partner den jeweils zugrundeliegenden Mechanismus (M1, M4).

2. Übertragen Sie die Darstellung zum Treibhauseffekt (M3) in Ihre Aufzeichnungen und beschriften Sie diese mithilfe von M2 an den mit Ziffern 1 bis 8 gekennzeichneten Stellen, sodass die Wirkungsweise des natürlichen Treibhauseffekts verdeutlicht wird.

3. Erläutern Sie, welche Auswirkungen ein langfristiger Temperaturanstieg in den Ozeanen auf den natürlichen Treibhauseffekt haben könnte (M5).

4. Erläutern Sie, welche Aussagen ein Vergleich von M6 und M2 (→ S. 142) für die letzten 400000 Jahre ermöglicht.

GeoKompakt

Infolge des natürlichen Treibhauseffekts herrschen auf unserer Erde klimatische Bedingungen, die die Entwicklung des Lebens überhaupt erst ermöglicht haben. Die für die Erwärmung der Atmosphäre verantwortlichen Treibhausgase sind v.a. Kohlenstoffdioxid und Methan sowie Wasserdampf. Sie sorgen dafür, dass die kurzwellige Solarstrahlung weitgehend ungehindert die Atmosphäre passiert, jedoch ein großer Teil der langwelligen Wärmestrahlung in der Atmosphäre verbleibt. Die Konzentration von Kohlendioxid in der Atmosphäre wird durch den Kohlenstoffkreislauf mit seinen Quellen und Senken gesteuert.

M1 Collage eines Sonnenfleckenzyklus

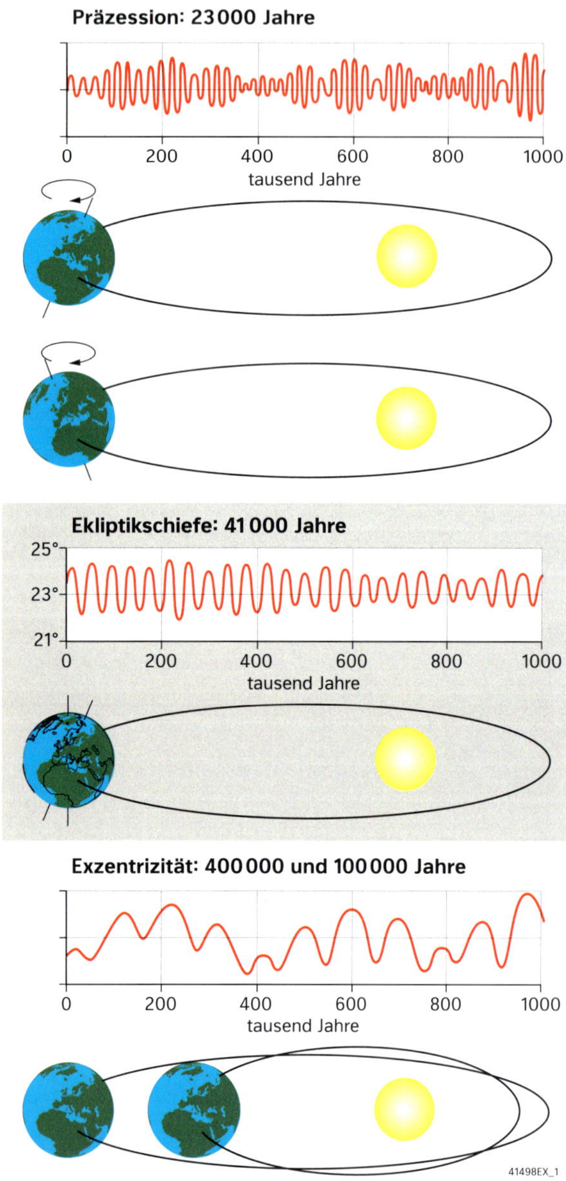

M2 Erdbahnparameter und deren Schwankungsintervalle

Extraterrestrische Ursachen von Klimaänderungen

Der Anstoß für Klimaänderungen kommt unter anderem aus dem Weltall – von Himmelskörpern wie der Sonne, den Planeten, den Meteoriten oder Asteroiden. Aber auf welche Weise können diese regelmäßig oder auch ganz plötzlich Änderungen des Klimas auf der Erde hervorrufen?

Veränderungen in der solaren Einstrahlung können globale **Klimaänderungen** auslösen. Dies geschieht etwa durch Schwankungen der Sonnenaktivität, die unter anderem durch die Häufigkeit der Sonnenflecken bestimmt wird. Diese unterliegt einer Periodizität von durchschnittlich elf Jahren, was als Sonnenfleckenzyklus bezeichnet wird (M1). Eine Periode mit relativ geringer Sonnenaktivität im 16. Jahrhundert fiel beispielsweise mit der „Kleinen Eiszeit" in Europa zusammen.

M3 Klimamotor Sonne

Schwankungen der Erdbahnparameter können zyklische Änderungen der solaren Einstrahlung bewirken (M2). So hat die Analyse von Eisbohrkernen bestätigt, dass in der Vergangenheit die Energiezufuhr auf die Erde immer wieder schwankte und zwar abhängig von Variationen bei der Kreiselbewegung der Erdachse (Präzession), bei der Neigung der Erdachse gegenüber der Umlaufbahn um die Sonne (Ekliptikschiefe) und bei der Ellipsenform der Erdbahn (Exzentrizität). Diese drei Effekte überlagern sich auf komplizierte Weise und führen zu langfristigen Veränderungen der Intensität, mit der die Sonne zu verschiedenen Jahreszeiten auf die Erde strahlt. In den nördlichen Breiten scheinen sich die Veränderungen besonders stark auszuwirken.
Die periodisch sich wiederholenden Änderungen der Erdbahnparameter führen zu Schwankungen der solaren Einstrahlung, woraus sich jedoch nur eine geringe und sehr langsame Änderung der globalen Temperatur ableiten lässt. Diese extraterrestrischen Einflüsse allein reichen jedoch nicht zur Erklärung globaler Klimaänderungen aus. Sie können aber der Anstoß für weitere Prozesse im Klimasystem sein, die zu Klimaänderungen führen.

M4 Einfluss der Erdbahnparameter

Kurzfristig auftretende Ereignisse können langfristige Klimaänderungen hervorrufen. Hierzu gehören Meteoriten- und Asteroideneinschläge. Vor etwa 65 Millionen Jahren schlug ein gewaltiger Meteorit mit über 10 km Durchmesser auf der Erde ein und wirbelte riesige Mengen an Staub in die oberen Schichten der Atmosphäre. Dadurch verringerte sich die solare Einstrahlung auf der Erdoberfläche. Der natürliche Treibhauseffekt schwächte sich ab und die Globaltemperatur sank in kurzer Zeit rapide. Dies führte wahrscheinlich zu einem weltweiten Artensterben, dem auch das Verschwinden der Dinosaurier zugeschrieben wird.

M5 Meteoriten- bzw. Asteroideneinschläge als Anstoß für Klimaänderungen

Bei Klimaänderungen spielen **Rückkopplungseffekte** oft eine entscheidende Rolle. Schmelzen z. B. extraterrestrisch bedingt Eis- und Schneeflächen, so werden die darunter liegenden, dunkleren Gesteins- oder Wasserflächen freigelegt. Diese haben eine geringere Albedo, d. h. sie absorbieren mehr kurzwellige Strahlung und wandeln diese in Wärmestrahlung um. Dadurch kommt es zu einem zusätzlichen Temperaturanstieg und einem verstärkten Abschmelzen weiterer Eismassen. Umgekehrt kann es durch eine anfängliche Abkühlung zur Vergrößerung von Eisflächen, somit zu einer erhöhten Albedo und infolgedessen zu weiter sinkenden Temperaturen kommen.

M6 Rückkopplungsprozesse als Verstärker extraterrestrischer Einflüsse

M7 Das „vermutliche" Ende der Dinosaurier

Albedo in %	Oberfläche
75–95	Neuschnee
20–40	Gletscher
03–80	Wasserflächen (je nach Sonnenstand)
40–80	Wolken
05–40	Boden
05–20	Wald
15–25	Wiese
07–25	Ackerland

M8 Albedo-Effekt – Reflexionsvermögen in Prozent

GeoKompakt

Die Solarstrahlung ist der elementare Motor für das Klima auf der Erde. Die Intensität der Einstrahlung schwankt jedoch je nach Sonnenaktivität und Position der Erde zur Sonne (Erdbahnparameter). Diese Schwankungen der Einstrahlung sind allerdings eher gering. Über Rückkopplungsprozesse im Klimasystem, aber auch durch spontane kosmische Ereignisse wie Meteoriten- bzw. Asteroideneinschläge können sich allerdings langfristige, teils drastische Klimaänderungen ergeben.

1. Erläutern Sie, warum es gerechtfertigt erscheint, die Sonne als Klimamotor zu bezeichnen (M2, M3).

2. Legen Sie dar, bei welcher Konstellation der Erdbahnparameter eine Vereisungsperiode auf der Nordhalbkugel eintreten würde (M2, M3, M4).

3. Skizzieren Sie anhand einer grafisch gestalteten Kausalkette, wie ein Meteoriten- bzw. Asteroideneinschlag zu einem Massensterben der Arten führen kann (M5, M7).

GeoPlus

Begründen Sie, warum in der Intensivlandwirtschaft der Boden häufig mit schwarzer Folie bedeckt wird.

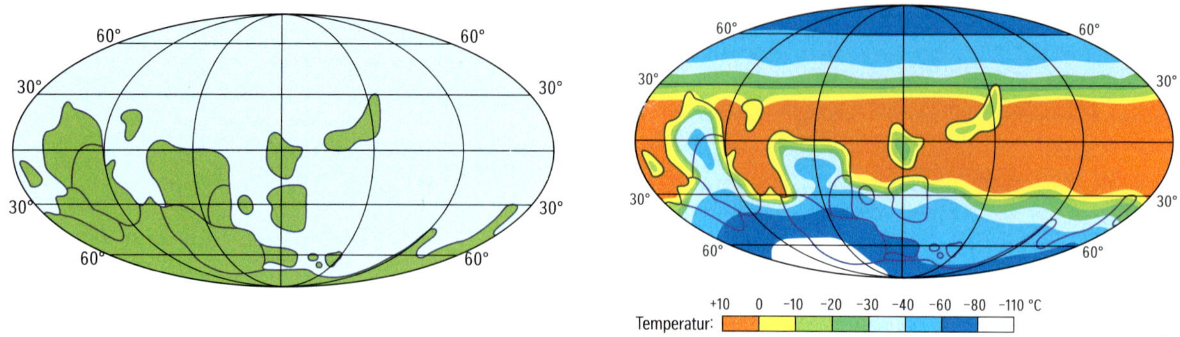

M1 Land-Meer-Verteilung und Simulation der Klimasituation vor 700 Mio. Jahren (Präkambrium)

41492EX

Terrestrische Ursachen von Klimaänderungen

Im subpolaren Spitzbergen wird heutzutage Kohle gefördert, die im Karbon aus Wäldern unter tropischen Klimabedingungen entstanden ist. Begeben Sie sich auf Spurensuche und finden Sie heraus, inwieweit dabei auf der Erde selbst verursachte Klimaänderungen eine Rolle gespielt haben können.

Seit die Erde eine feste Kruste hat, verändern plattentektonische Prozesse die Verteilung von Meeres- und Landflächen. Damit verbunden sind auch Veränderungen der Wind- und Meeresströmungen, des Strahlungshaushalts, des globalen wie auch des regionalen Klimas sowie des Kohlenstoffkreislaufs. Zwei Beispiele aus der Erdgeschichte sollen dies verdeutlichen:

Vor ca. 700 Mio. Jahren war einer Hypothese zufolge die sogenannte Schneeball-Erde zu weiten Teilen von Eis bedeckt. Als Auslöser wird das Auseinanderbrechen des Superkontinents **Rodinia** in Äquatornähe vermutet. Kontinentale Platten zerbrachen und drifteten auf die Südhalbkugel, sodass sich dort große Landmassen in Polnähe ansammelten. Auf den zahlreichen kontinentalen Bruchstücken kam es in Meeresnähe zu verstärkten Niederschlägen und Verwitterungsprozessen. Diese entzogen der Atmosphäre Kohlendioxid und schwächten den Treibhauseffekt ab. Über den stark abgekühlten Landmassen lagerte sich der Niederschlag als Schnee ab. Der nachfolgende Eis-Albedo-Effekt verstärkte die Abkühlung und mündete in eine Eiszeit mit globalen Mitteltemperaturen von bis zu -50° C (M1).

Erst im Zuge der während der alpidischen Gebirgsbildung (beginnend vor ca. 65 Mio. Jahren) stattfindenden Auffaltung der Rocky Mountains und der späteren Schließung der Mittelamerikanischen Landbrücke entstand der Nordatlantik-Strom. Die Rocky Mountains verhinderten im Bereich der Westwindzone durch ihren meridionalen Verlauf einen großräumigen Wasserdampftransport vom Pazifik zum Atlantik. Aufgrund geringer werdender Niederschläge bei zunehmender Verdunstung erhöhte sich der Salzgehalt im Atlantik. Das warme, relativ salzhaltige Oberflächenwasser wurde mit den Westwinden an der Ostküste Nordamerikas in Richtung Nordostatlantik gelenkt, wo es abkühlte und absank. Die **thermohaline Zirkulation** und damit die Wärmepumpe Golfstrom für Europa war in Gang gesetzt.

M2 Plattentektonik und Klimaänderungen – Kalenderblätter aus der Erdgeschichte

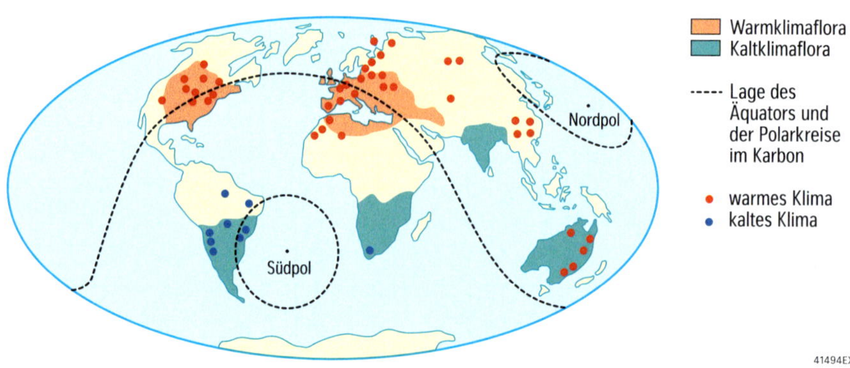

M3 Klimazeugen aus dem Devon und Karbon vor ca. 400 bis 290 Mio. Jahren (Erdaltertum) auf den heutigen Kontinenten

41494EX

M4 Ausbruch des isländischen Vulkans Grimsvötn 2011

„Welche Auswirkungen haben Vulkanausbrüche auf das Erdklima?"
„Vulkanausbrüche können auf der Erde sowohl zu Temperaturanstieg oder auch zu Abkühlung führen. Bei starken, explosiven Vulkanausbrüchen werden Gase und Aerosole in die höhere Atmosphäre geschleudert und dort weiträumig verteilt. Wie ein Sonnenschirm vermindern sie dann die solare Einstrahlung und die Lufttemperatur verringert sich für einige Monate bis Jahre. Aber auch eine Erwärmung der Atmosphäre ist denkbar, wenn sich bei anhaltender vulkanischer Aktivität Kohlenstoffdioxid und andere Treibhausgase in der unteren Atmosphäre anreichern und so den natürlichen Treibhauseffekt verstärken."
„Können Sie uns Beispiele für klimawirksame Vulkanausbrüche nennen?"
„Nach dem Ausbruch des Pinatubo auf den Philippinen im Jahr 1991, bei dem etwa 8 km³ Auswurfmaterial bis zu 24 km hoch in die Atmosphäre geschleudert wurden, sank die globale Mitteltemperatur um etwa 0,5 °C.
Im Jahr 1815 brach der Tambora in Indonesien aus. Das darauffolgende Jahr ging als das „Jahr ohne Sommer" in die Geschichte ein, mit Missernten und Hungersnöten in Europa und Nordamerika.
Und der Supervulkan Toba, der vor ca. 74 000 Jahren in Indonesien ausbrach und etwa 2800 km³ Material auswarf, könnte, so glauben einige Wissenschafter, für die kältesten Jahre der letzten Eiszeit gesorgt haben. Und schließlich wird als eine Ursache für den Beginn der sogenannten Kleinen Eiszeit eine Reihe großer Vulkanausbrüche Ende des 13. Jahrhunderts diskutiert, in deren Folge über Rückkopplungsprozesse die Durchschnittstemperaturen in Europa für einige hundert Jahre sanken."

M5 Fragen an einen Vulkanologen

1. Schreiben Sie ein Drehbuch für einen Animationsfilm, der in Stichpunkten die Entwicklung einer Schneeball-Erde erzählt (M3).

2. Lokalisieren (Kontinent, Land) und begründen Sie die heutige räumliche Verteilung von Steinkohlelagerstätten (M3, Atlas).

3. Erstellen Sie eine Info-Grafik für eine Zeitung, in der Sie darstellen, warum Vulkanausbrüche, wie der des Grimsvötn 2011, unser Klima verändern können.

GeoKompakt

Plattentektonische Prozesse können dauerhaft klimawirksam sein, wenn sie die Land-Meer-Verteilung verändern und damit Veränderungen von globalen Zirkulationssystemen oder Temperaturverhältnissen auslösen. Auch Vulkanausbrüche können dagegen vorübergehende regionale oder gar globale Klimaschwankungen bewirken.

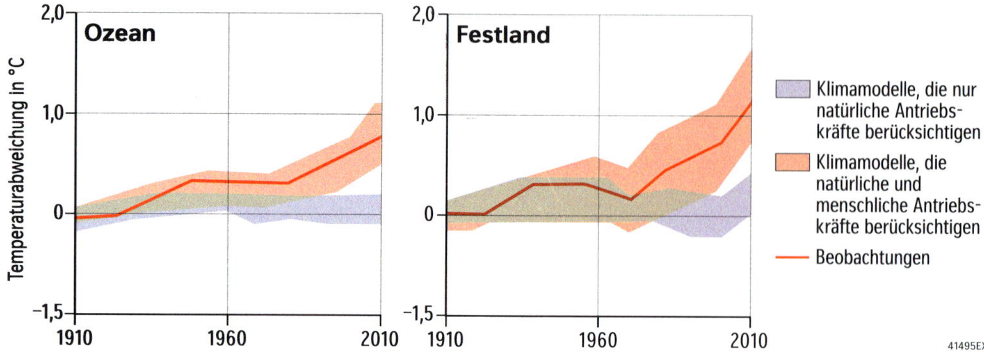

M1 Modellierte und gemessene atmosphärische Temperaturverläufe an der Erdoberfläche

Der anthropogene Treibhauseffekt – wie der Mensch das Klima beeinflusst

„Den langfristigen Erwärmungstrend seit vorindustriellen Zeiten widerspiegelnd, lag die beobachtete mittlere globale Oberflächentemperatur in dem Jahrzehnt 2006–2015 um 0,87 °C [...] höher als der Durchschnitt für den Zeitraum 1850–1900." So steht es im Bericht des Weltklimarates von 2018. Wie aber, wenn nicht durch natürliche Ursachen allein, lässt sich diese Entwicklung erklären?

Für eine globale Erwärmung muss die Erde entweder mehr Energie durch solare Einstrahlung erhalten – was derzeit nicht der Fall ist – oder es muss mehr bzw. länger Solarenergie in der Atmosphäre verbleiben, etwa durch einen verstärkten Treibhauseffekt. Genau das geschieht derzeit, hauptsächlich durch die Zunahme treibhauswirksamer Gase in der Atmosphäre. Weil hierfür allein menschliches Handeln verantwortlich ist, spricht man vom anthropogenen, also vom Menschen verursachten Treibhauseffekt. Durch ihn steigen die globalen Durchschnittstemperaturen. Für den anthropogenen Treibhauseffekt ist vor allem das Kohlenstoffdioxid verantwortlich. Wenn wir **fossile Energieträger** verbrennen, um elektrische Energie, Mobilität oder Wärme zu erzeugen, Zement herstellen oder gasförmige Abfallstoffe abfackeln, Wälder und Moore durch Abholzung, Trockenlegung oder Brandrodung zerstören, dann wird in der Folge vermehrt Kohlenstoff in Form von Kohlenstoffdioxid in die Atmosphäre freigesetzt – Kohlenstoff, der bislang, z. T. sogar seit Jahrmillionen, fest in Senken gebunden war. Etwa die Hälfte der anthropogenen Kohlenstoffdioxid-Emissionen wurde bisher von Ozeanen, Vegetation und Böden aufgenommen, die andere Hälfte jedoch verbleibt über mehrere Jahrzehnte in der Atmosphäre und kann dort treibhauswirksam sein.

M2 Der Mensch verstärkt den Treibhauseffekt.

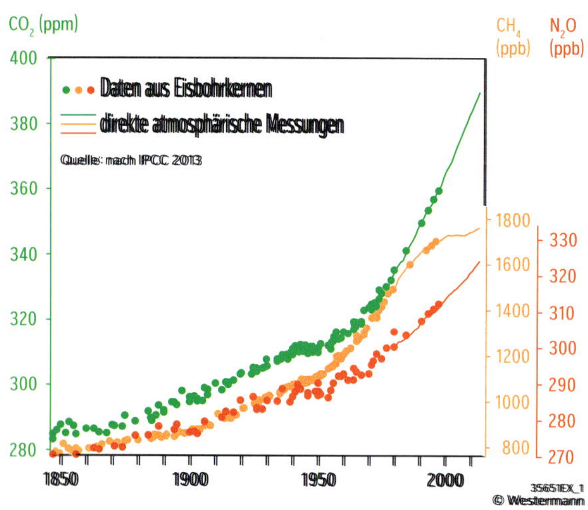

M3 Entwicklung der atmosphärischen Konzentration wichtiger Treibhausgase – gemessen am Mauna Loa/ Hawaii

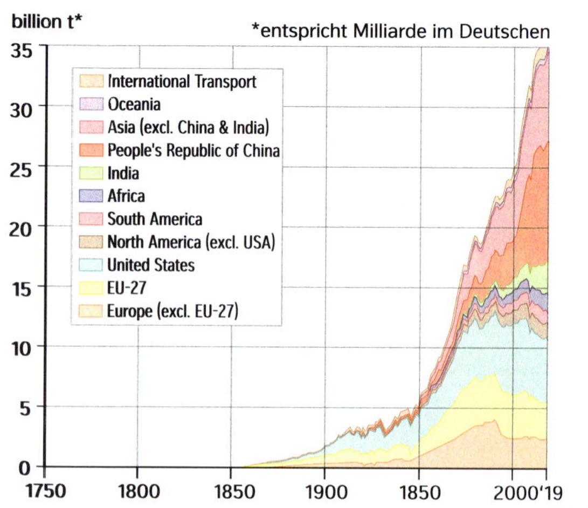

M4 Absoluter jährlicher CO_2-Ausstoß ausgewählter Länder und Regionen

M5 Verbrennung fossiler Energiestoffe

M7 Nassreisanbau

Methan (CH_4), etwa 30 Mal so treibhauswirksam wie CO_2, wird bei Rinderhaltung, Nassreis-Anbau, durch den Abbau fossiler Brennstoffe oder durch die Verrottung organischer Bestandteile in Mülldeponien freigesetzt. Bei fortschreitender Erwärmung wird weiteres Methan als Rückkopplungseffekt beim Auftauen der Permafrostböden frei. Lachgas (Distickstoffmonoxid, N_2O) entsteht vor allem in der Landwirtschaft durch übermäßige Düngung. Es ist fast 300 Mal so treibhauswirksam wie Kohlendioxid, trägt dennoch aufgrund der geringeren Ausstoßmenge nur mit etwa sechs Prozent zum anthropogenen Treibhauseffekt bei. Die rein industriell hergestellten F-Gase (z. B. Fluorchlorkohlenwasserstoffe, FCKW) werden u. a. als Kühl-, Lösch- oder Treibmittel verwendet. Sie haben teilweise ein hundert- bis tausendfach höheres Treibhauspotenzial als Kohlenstoffdioxid.

M6 Weitere anthropogen freigesetzte Treibhausgase

INFO

Strahlungsantrieb (Einheit: Watt pro m²) ist ein Maß für die Wirkung klimarelevanter Faktoren (z. B. Treibhausgase) auf den Strahlungs- und Energiehaushalt der Atmosphäre. Ein positiver Strahlungsantrieb führt z. B. der Atmosphäre Energie zu, wodurch sich diese erwärmt.

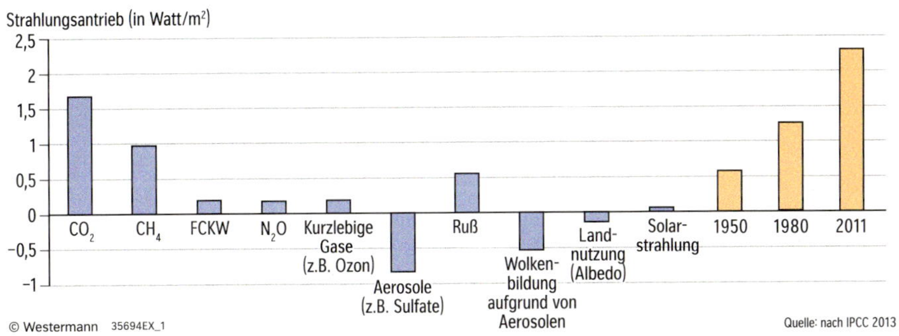

M8 Veränderung des Strahlungsantriebs von 1950 bis 2011 (orange) und Beiträge verschiedener natürlicher und anthropogener Einflussfaktoren auf die Veränderung des Strahlungsantriebs 2011 (blau).

1. Arbeiten Sie aus M1 Aussagen für einen Kurzvortrag zum Thema Klimaerwärmung heraus.
2. Beschreiben und begründen Sie den Verlauf des atmosphärischen CO_2-Gehalts in M3.
3. Entwerfen Sie ein Plakat für eine Klimadebatte, das die wichtigsten Gründe für die anthropogen verursachte Temperaturerhöhung darstellt (M2 – M8).
4. „Der Klimawandel ist wie ein Asteroideneinschlag in Superzeitlupe. Wir verdrängen ihn wegen seiner Langsamkeit." Legen Sie dar, inwieweit diese Aussage gerechtfertigt ist.
5. Erstellen Sie jeweils ein Diagramm zum absoluten und relativen CO_2-Ausstoß für drei von Ihnen ausgewählte Länder und vergleichen Sie diese.

GeoKompakt

Der seit Beginn der Industrialisierung erkennbare globale Temperaturanstieg lässt sich durch den anthropogenen Treibhauseffekt erklären. So hat der Mensch insbesondere durch die Verbrennung fossiler Energieträger, aber auch die Veränderung der Landnutzung die Konzentration von Treibhausgasen in der Atmosphäre erhöht und damit die Globaltemperaturen steigen lassen.

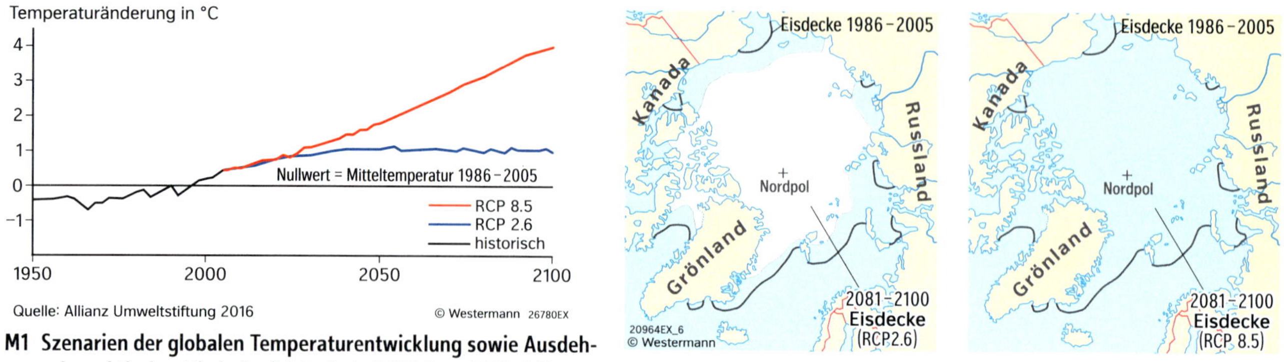

M1 Szenarien der globalen Temperaturentwicklung sowie Ausdehnung der arktischen Eisdecke (historisch, RCP2.6 und RCP 8.5)

Klimaszenarien und Extremwetterereignisse

In Presse, Internet und in der Öffentlichkeit wird die Intensität klimatischer Veränderungen vor dem Hintergrund des Klimawandels sehr unterschiedlich, teilweise kontrovers diskutiert. Wie können wissenschaftlich erstellte Klimaszenarien und die Beobachtungen zu sogenannten Extremwetterereignissen dabei helfen, diese Veränderungen möglichst präzise im Voraus einzuschätzen?

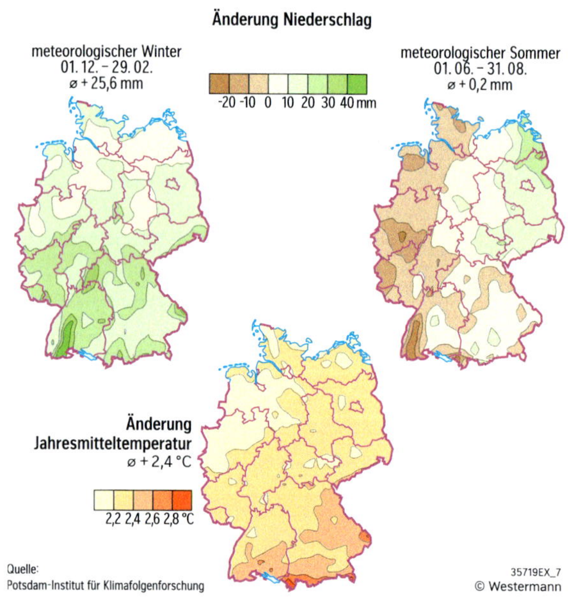

M2 Mögliche Änderungen der Temperaturen und Niederschläge in Deutschland 2041–2071 im Vergleich zu 1971 – 2000 (RCP 8.5-Szenario)

1 Erläutern Sie die unterschiedlichen Auswirkungen der beiden Szenarien RCP 2.6 und RCP 8.5 für den Bereich globale Temperaturentwicklung und Verbreitung der arktischen Eisdecke (M1).

2 Skizzieren Sie mögliche Auswirkungen des RCP 8.5-Szenarios für die landwirtschaftliche Nutzung in Deutschland (M2).

Um die zukünftige Entwicklung unseres Klimas möglichst realistisch beurteilen zu können, erstellen Wissenschaftler sogenannte **Klimaszenarien**. Hierbei berücksichtigt man unterschiedliche Entwicklungen, zum Beispiel bezüglich des Bevölkerungswachstums, der wirtschaftlichen Entwicklung, der Energienutzung und der Klimaschutzpolitik, und berechnet dann Szenarien sowie die sich jeweils ergebenden Emissionen der Treibhausgase. So können dann der jeweils zu erwartende CO_2-Gehalt der Atmosphäre, die globalen Mitteltemperaturen und der zu erwartende Anstieg des Meeresspiegels berechnet werden. RCP (*Representative Concentration Path*) ist eine wissenschaftliche Bezeichnung des IPCC (*Intergovernmental Panel on Climate Change*), einer Art internationaler Klimarat, für unterschiedliche Klimaszenarien. RCP 8.5 entspricht beispielsweise einer Welt ohne jegliche Maßnahmen gegen die Klimaveränderung bei fortdauernder Nutzung fossiler Energiestoffe und fortgeführtem Wirtschaftswachstum (*worst case scenario*). RCP 2.6 zeichnet ein sehr optimistisches Bild mit umfangreichen und sofort beginnenden weltweiten Klimaschutzanstrengungen (*best case scenario*). Die unterschiedlichen Bandbreiten an Szenarien sind also nicht Folge ungenauer Berechnungen, sondern ergeben sich aus unterschiedlichen Annahmen unterschiedlicher Einflussgrößen.

M3 So entstehen Klimaszenarien

Klima im Wandel

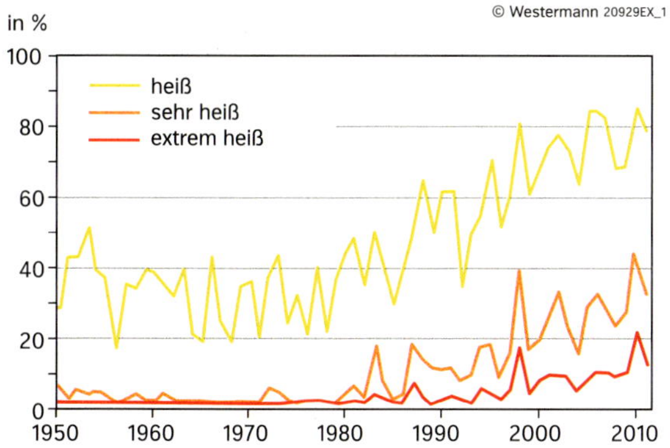

M4 Häufigkeit von Hitzewellen auf der Nordhalbkugel (gemessen am Durchschnitt des Vergleichszeitraums 1951–1980)

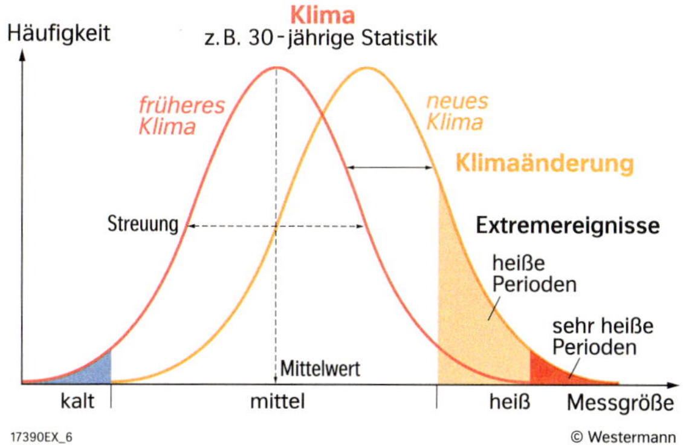

M6 Veränderungen bei Extremwetterereignissen

„Wenn wir von einem Szenario mit sehr ambitionierter Klimapolitik ausgehen, zeigen unsere Simulationen, dass der Temperaturanstieg am Ende des 21. Jahrhunderts gegenüber dem vorindustriellen Niveau auf 0,9 bis 2,3 °C begrenzt werden könnte. Aus drei pessimistischeren Szenarien lassen sich Temperaturanstiege zwischen mindestens 1,7 bis 5,4 °C berechnen. Das hätte natürlich drastische Auswirkungen.
Wir müssten dann davon ausgehen, dass die Gletscher bis zu 85 % ihrer jetzigen Masse verlieren könnten. Dadurch verlieren wir nicht nur das Eis, sondern auch die Strahlungsverhältnisse auf der Erde würden sich durch die verminderte Albedo verändern. Die Arktis würde dann schon im Jahre 2050 im Sommer eisfrei sein. Die Meeresspiegel werden bis 2100 im besten Fall um etwa einen halben Meter, im schlechtesten bis etwa 80 cm weltweit steigen. Hinzu kommen extreme Wetter- und Witterungsereignisse.
Wissenschaftler taten sich lange schwer, diese in einen direkten Zusammenhang mit dem derzeitigen Klimawandel zu bringen. Organisationen wie der IPCC können heute jedoch durch eine schnellere und effizientere, weltweit vernetzte Datenverarbeitung und mithilfe von Klimamodellen und -szenarien derartige Korrelationen, also zum Beispiel Zusammenhänge zwischen steigenden Lufttemperaturen und Witterungsereignissen, besser belegen. Dabei wurde festgestellt, dass sich durch die höheren Durchschnittstemperaturen und veränderten Feuchtigkeitsverhältnisse Zahl und Ausprägung von Starkniederschlagsereignissen, Stürmen, Hochwassern, aber auch außergewöhnlichen Dürre- und Hitzeperioden verändern."

M5 Aus einem Vortrag einer Klimaforscherin

GeoKompakt

Die Einschätzungen, wie stark uns der anthropogene Klimawandel in Zukunft beeinträchtigen wird, sind vielschichtig, da die von der Wissenschaft erstellten Klimaszenarien hochkomplexe Berechnungen voraussetzen. Hierbei spielen auch Berechnungen zur quantitativen und qualitativen Entwicklung von Extremwetterereignissen eine bedeutende Rolle.

INFO

Meteorologische Extremereignisse sind außergewöhnliche Wetter- und Witterungsereignisse wie Stürme, Starkniederschläge oder Hitzewellen, die häufiger vorkommen oder extremer ausfallen als statistisch erwartet. Wetterextreme führen immer wieder zu Schadensereignissen, wie beispielsweise Überschwemmungen oder Dürrekatastrophen.

3 Formulieren Sie anhand des Diagramms (M4) Kernaussagen zur Entwicklung der Schadensereignisse zwischen 1950 und 2012.

4 Erläutern Sie mithilfe von M6, warum das Auftreten meteorologischer Extremereignisse in quantitativem und qualitativem Kontext betrachtet werden muss. Bereiten Sie hierzu eine Präsentation vor.

M1 Tundrenseen nach dem Auftauen des Permafrostbodens

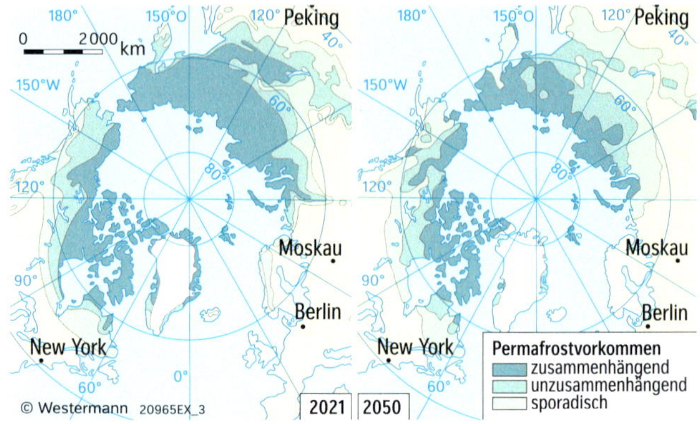

M4 Verbreitung von Permafrost heute und 2050

Geoökosystem und Mensch: Wer passt sich wem an?

„Der anthropogene Klimawandel führt zur Zerstörung von Ökosystemen!", sagen die einen. Andere behaupten, die Ökosysteme würden sich im Zuge des rezenten Klimawandels an die sich verändernden Bedingungen anpassen. Neuere Erkenntnisse helfen Ihnen dabei, die beiden Aussagen besser bewerten zu können. Liegt die Wahrheit in der goldenen Mitte und welche Rolle spielt dabei der Mensch?

„Im Vergleich zum weltweiten Durchschnitt erwärmt sich die Alpenregion doppelt so schnell – seit Beginn der Industrialisierung um 2° C. Deswegen taut der alpine Permafrost, der die Felsschuttmassen zusammenhält, immer mehr auf. Durch die immer früher einsetzende Schneeschmelze werden die Geröll- und Gesteinsschuttmassen nun für kürzere Zeit schneebedeckt. Und wenn schließlich Schnee-, Firn- und Eisbedeckung fehlen, gelangt vermehrt Wasser in die offengelegten Felsrisse und kann durch Staudruck oder Frostsprengung noch mehr Felsmaterial lockern. Unser Matterhorn beginnt zu bröckeln. Im vergangenen Jahrzehnt hat sich dadurch die Steinschlaggefahr am Matterhorn deutlich verschlimmert und meine Verantwortung für meine Bergsteigergäste ist deutlich gewachsen."

M2 Steinschlag am Matterhorn – ein Bergführer berichtet

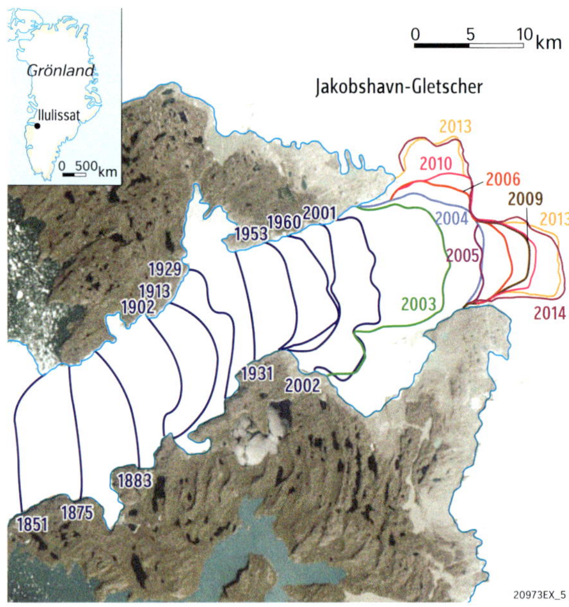

M5 Abschmelzen des Eises am Jakobshavn-Gletscher in Grönland (Eisstände 1851 – 2014)

Die riesige Insel Grönland zieht immer mehr zahlungskräftige Touristen an. Der Hafen der an der Westküste liegenden Stadt Ilulissat friert inzwischen nicht mehr zu. Deswegen legen nun auch in den Wintermonaten Kreuzfahrtschiffe an, deren arktishungrige Urlauber gerne die riesigen Eisberge des UNESCO-Weltkulturerbes Ilulissat-Icefjord in der Disko-Bucht beobachten, mit einem Fischerboot durch die wundervolle Eisberg-Welt fahren, sich auf einem Hundeschlitten über das Inlandeis Grönlands ziehen lassen oder im Sommer die eisfreie arktische Tundra durchwandern. Einige der Einwohner bauen in der Umgebung bereits Kartoffeln an oder halten Schafe. Die Eisschmelze könnte bisher überdeckte Bodenschätze freilegen, deren Erschließung jedoch verhindert werden soll.

M3 Ilulissat – „Boomstadt" der Erderwärmung?

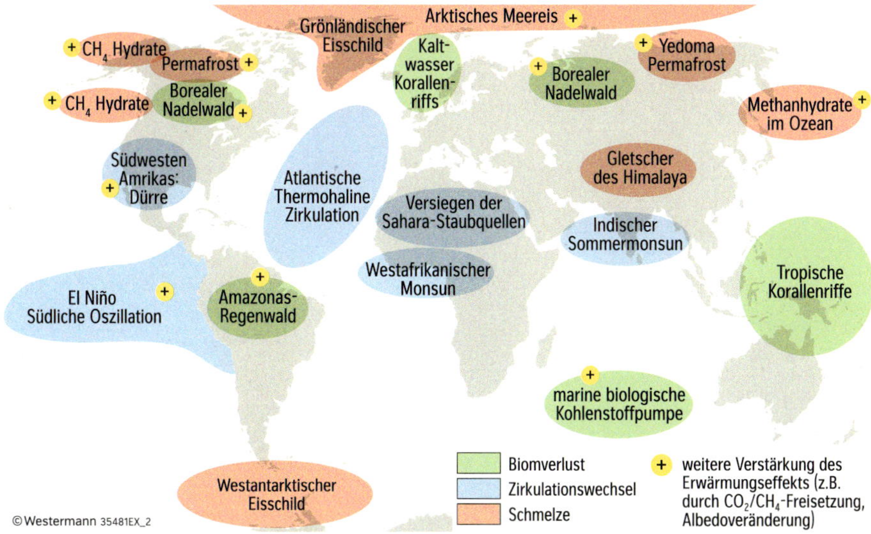

M7 Besonders klimaempfindliche Bereiche (Kippschalter)

Schülerin: „Wie werden sich die Permafrostgebiete verändern?"
Geoökologe: „In Gebieten Sibiriens und Kanadas mit bis in den Untergrund gefrorenen, sommerlich oberflächlich auftauenden Permafrostböden verändern sich die Geoökosysteme schon jetzt."
Schülerin: „Wie sehen denn diese Veränderungen dort aus?"
Geoökologe: „Na ja, es gibt dort Einflüsse, die das verstärkte Tauen des Eises in den Böden beschleunigen, aber auch solche, die es bremsen. Man spricht von positiven und negativen Rückkopplungseffekten."
Schülerin: „Positiv bedeutet hier aber nicht vorteilhaft, oder?"
Geoökologe: „Genau. Es bedeutet eine Verstärkung eines Prozesses. Beispielsweise entstehen in Sibirien durch das stärkere Auftauen vielerorts Seen. Deren durch die Sonneneinstrahlung erwärmtes Wasser kann in den Boden tiefer eindringen und das Auftauen beschleunigen."
Schülerin: „Gibt es dort auch negative Rückkopplungen?"
Geoökologe: „In der baumlosen Tundra beobachtet man eine Ausbreitung von Büschen nach Norden. Im Sommer schatten die Büsche die Oberfläche stark ab und haben dann eine kühlende, den Permafrostboden stabilisierende Wirkung."
Schülerin: „Was könnte denn bei einem noch stärkeren Auftauen passieren?"
Geoökologe: „Schmelzen tiefere Permafrostschichten, dann wird vorher gefrorene organische Bodensubstanz für den Abbau durch Mikroorganismen verfügbar und Kohlenstoffdioxid und Methan könnten vermehrt freigesetzt werden und letztlich den Treibhauseffekt weiter verstärken."
Schülerin: „Also werden bestehende Ökosysteme letztendlich zerstört?"
Geoökologe: „Das ist eine schwierige Frage. Im Grunde passen sie sich den neuen Umweltbedingungen nur an. Dabei spielen die Kipppunkte (*Tipping Points*) und die Kippschalter eine wichtige Rolle. Erstere sind Schwellenwerte (z.B. bestimmte Temperaturen), bei deren Überschreiten das Ökosystem aufhört, um einen mittleren Wert zu pendeln, sondern sich verändert. Kippschalter sind Bestandteile des globalen Klimasystems, die besonders empfindlich auf Veränderungen reagieren können. Letztendlich ist es aber der Mensch, der dann von Zerstörung spricht, wenn er den selbst erzeugten Schaden für sich selbst erkennt und spürt."
Schülerin: „Ich danke Ihnen für das Interview."

M6 Interview einer Schülerin mit einem Geoökologen

1. Fassen Sie die in M1, M2, M4 und M5 erläuterten Veränderungen tabellarisch zusammen.

2. Erörtern Sie Vor- und Nachteile, die sich durch die Klimaveränderung für Grönland ergeben können (M3).

3. Stellen Sie die in M6 gemachten Aussagen in einem Kausaldiagramm grafisch dar.

GeoPlus
Suchen Sie sich in M7 einen klimarelevanten Kippschalter heraus und charakterisieren Sie diesen mithilfe von Informationen aus dem Internet in einem 5-Minuten-Vortrag.

GeoKompakt

Die klimarelevanten Geoökosysteme der Erde können durch positive und negative Rückkopplungseffekte beeinflusst werden. Dabei spielen *Tipping Points* eine entscheidende Rolle bei der Frage, ob sich ein Ökosystem tatsächlich auf Dauer verändert, also anpasst, und den Menschen letztendlich auch zur Anpassung zwingt.

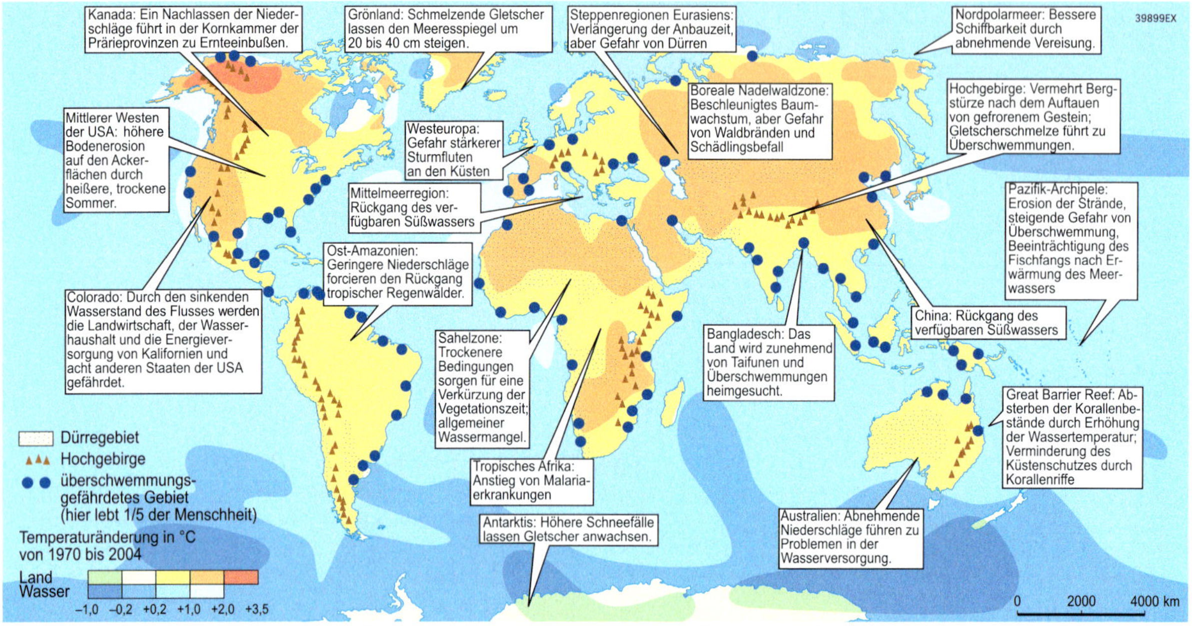

M1 Erwartete Auswirkungen des anthropogenen Klimawandels im 21. Jahrhundert im globalen Überblick

Die Folgen des globalen Klimawandels im Überblick

Der Temperaturanstieg in der unteren Atmosphäre und die Erwärmung der Ozeane sorgen dafür, dass im gesamten Klimasystem der Erde vielfältige Veränderungen stattfinden. Kategorisieren Sie diese und finden Sie heraus, inwieweit sie auch Ursache für Klimaflucht sein können.

1 Wählen Sie aus M1 eine Klimaregion aus und erläutern Sie die dortigen Auswirkungen des Klimawandels.

2 Erstellen Sie in Plakatform ein grafisches Schema, welches die Wechselwirkungen zwischen Atmosphäre und Ozeanen vor dem Hintergrund des anthropogenen Klimawandels aufzeigt (M2).

3 Beschreiben Sie an je einem Beispiel, wie der Klimawandel sich auf globaler, regionaler und lokaler Ebene zeigt (M1 – M3).

Die anthropogenen Veränderungen im Klimasystem Erde sind auf globaler, regionaler und lokaler Ebene zu beobachten. Dabei spielt Wasser in seinen verschiedenen physikalischen Zustandsformen eine entscheidende Rolle. Das Wasser des Weltmeeres wirkt als CO_2-Senke und reduziert normalerweise den natürlichen Treibhauseffekt. Die anthropogen verstärkte CO_2-Aufnahme führt zu einer Versauerung der Ozeane und zu Veränderungen in der weltweiten Meeresfauna und -flora. Die Temperaturerhöhung bewirkt zudem eine thermische Ausdehnung des Wassers in den Ozeanen und zusammen mit dem zusätzlichen Wassereintrag infolge des Schmelzens von Gletschern und Polkappen einen weltweiten Anstieg des Meeresspiegels (→ Karte 1, S. 164). Zusätzlich wird durch das fehlende Eis die Albedo reduziert und der anthropogene Treibhauseffekt verstärkt.
In subpolaren Regionen werden größere Mengen des gespeicherten Methangases durch das Tauen der Permafrostböden freigesetzt, was den Anteil der Treibhausgase erhöht. Die Temperaturerhöhung des Weltmeeres kann auf absehbare Zeit die Meeresströmungen verändern. Schmelzen beispielsweise die Gletscher Grönlands weiter ab, so könnte das bisher wegen seines hohen Salzgehalts absinkende Wasser des Nordatlantikstroms durch die nun vermehrte Süßwasserzufuhr langsamer in die Tiefe sinken und so den Golfstrom verlangsamen. Gewaltige Klimaveränderungen im Atlantik und in Europa wären die Folge. Und schließlich haben die temperaturbedingten Veränderungen des atmosphärischen Wasserdampfgehalts makro- und mikroklimatischen Auswirkungen – Überschwemmungen in Gebieten mit steigenden Niederschlägen einerseits und das Risiko von Dürreperioden infolge sinkender Niederschlagswerte andererseits.

M2 Klimawandel: Temperaturerhöhung und die Rolle des Wassers

Folgen	0°C – 1°C – 2°C – 3°C – 4°C – 5°C – 6°C
Kollaps des arktischen Schelfeises	- Verschärfung des regionalen Temperaturanstiegs durch Albedo-Effekt - Verlust des Lebensraumes bestimmter Tierarten (Eisbären, Seehunde)
Abschmelzen des grönländischen Eisschildes	- Meeresspiegelanstieg um bis zu 7 m über mehrere Jahrhunderte (irreversibel) - Temperaturrückkopplung durch Albedo-Effekt
Kollaps des westantarktischen Eisschildes	- Anstieg des Meeresspiegels um weitere 5 - 6 m in mehreren Jahrhunderten (irreversibel)
Kollaps des Amazonas-Regenwaldes	- Zusätzliche CO_2-Freisetzung verschärft Temperaturanstieg. - möglicherweise Umkehr der Senkenfunktion des Bodens und der Vegetation zur Freisetzung von großen Mengen CO_2
Rückgang der nordischen Nadelwälder	- Klimawandel erhöht Stress durch Pflanzenschädlinge, Feuer und Stürme. - massive zusätzliche Freisetzung von Kohlenstoffdioxid
Bistabilität der Sahel-Zone, Verlagerung des Westafrikanischen Monsuns	- Veränderte Niederschläge könnten Sahara/Sahel „ergrünen“ lassen. - Verringerter Nährstofftransport könnte Amazonas-Kollaps beschleunigen. - zeitversetzt Zunahme der Dürren in der Sahelzone durch Monsunschwankungen (Bistabilität)
Verstärkung/Häufung des El-Niño-Phänomens	- Verstärkung von Wetterextremen (Dürrekatastrophen, Überschwemmungsereignisse), v. a. in Südostasien und Südamerika, aber auch in anderen Erdteilen
Abschwächung des Golfstroms im Nordatlantik	- Verlangsamung des durch den Klimawandel zu erwartenden Temperaturanstiegs in Europa, möglicherweise zusätzlicher Anstieg in anderen Regionen - zusätzlicher Meeresspiegelanstieg im Nordatlantik (bis zu einem Meter beim vollständigen Aussetzen des Golfstroms) und im globalen Durchschnitt

Mit dem zunehmenden Temperaturanstieg (gegenüber 1980-1999) steigt die Eintrittswahrscheinlichkeit der Ereignisse. Die Abschätzungen dafür beginnen beim Übergang von weiß zu gelb. Die gestrichelte Linie zeigt einen Temperaturanstieg von 2° C gegenüber vorindustriellem Niveau.

M3 Mögliche regionale Folgen der Temperaturerhöhung

Setzt sich der anthropogene Klimawandel fort, so werden bis 2050 voraussichtlich 200 Millionen Menschen aus den ärmsten Ländern der Welt ihre Heimatregionen verlassen müssen, weil die klimatischen Veränderungen ein Überleben dort kaum mehr möglich machen. Bereits heute sind mehr als die Hälfte aller Flüchtlinge weltweit Klimaflüchtlinge. Ursprungsgebiete dieser Klimaflucht sind vor allem die von Wasserknappheit, Dürren und Desertifikationserscheinungen besonders betroffenen Länder der Sahelzone, aber auch überschwemmungsgefährdete Staaten wie Bangladesch und viele Archipele im Südpazifik und im Indischen Ozean, denen beispielsweise der Meeresspiegelanstieg und die zunehmende Versalzung der Böden in Küstennähe zusetzen. Letztlich ist oft Ernährungsunsicherheit Fluchtursache Nummer Eins – besonders dann, wenn durch die zunehmende Geschwindigkeit und Stärke der klimatischen Veränderungen eine Anpassung der Wirtschaftsweisen an die neuen Bedingungen nicht mehr möglich ist. Die wirtschaftlich hoch entwickelten Staaten, die den weitaus größten Teil der Emissionen an schädlichen Treibhausgasen erzeugen, sind Hauptinitiatoren der Klimaflucht und werden sich für zukünftige Lösungsstrategien verantwortlich zeigen müssen.

M4 Von den Klimaveränderungen zur Klimaflucht

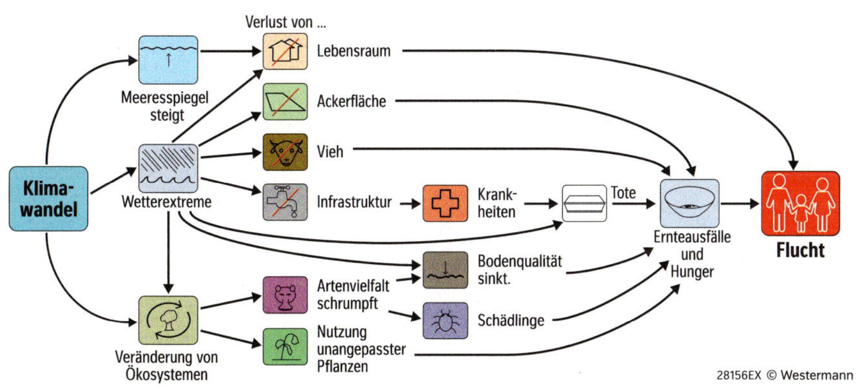

M5 Kausalketten der Klimaflucht

4 Schreiben Sie zur Abbildung M5 unter Zuhilfenahme der Karte 2, Seite 164, für eine Ausstellung zum Thema Klimaflucht einen erläuternden Begleittext.

GeoKompakt

Die durch den anthropogenen Treibhauseffekt erzeugten klimatischen Veränderungen sind heute bereits auf globaler, regionaler und lokaler Ebene spürbar. Sie führen zu Folgeerscheinungen wie der Klimaflucht und werden den Menschen zukünftig Lösungsstrategien zur Minderung der Auswirkungen des Klimawandels bzw. zur Anpassung an die veränderten klimatischen Bedingungen abverlangen.

M1 Meinungen bei einer *Fridays-for-Future*-Demonstration

Anthropogener Klimawandel – Positionen und Meinungen

Die Diskussion um den anthropogenen Klimawandel in der Öffentlichkeit und in den Medien findet teilweise sehr emotional, zuweilen unsachlich statt. Dabei spielen soziale Medien eine mitentscheidende Rolle, da sie die rasche Verbreitung von Meinungen erst ermöglichen und dabei viele Menschen erreichen. Wie aber kann man Behauptungen auf ihren Wahrheitsgehalt hin überprüfen und wie trägt man selbst zu einer sachlichen Gesprächskultur mit fairer und angemessener Argumentation bei?

„Der Übergang von fossiler zu regenerativer Energie kostet ein Prozent des Volkseinkommens oder sogar noch weniger, während die Vorzüge gigantisch sind: stabiles Klima, saubere Luft und eine nachhaltige Umwelt."
(Jeffrey Sachs, US-amerikanischer Ökonom, 2021)

„Videokonferenzen statt Dienstreisen haben ein hohes Potenzial für den Klimaschutz. Damit könnten ca. drei Millionen Tonnen Treibhausgasemissionen im Jahr eingespart werden." (Dr. Jens Clausen, 2021)

„Angesichtes des Klimawandels fordere ich heute alle Regierungen, private Unternehmen und lokale Behörden auf, drei Schritte einzuleiten: Brechen Sie alle in der Planung befindlichen globalen Kohleprojekte ab. Beenden Sie die Finanzierung von Kohlekraftwerken und verlagern Sie Investitionen in Projekte für erneuerbare Energien. Starten Sie eine globale Anstrengung zu einem gerechten Übergang."
(António Guterres, Generalsekretär der Vereinten Nationen, 2021)

„Es ist Ende Juli und echt kalt draußen in New York. Wo zum Teufel ist die Erderwärmung?"
(Donald Trump, 2014)

„Ich glaube nicht, was Wissenschaftler behaupten. Gesetze gegen den Klimawandel zerstören unsere Wirtschaft."
(Marco Rubio, US-Senator, 2015)

„Welches Gut wäre es, den Planeten zu retten, wenn die Menschheit dabei leidet?"
(Rex Tillerson, CEO ExxonMobil, 2015)

„Wir können die Welt nicht retten, indem wir uns an die Spielregeln halten. Die Regeln müssen sich ändern, alles muss sich ändern, und zwar heute."
(Greta Thunberg, 2018)

M2 Aussagen zum anthropogenen Klimawandel

1. Führen Sie eine Debatte über den Wahrheitsgehalt und die wissenschaftliche Fundiertheit der Aussagen in M1 und M2 (→ S. 159).

2. Fertigen Sie eine Liste geeigneter Quellen für einen Vortrag zur Differenzierung des natürlichen und des anthropogenen Treibhauseffekt an (M2 – M4).

3. Beschreiben, interpretieren und bewerten Sie die Botschaften, die in der Karikatur in M4 formuliert werden.

4. Recherchieren Sie im Internet aktuelle Maßnahmen und Erfolge hinsichtlich der Umsetzung der vereinbarten Klimaziele in Deutschland.

Beispiele verlässlicher Quellen, z. B.
renommierte Tages- und Wochenzeitungen, Fachzeitschriften und -bücher, seriöse Talkshows, sachliche Dokumentationen (Film, Fernsehen, z. B. bei arte, Bayern Alpha, Phoenix), Veröffentlichungen auf Internetseiten und -foren anerkannter Institutionen (z. B. Websites, Podcasts und Blogs der Hochschulen, Institute, Forschungsanstalten).

Vorsicht bei diesen Quellen, z. B.
Internetseiten, Blogs und Videos mit Behauptungen ohne wissenschaftlichen Beleg, Veröffentlichungen fundamentalistischer und extremistischer politischer, religiöser und pseudophilosophischer Gruppen und Organisationen, Veröffentlichungen mit offenen und versteckten Werbezielen, ideologisierende oder radikalisierende Botschaften.

M3 Auf die Quelle(n) kommt es an!

GeoMethode

Eine Debatte führen

Eine Debatte ist ein Gespräch, in dem eine Entscheidungsfrage beantwortet oder ein Thema – in diesem Fall zum Klimawandel – kontrovers diskutiert werden soll. Vielen in der Schule sind Debatten aus Wettbewerben wie „Jugend debattiert" oder aus Programmen wie *Model United Nations* bekannt.

1. Einigen Sie sich, nach welchen Regeln grundsätzlich immer argumentiert und debattiert werden soll.
2. Vereinbaren Sie eventuell eine Art Notbremse.
3. Zeigen Sie in der Debatte Respekt, Toleranz und Akzeptanz, indem Sie andere Personen aussprechen lassen und ernst nehmen; Spott und Häme haben dabei nichts verloren.
4. Vermeiden Sie unbedingt Eskalationen und Emotionen anstelle sachlicher Argumente.
5. Falls das Gespräch in falsche Bahnen gerät; machen Sie die eigene Haltung deutlich, wirken Sie dabei aber nicht autoritär und dominant.
6. Hören Sie aufmerksam zu und nehmen Sie sich selbst zurück, wenn andere sprechen.
7. Fragen Sie nach, wenn Sie etwas nicht verstanden haben oder fassen Sie unter Umständen die anderen Meinungen selbst zusammen, um abzusichern, dass alles richtig verstanden wurde.
8. Bleiben Sie in der Debatte stets beim Thema und vermeiden Sie Verallgemeinerungen, Abschweifungen, langatmige Exkurse oder gar moralische Belehrungen.
9. Unterfüttern Sie die eigenen Argumente sachlich.

M4 Kritik durch Karikatur

Vorbereitung einer Debatte zum anthropogenen Klimawandel

1. Spuren, Hinweisen und Belegen zum anthropogenen Klimawandel nachgehen und sich breit informieren
2. Qualität der Informationsquellen überprüfen
3. Informationsmaterialien wie thematische Karten, Modelle und Diagramme problem-, sach- und zielorientiert analysieren
4. Korrelationen (gleichlaufende Zusammenhänge) z. B. zwischen Treibhausgasgehalt und Temperaturerhöhung entdecken
5. sich über Vermeidungs- und Anpassungsstrategien unter dem Aspekt nachhaltiger Entwicklung informieren
6. sich mit klimaneutralen Lebens- und Arbeitsweisen auseinandersetzen

GeoKompakt

Die Behandlung des komplexen Themas „Anthropogener Klimawandel" bedarf einer bestmöglichen Vorinformation auf der Grundlage sachgerechter Informationen aus verlässlichen Quellen. In der öffentlichen und privaten Diskussion dieses Themas sollten eine faire, respektvolle, möglichst emotionsarme und sachorientierte Argumentations- und Debattierweise selbstverständlich sein.

INFO

Der **Klimaschutz-Index** (KSI) misst die aktuellen Klimaschutzleistungen zahlreicher Staaten und der EU sowie die Wahrscheinlichkeit einer Realisierung der Ziele der Pariser Klimakonferenz 2015. Er wird anhand von 14 Indikatoren von 350 Klimaexperten aus regierungsunabhängigen Organisationen berechnet und jährlich aktualisiert.

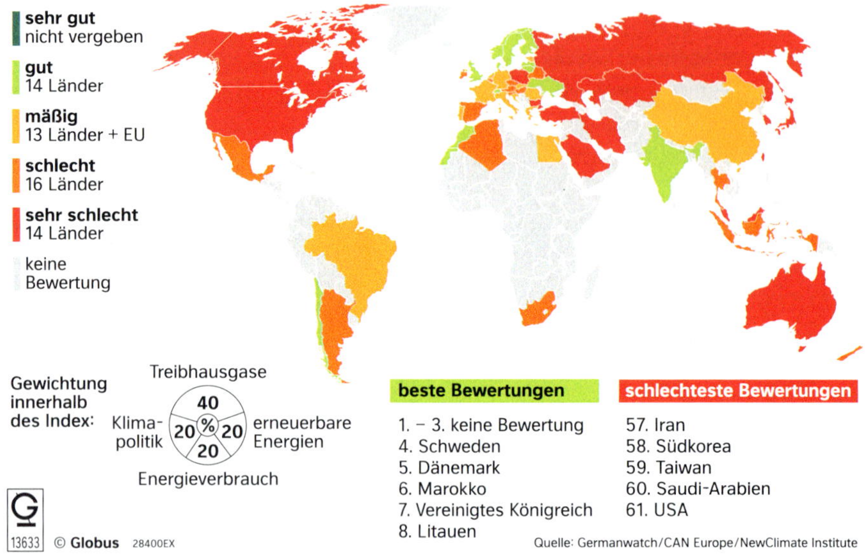

M1 Klimaschutz-Index 2020

Klimaschutz – global, national und innovativ

Der Reduktion von Treibhausgasemissionen, der Entwicklung von Anpassungsstrategien an den Klimawandel und der Entwicklung innovativer, klimaschonender Technologien kommt heute eine essenzielle Bedeutung zu, will man unser Klima nachhaltig besser schützen. Aber wie steht es mit der Verwirklichung solcher Ziele?

1 Formulieren Sie für die Eröffnung einer Klimaschutzkonferenz an Ihrer Schule Kernaussagen zur Auswertung des Klimaschutz-Index 2020 (M1).

2 „Die UN-Klimakonferenzen sind doch nur eine Alibi-Veranstaltung." Erstellen Sie eine Liste möglicher Argumente gegen derartige Aussagen (M2).

3 Wählen Sie ein Beispiel des Geoengineering (M3, → S. 165, M1) aus und recherchieren Sie im Internet hierüber für einen Kurzvortrag.

Da der anthropogene Klimawandel ein globales Phänomen darstellt, müssen Maßnahmen zum Schutz unseres Klimas auch in globaler Kooperation ergriffen werden. Mit dem Klimaschutz-Protokoll von Kyoto aus dem Jahre 1997, in dem erstmalig eine Reduktion der Treibhausgasemissionen verankert wurde, begannen die internationalen Bemühungen hierfür. Seit 2005 wird auf den jährlich stattfindenden UN-Klimakonferenzen versucht, auf der Grundlage von Forschungsergebnissen, beispielsweise jenen des IPCC, gemeinsame Klimaziele zu vereinbaren. 2015 haben sich beispielsweise in Paris 195 Staaten auf das Ziel geeinigt, die weitere Erwärmung der Atmosphäre bis 2030 auf maximal 1,5°C zu begrenzen. Es erscheint allerdings fraglich, ob dieses Ziel erreicht werden kann. Zu diesen Zweifeln kommen nationale Eigeninteressen: So kündigte der US-amerikanische Präsident Trump 2020 das Klimaschutzabkommen einseitig auf, dem sein Nachfolger Biden 2021 wieder beitrat.
Bei der Realisierung von Klimazielen auf der Global- und Länderebene müssen unterschiedliche Bereiche der Gesellschaft mitwirken. Die Politik kann mit gesetzlichen Rahmenbedingungen, beispielsweise durch Verbote, Steuern oder auch finanzielle Anreize, klimaschädliche Mechanismen bremsen und die Entwicklung weniger klimaschädlicher Technologien beschleunigen. Wirtschaft, Wissenschaft und das Finanzwesen können die Finanzierung, Entwicklung und Verbreitung klimafreundlicher Technologien vorantreiben. Umwelt- und Verbraucherverbände können die öffentliche Meinung und den politischen Druck beeinflussen. Schließlich aber muss auch jeder Einzelne mit einem angepassten Verhalten und der Bereitwilligkeit agieren, für den Klimaschutz aktiv zu werden.

M2 Klimaschutz geht alle an.

Klimaschutz

Mitigation – Bekämpfung der Ursachen

Reduktion von Treibhausgasen
- Dekarbonisierung der Energiegewinnung
- finanzielle Anreize zur Einsparung von Treibhausgasemissionen
- Abkehr von der fossilen Energieversorgung (Energiewende)
- Ausbau der erneuerbaren Energien
- zukunftsfähige Netzwerke
- Energieeffizienz steigern
- Energieeinsparungen in Industrie und Verkehr
- Ausdehnung der ökologischen Landwirtschaft

Geoengineering
- Geothermie
- Sonnenspiegel im Weltall
- Produktion von Wolken

Adaption – Anpassung an die Folgen des Klimawandels

z. B.
- effektiver Küsten- und Erosionsschutz
- Hochwasserschutz
- Renaturierung von Flusslandschaften
- Entsiegelung von Flächen
- eingeschränkte Nutzung von Auen
- Züchtung neuer Getreidesorten
- effektives Wassermanagement
- verändertes Anbaumanagement der Landwirtschaft
- globale Informations- und Frühwarnsysteme
- verbesserter Katastrophenschutz
- angepasste Raumplanung

M3 Strategien des Klimaschutzes

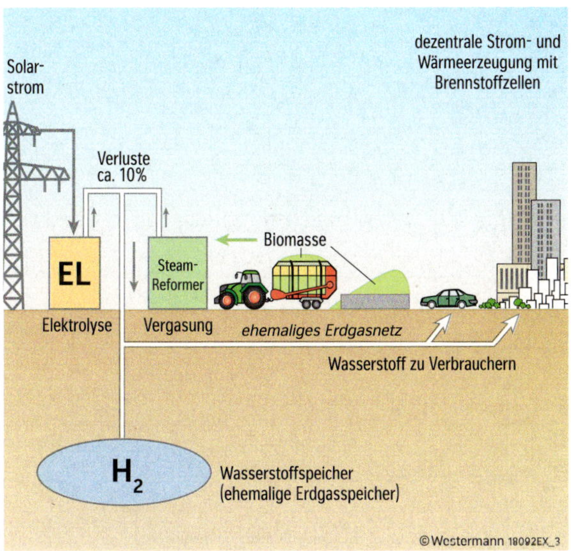

M4 Wasserstoffwirtschaft

GeoKompakt

Den Auswirkungen des anthropogenen Klimawandels muss durch die Kooperation aller Beteiligten auf globaler, regionaler und lokaler Ebene begegnet werden. Dies geschieht in politischem, wirtschaftlichem und gesellschaftlichem Maßstab durch die Verabschiedung von Klimazielen zur Reduktion der Treibhausgasemissionen, Maßnahmen zur Einsparung des Energieverbrauchs, Anpassungsstrategien an veränderte klimatische Verhältnisse und die Förderung klimafreundlicher Technologien.

Unmittelbar nach der Tsunami-Katastrophe in Japan im Jahre 2011 und dem Reaktor-Unglück von Fukushima wurde in Deutschland eine Energiewende eingeläutet, mit der die Energieversorgung neu gestaltet werden soll. Hauptstrategien hierbei sind einerseits der schrittweise Ausstieg aus der Erzeugung von Kernenergie bis 2022 und andererseits die Verringerung der Nutzung fossiler Energieträger. Durch eine Steigerung der Energieeffizienz, durch Energiesparen und den Umstieg auf erneuerbare Energieträger, wie etwa Wind- und Wasserkraft, Solarenergie, Photovoltaik, Geothermie und Biomassenverwertung, soll der Primärenergieverbrauch in Deutschland gesenkt bzw. umstrukturiert werden. Zusätzlich werden hohe Summen beispielsweise in die Entwicklung sparsamerer Motoren, in E-Mobilität, Wärmepumpentechnologie und Blockheizkraftwerke investiert.

M5 Deutschland zielt auf den Klimaschutz

Die Kieselalgen der Weltmeere binden CO_2 aus der Atmosphäre und spalten mit der Photosynthese Sauerstoff ab. Den Kohlenstoff lagern diese Algen selbst ein. Nach dem Absterben der Kieselalgen sinkt der in ihnen gebundenen Kohlenstoff auf den Meeresboden ab und wird dort langfristig in den Sedimenten gebunden. Im Südpolarmeer, wo das Kieselalgenwachstum wegen des Eisenmangels gering ist, könnte man durch eine ‚Düngung' mit Eisensulfat das Algenwachstum fördern, damit mehr CO_2 aus der Atmosphäre binden und auf diese Weise die Klimaveränderungen verlangsamen. Da allerdings die Folgen eines derartigen Eingriffs, etwa ein Anwachsen giftiger Algen, erst noch genauer erforscht werden müssen, bleiben solche Maßnahmen derzeit noch Theorie.

M6 Biotechnologie für den Klimaschutz?

4 Stellen Sie mögliche Problemfelder dar, die der Energiewende in Deutschland entgegenstehen bzw. diese verlangsamen könnten (M5).

5 „Kaufe regional und saisonal!" Erläutern Sie, inwieweit diese Aussage beim Kauf landwirtschaftlicher Produkte klimaschonenden Charakter haben kann.

6 Erklären Sie, inwiefern Wiederaufforstungen dem Klimaschutz dienlich sein können.

Kompetenzcheck Klimawandel und -schutz global bis lokal

Der Klimawandel wird in Politik, Wirtschaft, in den Schulen und Familien intensiv diskutiert. Es ist unsere Aufgabe für die Zukunft, unsere Lebenswelt klimaneutral zu gestalten, möglichst keine Treibhausemissionen zu erzeugen oder diese durch Einsparungen zu verringern. Wie kann man dabei vorgehen?

CHECK

Wenn wir Nahrung zu uns nehmen, Kleidung kaufen, die Heizung einschalten oder Auto fahren, verbrauchen wir in aller Regel Ressourcen, die uns die Erde zur Verfügung stellt. Wir hinterlassen dabei einen ökologischen Fußabdruck. Darunter wird die biologisch produktive Fläche (z. B. Wald, Weideland, Ackerland in ha) auf der Erde verstanden, die nötig ist, um die verbrauchten Ressourcen zu erneuern und die entstandenen Abfallprodukte zu absorbieren. Unser persönlicher ökologischer Fußabdruck kann mit jenem verglichen werden, den die Erde jedem Menschen im Durchschnitt erlaubt. Derzeit liegt der erlaubte ökologische Fußabdruck bei 1,7 globalen Hektar (gha) pro Person. Ihm gegenüber steht ein derzeitiger globaler, tatsächlicher durchschnittlicher Fußabdruck von 2,8 gha. Dies bedeutet, wir verbrauchen deutlich mehr Ressourcen als uns die Erde bereitstellen kann. Der *Earth Overshoot Day*, der Tag, an dem die jährliche Ressourcenkapazität der Erde verbraucht ist, wurde z. B. im Jahr 2018 bereits am 1. 8. erreicht! Um den ökologischen Fußabdruck zu berechnen, werden anhand der verschiedenen persönlichen Angaben die einzelnen Werte mit Durchschnittsverbrauchswerten multipliziert und anschließend addiert. Das Ergebnis wird dann der dem jeweiligen Land entsprechenden Biokapazität – wieviel Fläche einem Land zur Verfügung steht – gegenübergestellt.

M1 Klimaneutralität und ökologischer Fußabdruck

1. Informieren Sie sich über Veranstaltungen (z. B. Vorträge, Bürgeraktionen, Arbeitskreise) zu den Auswirkungen des anthropogenen Klimawandels bzw. zum Klimaschutz in Ihrem Heimatraum. Geben Sie hierzu eine Empfehlung für die Teilnahme an einer dieser Veranstaltungen.

2. Berechnen Sie Ihren persönlichen ökologischen Fußabdruck und vergleichen Sie ihn mit dem jeweiligen Durchschnitt Deutschlands bzw. der Welt (M1, M2). Verwenden Sie hierzu Rechner im Internet wie etwa unter *Global Footprint Network* oder bei „Brot für die Welt".

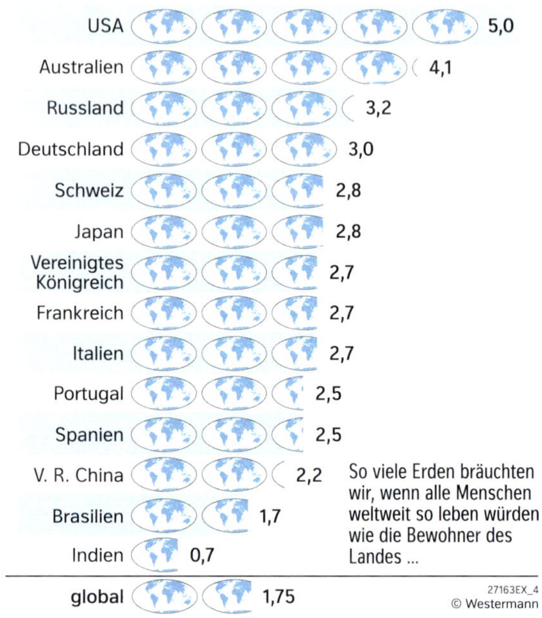

M2 Ökologischer Fußabdruck

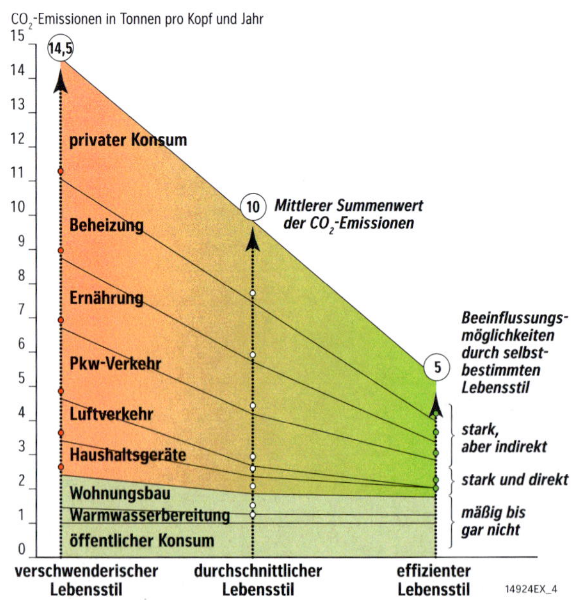

M3 CO_2-Emissionen nach Lebensstil in Deutschland

Land	Datum
Katar	11. Februar
Deutschland	03. Mai
Ägypten	25. November

M4 ***Country Overshoot Days*** **2019**

Die Agenda 21 ist ein globales, dem Nachhaltigkeitsprinzip folgendes Aktionsprogramm zur Zukunftssicherung unserer globalen Ressourcen. Ziel ist damit, nicht nur derzeitigen, sondern zukünftigen Generationen ein selbstbestimmtes Leben auf unserem Planeten zu ermöglichen. Experten fordern nach dem Motto *Think global, act local!* die Umsetzung dieses globalen Vorhabens auf regionaler und globaler Ebene.

M6 Lokale Agenda 21

❸ Begründen Sie anhand von M3 die unterschiedlichen CO_2-Emissionen in Tonnen pro Kopf und Jahr bei unterschiedlichen Lebensstilen.

❹ Erläutern Sie an einem Beispiel, wie Sie mit Ihrem Verhalten Ihren persönlichen ökologischen Fußabdruck verringern und damit zum Klimaschutz in Ihrem Heimatraum beitragen können (M1, M3).

❺ Der *Country Overshoot Day* ist der Tag eines Landes, an dem die für das laufende Jahr maximal akzeptablen Ressourcenmengen aufgebraucht sind. Begründen Sie die unterschiedlichen Daten für die in M4 aufgeführten Staaten.

❻ Derzeit wollen 150 Landkreise in Deutschland ihre Energieversorgung langfristig auf erneuerbare Energien umstellen. Nehmen Sie auf der Grundlage der Karte 1, S. 165, Stellung zu folgender Aussage: „Die dezentrale Energieversorgung ist die Zukunft!“

❼ Das Abschmelzen der Hochgebirgsgletscher (M5) gilt als Fieberthermometer für den anthropogenen Klimawandel. Aber auch an dauerhaft gefrorenen Böden, am Eis in Felswänden und an Schutthalden lassen sich seine Folgen erkennen. Legen Sie an ausgewählten Beispielen dar, welche Auswirkungen der anthropogene Klimawandel auf die Infrastruktur des Alpenraumes hat.

❽ Entwickeln Sie nach dem *Act-local*-Prinzip (M6) Vorschläge zur Durchführung eines Schulfestes und diskutieren Sie diese. Fertigen Sie als Ergebnis thematisch orientierte, grafisch und textlich gestaltete Wandplakate an.

❾ Mittlerweile gibt es in vielen Bereichen Zertifizierungen, die umweltfreundliche Produkte und Sparpotenziale und damit auch Beiträge zum Klimaschutz auszeichnen. An ihnen erkennen die Verbraucher z. B. besonders energieeffiziente Geräte. Stellen Sie eine dieser Zertifizierungen hinsichtlich ihrer möglichen Wirkung auf das Kaufverhalten der Konsumenten dar.

M5 Gepatschferner, Gletscherstand 1904 und 2012

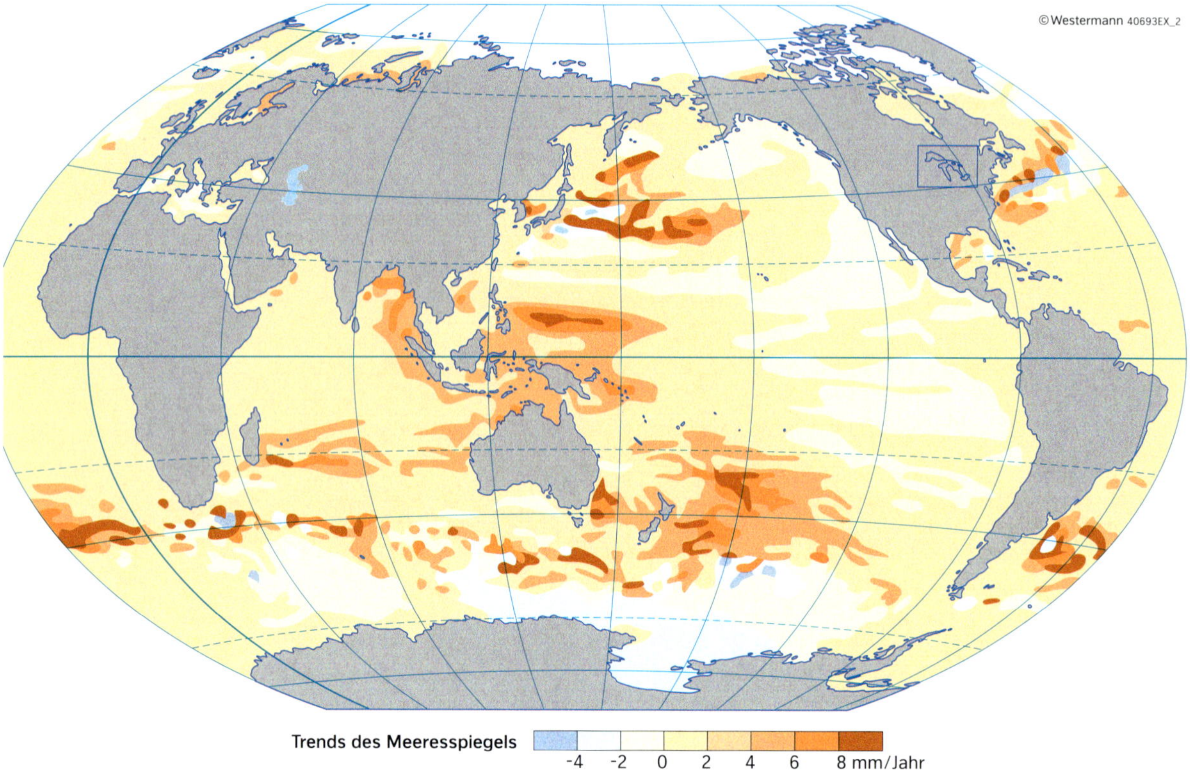

Karte 1 Trends des globalen Meeresspiegels (mm/Jahr) im Zeitraum 1992 – 2018

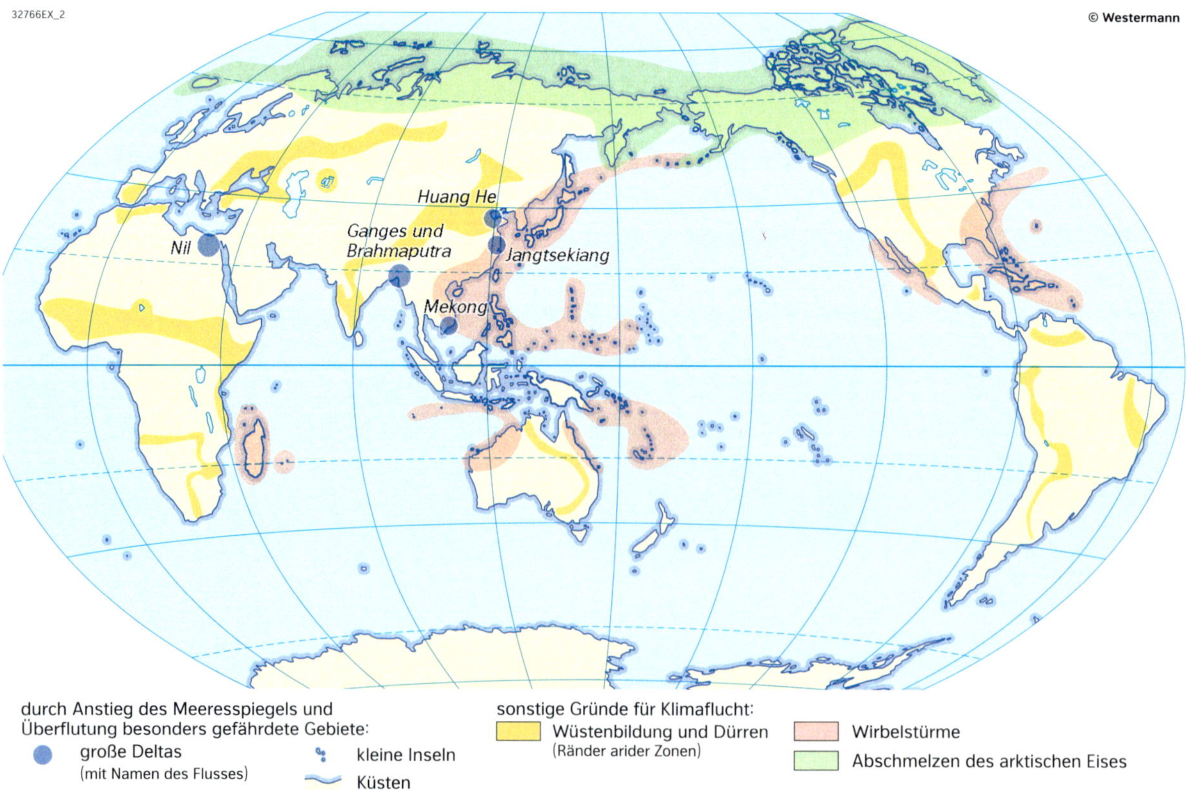

Karte 2 Klimafluchtgefährdete Gebiete

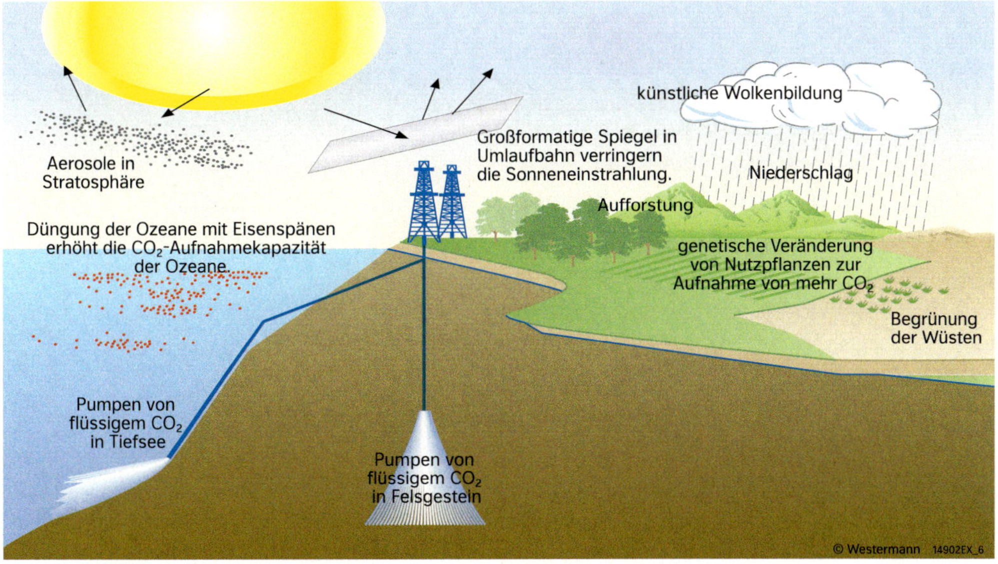

M1 Mögliche Geoengineering-Maßnahmen

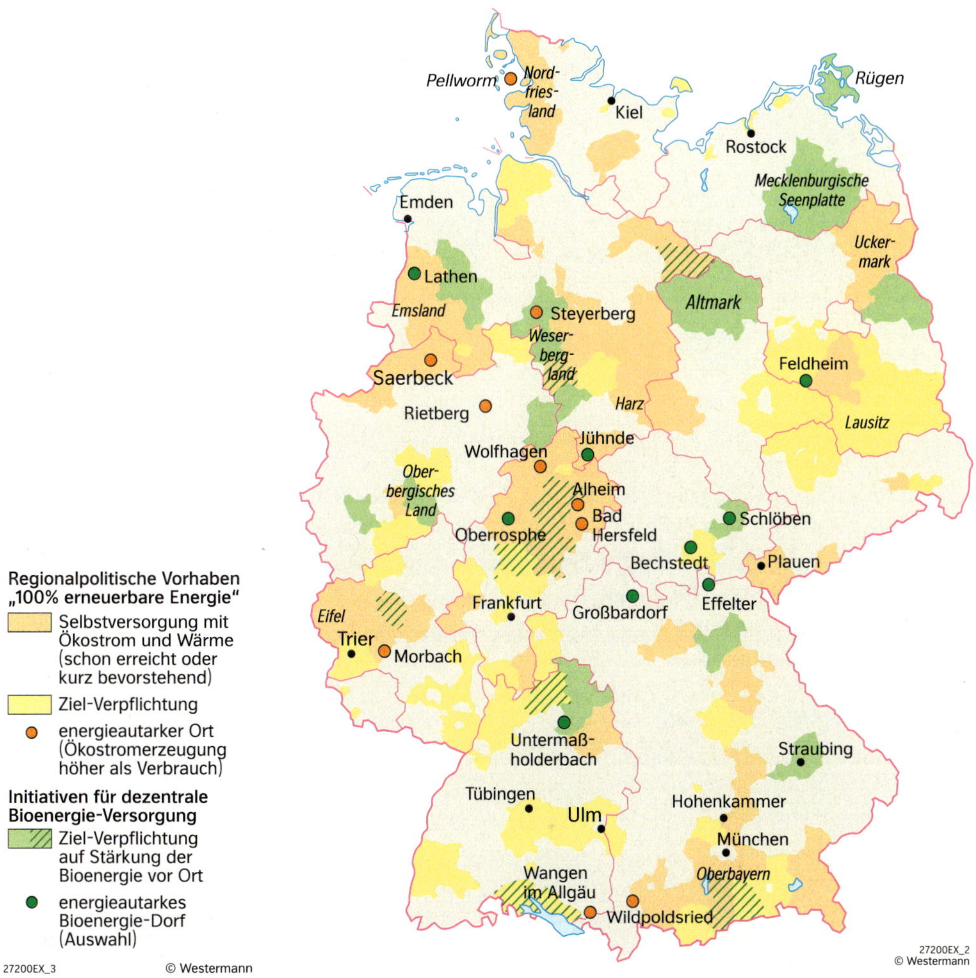

Karte 1 Energieautarke Regionen in Deutschland

Arbeitsaufträge richtig verstehen

Die Arbeitsaufträge in den Aufgaben werden durch sogenannte **Operatoren** bestimmt. Diese Verben signalisieren, welche Tätigkeiten beim Bearbeiten von Aufgaben erwartet werden. Die Operatoren sind jeweils einzelnen Anforderungsbereichen zugeordnet.

Anforderungsbereich I (leichter Schwierigkeitsgrad) Beim Anforderungsbereich I geht es vor allem um das Reproduzieren und Reorganisieren von Sachverhalten.	
auflisten/aufzählen	Ohne weitere Erklärung Sachverhalte oder Begriffe in eine Reihenfolge bringen.
benennen	Vorgegebene Sachverhalte/Inhalte mit einem Begriff versehen.
beschreiben/ wiedergeben	Sachverhalte aus Materialien oder aus vorherigen Kenntnissen zusammenhängend und strukturiert darlegen.
ermitteln	Informationen aus Materialien herausfinden.
gliedern	Sachverhalte bzw. Räume nach selbst gewählten oder vorgegebenen Kriterien systematisierend ordnen.
herausarbeiten	Informationen und Sachverhalte unter bestimmten Gesichtspunkten aus Materialien entnehmen, wiedergeben und/oder gegebenenfalls berechnen.
lokalisieren	Topographische Orte in einer Karte finden und zuordnen.
nennen	Informationen/Phänomene aus einem Material/ Sachverhalt herausfinden und knapp wiedergeben.
ordnen	Begriffe/Sachverhalte nach übergeordneten Gesichtspunkten systematisieren.
zusammenfassen	Sachverhalte auf wesentliche Aspekte reduzieren und wiedergeben.

Anforderungsbereich II (mittlerer Schwierigkeitsgrad) Der Anforderungsbereich II umfasst das selbstständige Erklären, Bearbeiten und Ordnen bekannter Inhalte und das angemessene Anwenden gelernter Inhalte und Methoden auf andere Sachverhalte (Transfer).	
begründen	Sachverhalt/Aussage durch nachvollziehbare Argumente und Belege argumentativ schlüssig stützen.
belegen	Vorgegebene oder selbst aufgestellte Behauptungen/Aussagen nachweisen.
charakterisieren	Sachverhalte und Vorgänge mit ihren typischen Merkmalen vielschichtig beschreiben.
darstellen/darlegen	Sachverhalte detailliert und fachsprachlich angemessen aufzeigen.
einordnen/zuordnen	Sachverhalte begründet in einen systematischen Zusammenhang einfügen.
erarbeiten	Aus Materialien wesentliche Merkmale/Eigenschaften eines Sachverhalts herausfinden und im Zusammenhang beschreiben.
erstellen	Sachverhalte inhaltlich und methodisch angemessen mit fachsprachlichen Begriffen graphisch darstellen.
erklären	Sachverhalte in einen Zusammenhang (z. B. Regel, Modell, Kontext) bringen und deuten (Bedingungen, Ursachen, Folgen).
erläutern	Sachverhalte in ihren komplexen Beziehungen durch zusätzliche Informationen (Beispiele, Belege, Begründungen) erklären.
vergleichen	Gemeinsamkeiten und Unterschiede zwischen Sachverhalten herausarbeiten und darstellen.
verorten	Sachverhalte einem Raum z. B. auf einer Karte begründet zuweisen.

Anforderungsbereich III (hoher Schwierigkeitsgrad) Der Anforderungsbereich III betrifft die Argumentations- und die Urteilsfähigkeit. Hierbei geht es vor allem um den reflektierenden Umgang mit neuen Problemstellungen, den eingesetzten Methoden und gewonnenen Erkenntnissen, um zu Begründungen, Folgerungen, Beurteilungen und Handlungsoptionen zu gelangen.	
analysieren	Materialien, Sachverhalte oder Räume systematisch und gezielt untersuchen und auswerten.
auswerten	Aussagen von Materialien (Texten, Tabellen, Karten, Bildern) herausfinden und zusammenstellen.
beurteilen	Aussagen, Theorien oder Maßnahmen auf ihre Richtigkeit, Angemessenheit bzw. Anwendbarkeit prüfen, ohne persönlich Stellung zu nehmen.
bewerten	Materialien zu einem Sachverhalt analysieren und eine sachlich begründete persönliche Stellungnahme geben.
diskutieren	Zu einem Sachverhalt Argumente zusammenstellen, um daraus eine begründete Bewertung zu entwickeln.
erörtern	Zu einer These bzw. Problemstellung eine reflektierte, abwägende Auseinandersetzung führen und zu einem begründeten Sach- und/oder Werturteil kommen.
entwickeln	Vorschläge, Einschätzungen, Maßnahmen darlegen, die zu einer inhaltlich weiterführenden und zukunftsorientierten Betrachtung führen.
gestalten	Sich mit einem Problem produkt-, rollen- bzw. adressatenorientiert auseinandersetzen (z. B. Vorträge, Streitgespräche, Szenarien oder Modelle).
interpretieren	Nach einer Auswertung von Materialien den Sinn eines Sachverhalts erfassen, Zusammenhänge darstellen und Schlussfolgerungen ziehen.
prüfen/überprüfen	Aussagen auf der Basis eigener Kenntnisse oder von Sachinformationen auf deren Richtigkeit untersuchen.
Stellung nehmen	Zu einem Sachverhalt bzw. einer Behauptung differenziert argumentierend eine eigene Meinung äußern bzw. eine begründete Position vertreten.

Maße, Gewichte und andere Einheiten

Längenmaße
1 m (Meter) = 10 dm (Dezimeter)
= 100 cm (Zentimeter)
= 1000 mm (Millimeter)
1 km (Kilometer) = 1000 m
1 Meile (amerik./brit.) = 1609 m
1 sm (Seemeile) = 1852 m

Flächenmaße
1 m² (Quadratmeter) = 1 m · 1 m
1 a (Ar) = 10m · 10m = 100 m²
1 Morgen = 2500 m²
1 ha (Hektar) = 100 m · 100 m = 10 000 m²
1 km² (Quadratkilometer) = 1 km · 1 km = 100 ha

Raummaße/Hohlmaße
1 l (Liter) = 1 dm³ (Kubikdezimeter)
= 1 dm · 1dm · 1dm
1 hl (Hektoliter) = 100 l (Liter)
1 m³ (Kubikmeter) = 1 m · 1 m · 1 m

Gewichte
1 kg (Kilogramm) = 1000 g (Gramm)
1 dt (Dezitonne) = 1 dz (Doppelzentner)
= 100 kg
1 t (Tonne) = 1000 kg

Temperaturen
0 °C die Temperatur, bei der Wasser auf Meereshöhe gefriert
100 °C die Temperatur, bei der Wasser auf Meereshöhe siedet

Lichtgeschwindigkeit etwa 300 000 km pro Sekunde
1 Lichtjahr die Entfernung, die das Licht in einem Jahr zurücklegt (9,4 Billionen Kilometer)

Einheiten
Kilo: 1000
Mega: 1000 · 1000 = 1 000 000 (1 Mio.)
Giga: 1000 · 1000 · 1000 = 1 000 000 000 (1 Mrd.)

Vergleichswerte
1 Fußballplatz: etwa 100 m · 60 m = 6000 m²
Ladung eines Lkws (ohne Anhänger): zwischen 7 und 25 Tonnen
Ladung eines Güterwagens: zwischen 15 und 35 Tonnen
Innenmaße Schiffscontainer (Typ Twenty-Foot Equivalent Unit, kurz: TEU):
Länge 5,89 m x Breite 2,35 m x Höhe 2,39 m= 31,5 m³

Methoden und Arbeitsweisen der Jahrgangsstufe 10

Satellitenbild auswerten

1 Orientierung: Ordnen Sie das Bild anhand des Titels räumlich und zeitlich ein. Bestimmen Sie mit Hilfe der Maßstabsleiste die Größe des Bildausschnitts. Verorten Sie das Satellitenbild mit dem Atlas.

2 Beschreibung: Gliedern Sie das Bild in linienförmige (z. B. Flüsse, Straßen) und flächige Strukturen (z. B. Farbflächen, Muster). Ordnen Sie diese Strukturen nach gleichartigen Merkmalen oder ähnlichem Aussehen und beschreiben Sie diese. Eine Skizze (z. B. per Folie von dem Bild) kann Ihnen dabei hilfreich sein.

3 Auswertung: Äußern Sie Vermutungen zu den sichtbaren Gegebenheiten. Vergleichen Sie die Bildelemente mit der Legende. Finden Sie mit Hilfe von Zusatzinformationen – z. B. aus Karten, Bildern, Texten – die Ursachen und Gründe für die im Bild erkennbaren Strukturen und Merkmale.

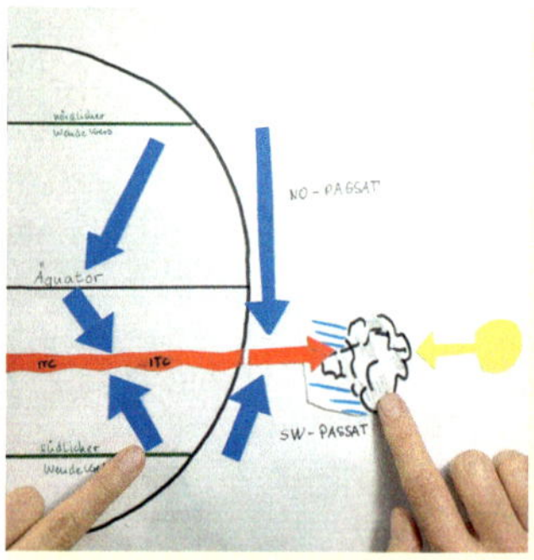

Erklärvideo erstellen

1 Vorbereitung: Informieren Sie sich über den Sachverhalt (z. B. Schulbuch, Internet, Zeitschriften). Schreiben Sie ein Drehbuch, das den Inhalt auf das Wesentliche reduziert. Formulieren Sie einen einfachen Sprechertext. Suchen Sie geeignete Materialien im Internet oder gestalten Sie diese selbst. Nehmen Sie eine Rollenverteilung vor: zum Aufnehmen (Kamera, Smartphone, Tablet), zum Sprechen und zum Materialien ins Bild schieben. Üben Sie vor der Aufnahme den Videodreh.

2 Durchführung: Drehen Sie das Video in einem Durchgang (maximale Dauer: 3 Minuten). Schieben Sie hierfür die vorbereiteten Figuren, Bilder oder Symbole auf den Hintergrund und wieder weg. Sprechen Sie zum jeweiligen Bild den passenden Text.

3 Präsentation: Stellen Sie Ihr Erklärvideo nach der Fertigstellung den Mitschülerinnen und Mitschülern vor.

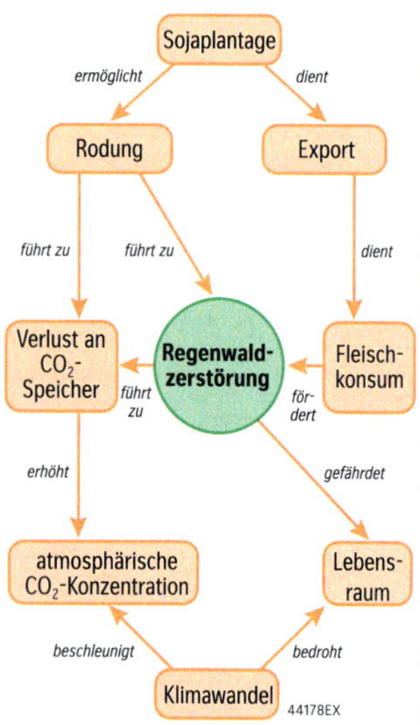

Concept-Map – ein Wirkungsgefüge strukturieren und visualisieren

1. Auswertung: Sichten Sie zunächst die Materialien, zu denen Sie eine Concept-Map erstellen möchten. Werten Sie dann die Texte und Materialien aus, indem Sie wichtige Schüsselbegriffe sammeln und auf einzelne Papierstreifen notieren. Sortieren Sie diese Begriffe nach Themenbereichen.

2 Gestaltung: Ordnen Sie die Begriffe auf einem Blatt an. Platzieren Sie dabei zentrale Schlüsselbegriffe an zentraler Stelle. Ordnen Sie diesen die übrigen Begriffszettel nach dem Prinzip von Ursache und Wirkung zu. Achten Sie darauf, dass gleich wichtige oder gleichzeitige Gründe oder Folgen in derselben Ebene stehen. Zur Verdeutlichung können Sie die Begriffszettel je nach Themenbereich oder Inhalt mit gleichen bzw. unterschiedlichen Farben umranden. Verbinden Sie die Begriffe durch Pfeile, um Beziehungen zu verdeutlichen. Beschriften Sie diese.

3 Präsentation: Erläutern Sie Ihre Concept-Map den Mitschülerinnen und den Mitschülern. Diskutieren Sie deren Inhalte sowie deren An- und Zuordnung im Plenum.

Digitalen Globus als Informationsquelle nutzen

1 Vorbereitung: Überlegen Sie, welche Fragestellung Sie untersuchen möchten. Wählen Sie dementsprechend eine geeignete Software zur digitalen Darstellung der Erde aus. Laden Sie diese auf Ihr Handy oder Ihren Computer.

2 Anwendung: Nutzen Sie den digitalen Globus entsprechend Ihrer Fragestellung: Zur Suche topographischer Orte können Sie den digitalen Globus als dreidimensionales Modell der Erde drehen. Dabei können Sie verschiedene Informationen ein- bzw. ausblenden und an beliebigen Punkten die Anzeige vergrößern bzw. verkleinern. Zur Messung von Entfernungen zwischen Orten oder Umfängen können Sie ein Lineal benutzen. Mit einem Zeitschieberegler können Sie den zeitlichen Verlauf eines Raums untersuchen. Durch Einfügen von Polygonen und Markierungen können Sie selbst thematische Karten erstellen oder Räume kartieren.

3 Erkenntnisgewinn: Fassen Sie die gewonnenen Informationen zusammen, um die Fragestellung zu beantworten. Diskutieren Sie Ihre Ergebnisse.

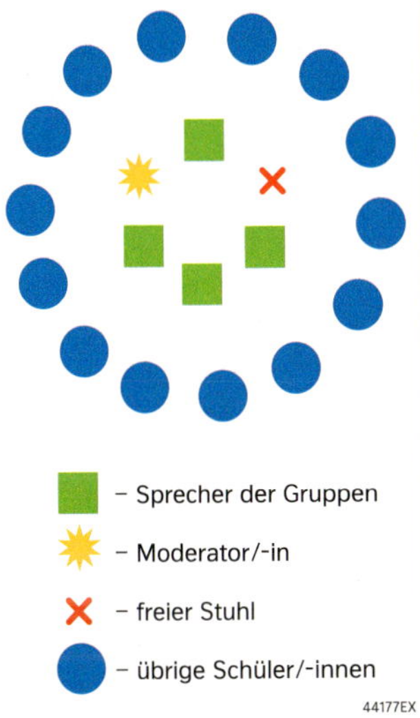

Fish-Bowl – Gruppenarbeitsergebnisse diskutieren

Kleingruppenarbeit: Sammeln Sie zuerst in Kleingruppen Inhalte oder Argumente zur Fragestellung. Halten Sie die Ergebnisse in Stichworten zur Vorbereitung auf die Fish-Bowl-Diskussion fest. Benennen Sie zudem Gruppensprecherinnen und Gruppensprecher für den Innenkreis.

Durchführung: Die Sprecher/-innen der Kleingruppen und Moderatoren/ -innen nehmen im Innenkreis Platz. Die restlichen Teilnehmenden platzieren sich um diesen Personenkreis. Ein bis zwei Stühle bleiben im Innenkreis leer, auf denen sich Teilnehmende aus dem Außenkreis setzen können, wenn sie sich an der Diskussion beteiligen möchten. Die Gruppensprecherinnen und Gruppensprecher tragen nun die Ergebnisse aus ihren Gruppen vor und diskutieren diese.

Auswertung: Zum Schluss geben alle Teilnehmenden des Innenkreises ein Statement über den Verlauf und die Inhalte der Diskussion ab. Im Anschluss wird dann das Feedback der Zuhörenden des Außenkreises erhoben. Diese Äußerungen werden durch die Moderation strukturiert (z. B. an der Tafel) festgehalten.

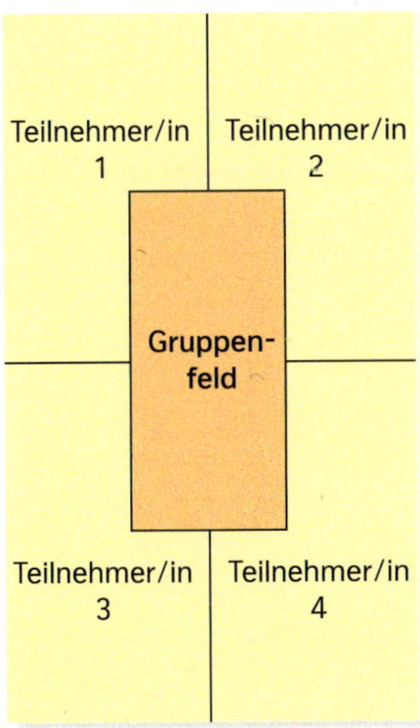

Placemat – in Gruppen Arbeitsaufträge bearbeiten

1 Vorbereitung: Setzen Sie sich in Vierer- oder Dreiergruppen an einem Tisch zusammen. Teilen Sie jeder Schülerin und jedem Schüler ein Blatt Papier aus. Legen Sie eines in die Mitte des Tisches in das Gruppenfeld.

2 Durchführung: Notieren Sie Ihre Gedanken bzw. Ergebnisse zum Arbeitsauftrag, die sie in Einzelarbeit entwickelt haben, in Ihr Individualblatt. Tauschen Sie Ihre individuellen Ergebnisse aus und vergleichen Sie diese. Dazu lassen Sie die individuellen Bögen in der Gruppe kreisen, sodass alle Gruppenmitglieder die Ergebnisse der anderen anschauen, verbessern oder revidieren bzw. über Widersprüche und Probleme ins Gespräch kommen können. Entwickeln Sie auf dieser Grundlage ein gemeinsames Gruppenergebnis. Tragen Sie dieses Ergebnis in das zentrale Blatt in der Tischmitte ein.

3 Vorstellung und Sicherung der Ergebnisse: Stellen Ihre Gruppenergebnisse der Klasse vor. Fixieren Sie die meistgenannten und besonders wichtigen Antworten als Ergebnissicherung für alle.

Stadt / Monat		J	F	M	A	M	J	J	A	S	O	N	D	Jahr
Abéché (Tschad)	°C	25	27	30	32	33	31	28	26	27	29	27	26	28
549 m ü. M.	mm	0	0	0	4	13	38	98	187	55	3	0	0	398
Algier (Algerien)	°C	11	11	12	14	18	21	24	25	23	19	14	12	17
23 m ü. M.	mm	79	83	74	60	41	17	4	6	35	76	93	112	681
Amman (Jordanien)	°C	8	9	12	16	20	23	25	25	23	20	14	9	17
767 m ü. M.	mm	61	53	53	17	3	0	0	0	0	9	25	44	265
Assuan (Ägypten)	°C	16	18	22	27	30	33	33	33	31	28	22	17	26
200 m ü. M.	mm	0	0	0	0	0	0	0	0	0	0	0	0	0
Berlin (Deutschland)	°C	-2	1	4	8	14	17	19	18	14	10	5	2	9
48 m ü. M.	mm	43	34	37	41	56	75	52	61	46	36	49	53	583
Curitiba (Brasilien)	°C	20	20	19	17	15	13	13	14	15	16	18	19	16
923 m ü. M.	mm	166	150	133	97	96	101	88	72	116	134	125	158	1436
Damaskus (Syrien)	°C	6	8	11	16	20	24	26	26	23	19	12	7	17
611 m ü. M.	mm	35	32	24	12	5	1	0	0	0	12	27	46	194
Dodoma (Tansania)	°C	23	24	23	23	22	21	19	20	22	23	24	25	22
1 120 m ü. M.	mm	141	110	123	47	4	0	0	0	0	1	25	129	580
Dubai (V.A.E.)	°C	19	19	22	26	30	32	34	34	32	29	24	21	27
5 m ü. M.	mm	11	36	22	8	1	0	0	0	0	0	2	14	94
Gaborone (Botsuana)	°C	26	25	23	20	16	13	14	16	20	23	24	25	20
1014 m ü. M.	mm	104	83	59	50	10	3	1	4	18	42	66	73	514
Jerusalem (Israel)	°C	8	9	11	15	19	22	23	23	22	20	15	20	17
809 m ü. M.	mm	137	135	98	44	2	0	0	0	0	31	62	133	642
Kampala (Uganda)	°C	22	23	23	22	22	21	21	22	22	22	22	22	22
1 200 m ü. M.	mm	87	84	184	264	254	116	72	78	79	127	171	120	1 636
Kisangani (D. R. Kongo)	°C	25	25	25	25	25	24	24	24	24	24	24	25	25
415 m ü. M.	mm	85	121	170	182	159	105	111	163	188	223	232	101	1841
Khartum (Sudan)	°C	22	24	28	31	34	34	32	30	32	32	27	24	29
382 m ü. M.	mm	0	0	0	0	5	8	43	63	17	5	0	0	141
Lagos (Nigeria)	°C	27	28	28	28	27	25	25	25	25	26	27	27	27
39 m ü. M.	mm	13	14	84	146	202	315	243	122	160	125	40	15	1 479
Lima (Peru)	°C	22	23	22	20	19	17	17	16	16	17	18	21	19
30 m ü. M.	mm	1	1	1	1	1	1	1	1	1	1	0	1	11
Manaus (Brasilien)	°C	26	26	26	26	26	26	26	27	27	27	27	26	26
72 m ü. M.	mm	258	274	332	303	257	115	83	55	84	108	180	223	2 272

Stadt / Monat		J	F	M	A	M	J	J	A	S	O	N	D	Jahr
Marrakech (Marokko)	°C	12	13	16	17	20	23	28	28	25	21	16	12	19
466 m ü. M.	mm	28	33	34	36	22	4	1	3	5	18	37	25	247
Mbandaka (D. R. Kongo)	°C	25	25	25	25	25	24	24	24	24	24	24	24	24
350 m ü. M.	mm	100	122	164	148	144	96	72	125	160	214	193	125	1 663
McMurdo (Antarktis)	°C	-3	-9	-17	-21	-23	-23	-26	-27	-26	-19	-10	-4	-17
24 m ü. M.	mm	16	29	15	18	21	28	17	13	10	20	12	14	213
Mekka (Saudi-Arabien)	°C	24	25	27	31	34	36	36	36	35	32	28	25	31
310 m ü. M.	mm	19	2	8	10	2	0	1	6	5	12	22	20	107
Mexiko City (Mexiko)	°C	14	14	16	18	19	18	16	16	17	16	15	14	16
2 308 m ü. M.	mm	10	15	12	28	47	145	167	194	130	81	11	16	894
Mossul (Irak)	°C	7	9	12	17	24	30	34	33	28	20	13	8	20
223 m ü. M.	mm	68	63	70	51	25	1	0	0	1	11	36	69	395
München (Deutschland)	°C	-2	0	3	8	12	15	17	17	13	8	3	-1	8
519 m ü. M.	mm	45	42	47	55	88	109	100	98	68	49	55	49	804
Ndélé (Zentralafr. Rep.)	°C	28	29	29	29	27	26	25	25	25	26	26	27	27
510 m ü. M.	mm	1	8	31	74	144	159	221	245	282	169	13	4	1 351
Niamey (Niger)	°C	24	27	31	34	34	31	29	28	29	30	28	25	29
234 m ü. M.	mm	97	66	33	20	15	5	0	0	5	33	56	109	439
Nuuk (Grönland)	°C	-7	-8	-8	-4	0	4	6	6	3	-1	-4	-6	-1
25 m ü. M.	mm	39	47	50	46	55	62	82	89	88	70	74	54	756
Ouargla (Algerien)	°C	11	14	18	22	27	32	34	34	30	23	17	12	23
141 m ü. M.	mm	5	4	4	7	1	1	0	0	1	6	5	10	44
Riad (Saudi-Arabien)	°C	14	16	21	25	31	34	35	35	32	26	20	15	25
612 m ü. M.	mm	12	9	29	33	10	1	1	0	0	1	6	16	118
Santiago (Dom. Rep.)	°C	24	24	25	25	26	27	27	27	28	27	25	24	26
199 m ü. M.	mm	25	26	41	70	135	74	32	44	81	116	55	29	728
Santiago de Chile (Chile)	°C	21	20	17	14	11	9	8	9	11	14	17	20	14
520 m ü. M.	mm	0	1	2	11	33	68	73	67	20	18	6	2	301
Sao Paulo (Brasilien)	°C	22	22	22	20	17	16	16	17	18	19	20	21	19
795 m ü. M.	mm	233	233	164	73	76	53	44	45	77	122	146	192	1 458
Timbukto (Mali)	°C	21	24	27	31	34	34	32	30	31	31	26	21	29
264 m ü. M.	mm	23	26	24	36	44	62	79	65	41	35	37	30	502
Tripolis (Libyen)	°C	12	13	15	19	23	26	27	28	26	22	17	13	20
84 m ü. M.	mm	60	35	33	16	3	1	1	0	16	47	39	50	301

Lexikon der Jahrgangsstufen 5 und 7

Ablagerungsgesteine
(auch Sedimentgesteine)
Sie entstehen aus unzähligen kleinen Gesteinsteilchen und abgestorbenen Organismen, die abgelagert und unter ihrem Eigendruck zu neuen Gesteinen verfestigt wurden. Diese Gesteine werden auch Sedimentgesteine genannt. Beispiel: Sandstein

Agrobusinessunternehmen
industrieähnliche, kapitalintensive, mit hoher Produktionskapazität ausgestattete Unternehmen zur Erzeugung landwirtschaftlicher Produkte

Aktivraum
In Europa stellt ein Aktivraum eine Region dar, in der die Wirtschaftsleistung und der Lebensstandard über dem gesamteuropäischen Durchschnitt liegen.

Anrainerstaat
Unter Anrainerstaat versteht man ein Land, das an einen bestimmten geographischen Raum grenzt, z. B. an ein Gewässer, ein Gebirge oder ein anderes Land.

anthropogener Klimawandel
Seit über 100 Jahren lässt sich auf der Erde ein Anstieg der globalen Luft- und Wassertemperaturen feststellen. Damit verbunden sind auch Veränderungen anderer Klimabedingungen, z. B. der Niederschläge oder der Windsysteme. Dies bezeichnet man als Klimawandel.

anthropogener Treibhauseffekt
Von Menschen verursachte Verstärkung des natürlichen Treibhauseffektes durch Emission von Treibhausgasen, wie beispielsweise Kohlenstoffdioxid (CO_2). Der anthropogene Treibhauseffekt trägt maßgeblich zur globalen Erwärmung bei, da langfristig mehr Wärme gespeichert wird.

Äquator
Der Äquator ist eine Linie auf Karten und Globen, die die Erde in eine Nord- und eine Südhalbkugel teilt. Er ist mit 40 077 km der längste Breitenkreis.

arid
Die potenzielle Verdunstung ist größer als der jährliche Niederschlag.

atlantisches Klima
siehe maritimes Klima

Atmosphäre
Die Atmosphäre ist die Lufthülle der Erde. Sie ist ungefähr 1 000 km dick und besteht aus verschiedenen Gasen und Schichten.

Binnenland
Ein Binnenland liegt im Inneren eines Kontinentes ohne direkten Zugang zum Meer.

Binnenmarkt
Ein Binnenmarkt zeigt eine wirtschaftliche Struktur nach weitgehend einheitlichen Regelungen. Hier sind z. B. freie Waren-, Dienstleistungs- und Kapitalströme möglich. Der größte Binnenmarkt der Welt ist der Europäische Binnenmarkt, ein gemeinsamer Markt der EU-Mitgliedsstaaten.

Binnenmeer
Dabei handelt es sich um ein Meer, das fast vollständig vom Festland umgeben und nur durch einen schmalen Durchlass mit einem Ozean verbunden ist. Beispiel: Ostsee

Boden
Boden ist die wenige Zentimeter bis zu mehreren Metern dicke Schicht der äußeren Erdkruste. Er entsteht durch Verwitterung und bietet den Wurzeln der Pflanzen Halt.

Bodenhorizont
Ein Boden setzt sich aus unterschiedlichen Bodenschichten, den Horizonten, zusammen. Der A-Horizont z. B. stellt die oberste Schicht dar und ist mit Mineralstoffen und Humus angereichert.

Bohrinsel
Eine Bohrinsel ist eine künstlich gebaute Plattform, die auf einem Stahlgerüst oder auf Schwimmkörpern im Meer steht. Auf einer Bohrinsel werden Erdöl oder Erdgas aus dem Meeresboden gefördert und über Pipelines oder Tankschiffe an Land transportiert.

borealer Nadelwaldgürtel
Diese Vegetationszone mit ausgedehnten Nadelwäldern aus Tannen, Lärchen, Kiefern und Fichten erstreckt sich auf der Nordhalbkugel als Gürtel der kaltgemäßigten Klimazone.

Brachzeit
Zeitraum, in dem Ackerland brach liegt, d. h. außer Boden verbessernden Maßnahmen wird das Feld nicht bestellt. Brachzeiten werden zur Erholung des Bodens und zur Verbesserung des Nährstoffgehalts im Boden eingeschaltet.

Breitenkreis (auch Breitengrad)
Der Breitenkreis ist ein Teil des Gradnetzes der Erde. Der längste Breitenkreis ist der Äquator. Vom Äquator aus (0°) werden Breitenkreise nach Norden bis 90° nördlicher Breite und nach Süden bis 90° südlicher Breite gezählt.

City
Als City wird bei größeren Städten das Stadtzentrum bezeichnet. Sie ist ein in der Innenstadt gelegener Teilraum einer Großstadt, in dem sich hochrangige zentrale Einrichtungen der Verwaltung, des Handels und der Dienstleistungen räumlich konzentrieren.

Cluster
Ein Cluster ist eine Art Netzwerk bei der Herstellung neuer Produkte und Verfahren. Die Beteiligten siedeln sich dabei in räumlicher Nähe zueinander an. Einen Cluster können z. B. Industriebetriebe, Hochschulen, Forschungseinrichtungen, zukunfts- und technologieorientierte Unternehmen oder spezialisierte Dienstleistungsbetriebe bilden.
Beispiel: Öresund-IT-Region

Dauerkultur
Bei dieser Form der Landwirtschaft stehen die Nutzpflanzen mehrere Jahre oder dauerhaft auf den gleichen Flächen. Es handelt sich dabei meistens um Baum- oder Strauchkulturen, z. B. Obstbäume oder Wein.

Deich
Ein Deich ist ein künstlich aufgeschütteter Damm an Meeresküsten oder Flussufern, der vor Überschwemmungen schützt.

Delta
Als Delta bezeichnet man eine Flussmündung, die durch ständige Ablagerung von Sedimenten aufgrund der geringeren Fließgeschwindigkeit in das Meer oder einen See hineinwächst. Durch Aufteilung des Flusslaufes in

mehrere Mündungsarme erhält ein Delta meist eine fächerartige Form. Beispiel: Rhein-Maas-Delta

Disparitäten, regionale
Von regionalen Disparitäten spricht man, wenn sich Regionen in ihrer wirtschaftlichen und sozialen Entwicklung unterscheiden. Dadurch herrschen ungleiche Lebensbedingungen für die Bewohner (z. B. in der Verfügbarkeit von Arbeitsplätzen).

Eiserner Vorhang
Der Eiserne Vorhang bezeichnet die Abgrenzung des Einflussbereichs der früheren Sowjetunion (Ostblockstaaten) gegenüber der westlichen Welt nach dem Zweiten Weltkrieg bis 1989. Diese Grenze verlief z. B. auch mitten durch Deutschland und trennte die ehemalige Deutsche Demokratische Republik (DDR) von der Bundesrepublik Deutschland (BRD).

Eisenhütte
Bei einer Eisenhütte handelt es sich um eine Industrieanlage, in der aus Eisenerz und Koks Roheisen hergestellt wird. Das Roheisen wird anschließend zur Erzeugung von Eisen und Stahl genutzt.

Emissionen
Darunter versteht man die Abgabe von festen, flüssigen oder gasförmigen Stoffen, die die Atmosphäre und die Umwelt verunreinigen. Solche Schadstoffe können z. B. Staub oder Kohlenstoffdioxid (CO_2) sein.

endogene Kräfte
Verschiebungen der Erdkrustenplatten werden durch Magmaströme im oberen Erdmantel verursacht (Konvektionsströme). Diese endogenen (von innen wirkenden) Kräfte formen die Erdoberfläche, z. B. bei der Gebirgsbildung und durch Vulkanismus und Erdbeben.

Epizentrum
Bei einem Erdbeben stellt das Epizentrum den Bereich dar, der sich an der Erdoberfläche direkt über dem Erdbebenherd befindet.

Erdbebenherd (auch Hypozentrum)
Der Erdbebenherd ist der Entstehungsort des Erdbebens im Erdmantel oder in der Erdkruste. Am Erdbebenherd wird Energie freigesetzt, die sich in Wellen ausbreitet.

Erdkern
Der Erdkern ist der innere Teil des Erdkörpers. Er beginnt ab 2900 km Tiefe und reicht bis zum Erdmittelpunkt in 6370 km Tiefe.

Erdkruste
Der Erdkörper ist aus mehreren Schalen aufgebaut. Die Erdkruste ist die äußerste Schale. Sie ist zwischen 15 und 70 km dick.

Erdmantel
Der Erdmantel ist die zwischen der Erdkruste und dem Erdkern gelegene Schale des Erdkörpers. Er besteht vor allem aus zähflüssigem Magma.

Erdplatten
Die Erdkruste besteht aus sieben großen und mehreren kleineren Erdplatten.

Ergussgestein
Diese Gesteinsart entsteht bei vulkanischer Aktivität durch schnelles Abkühlen der Gesteinsschmelze an der Erdoberfläche. Beispiel: Lavagestein

Erosion
Die Erosion zählt zu den exogenen Kräften und bezeichnet die Abtragung von Gesteinsmaterialien, etwa durch die Wirkung des Winds, des fließenden Wassers oder des Gletschereises. Das abgetragene Gesteinsmaterial wurde vorher durch physikalische Verwitterungsvorgänge aufbereitet, z. B. wenn Wasser in Felsspalten gefriert, sich dabei ausdehnt und das Gestein lockert oder durch chemische Verwitterungsvorgänge, z. B. durch Säuren, zersetzt.

Eurasien
Die zusammenhängende Landmasse der beiden Kontinente Europa und Asien wird als Eurasien bezeichnet.

Europäische Gemeinschaft, EG
Die Europäische Gemeinschaft entstand 1993 als Nachfolger der Europäischen Wirtschaftsgemeinschaft (EWG). Das primäre Ziel der EG war die Schaffung eines europäischen Binnenmarktes.

Europäische Union, EU
Bei der EU handelt es sich um ein Staatenbündnis von 27 europäischen Mitgliedsländern (2021) mit dem Ziel der wirtschaftlichen und politischen Vereinigung.

Euroregion (auch Europaregion oder Euregio)
länderübergreifende Region in Europa, die durch besondere raumplanerische Maßnahmen kooperierender Behörden und Unternehmen in besonderer Weise gefördert wird

exogene Kräfte
Exogene (von außen wirkende) Kräfte formen zusammen mit den endogenen Kräften die Erdoberfläche. Zu den exogenen Kräften gehören z. B. Verwitterung und Abtragung (Erosion), etwa durch den Wind, fließendes Wasser oder durch Gletschereis.

Faltengebirge
Bei einem Faltengebirge wurden die ursprünglich waagrecht abgelagerten Gesteinsschichten im Erdinneren gefaltet und danach hoch über den Meeresspiegel herausgehoben.

Flächenverbrauch
Flächenverbrauch bezeichnet die Umwandlung von naturnahen Flächen (z. B. Wald- und Agrarflächen) in Baugebiete, die zum Wohnen, für Infrastruktur oder als Gewerbeflächen genutzt werden.

Flöz
Als Flöz bezeichnet man eine Rohstoff führende Schicht (z. B. Steinkohle) zwischen anderen Gesteinsschichten.

fluviatil
Wörtlich übersetzt bedeutet fluviatil „zum Fluss gehörig“. Dementsprechend wird der Begriff für Prozesse verwendet, die durch fließendes Wasser verursacht werden.

Föhn
Der Föhn ist vor allem in den Alpenregionen bekannt. Durch das Gebirge werden Luftmassen zum Auf- oder Absteigen gezwungen. Beim Aufsteigen kühlt die Luft ab, es kommt zu Wolkenbildung und Niederschlägen. Beim Absteigen erwärmt sich die Luft wieder. Dadurch entsteht ein warmer, trockener Fallwind.

fossile Rohstoffe
Fossile Rohstoffe, z. B. Steinkohle, Braunkohle, Erdöl und Erdgas, entstehen über Jahrmillionen hinweg aus abgestorbenem pflanzlichem und tierischem Material.

Frontex
Frontex ist die europäische Grenzschutzagentur mit der Aufgabe, Überwachungs- und Kontrollmaßnahmen entlang der EU-Außengrenze zu koordinieren.

Fruchtwechsel
Um dem Boden nicht immer dieselben Nährstoffe zu entziehen, wird auf einer landwirtschaftlichen Fläche regelmäßig, meist dreijährlich, die Folge der Anbaufrüchte gewechselt. So folgt z. B. nach dem Zuckerrübenanbau im nächsten Jahr Gerste und im darauffolgenden Jahr Weizen.

Gezeiten
Unter Gezeiten versteht man das regelmäßige Heben und Senken des Meeresspiegels an der Küste. Das Ansteigen des Wassers nennt man Flut, das Sinken Ebbe.

Golfstrom
Der Golfstrom ist eine warme Meeresströmung. Er kommt aus dem Golf von Mexiko, durchzieht den Atlantischen Ozean in nordöstliche Richtung und trifft auf die Küsten in West- und Nordeuropa als Nordatlantikstrom. Dort sorgt er vor allem im Winter für milde Temperaturen.

Gradnetz
Bei bestimmten Darstellungen, zum Beispiel bei Globus und Karte, ist die Erde mit einem Netz von Linien überzogen. Diese verlaufen von Norden nach Süden (Längenhalbkreise oder Meridiane) und von Westen nach Osten (Breitenkreise). Zusammen bilden diese Linien das Gradnetz der Erde. Es dient der genauen Ortsbestimmung auf der Erde.

Gründüngung
Eine Möglichkeit der Bodenverbesserung durch Gründüngung ist der Anbau von Kleegras oder Luzerne, die untergepflügt werden, um dem Boden Nährstoffe zuzuführen.

Grundwasser
Wasser von Niederschlägen und Fließgewässern, das sich auf einer wasserundurchlässigen Schicht in tieferen Bodenschichten sammelt

Hartlaubgewächse
Als Hartlaubgewächse werden typische Pflanzen in Gebieten mit einer trockenen Jahreszeit (winterfeuchte Subtropen) bezeichnet. Die Ausbildung einer dicken Rinde und harter, lederähnlicher Blätter vermindert die Verdunstung. Typische Vertreter sind der Oleander, der Ölbaum und die Korkeiche.

Hochdruckgebiet
So wird ein Gebiet mit hohem Luftdruck bezeichnet.

Hochwasser
So nennt man den Zustand, wenn der Wasserstand von Flüssen, Bächen und Meeren über das Normalmaß ansteigt.

humid
Der jährliche Niederschlag ist höher als die potenzielle Verdunstung.

Humusschicht
Bei der Umwandlung und Zersetzung von organischem Material im Boden durch Bodenlebewesen wird Humus produziert. Die Ausprägung der Humusschicht beeinflusst durch ihr Wasserhaltevermögen und ihren Nährstoffgehalt die Fruchtbarkeit des Bodens.

Informations- und Kommunikationstechnik, IKT
Dieser Begriff umfasst alle Technologien, die Informationen auf elektronischem Weg verarbeiten, übermitteln und darstellen.

Infrastruktur
Unter Infrastruktur wird die Ausstattung eines Raumes mit Einrichtungen wie Verkehrsnetz, Kommunikationsnetz, Wasser- und Stromversorgung, Müllabfuhr, Krankenhäusern oder kulturellen Einrichtungen verstanden.

Intensivierung
In der Landwirtschaft werden die Maßnahmen zur Steigerung der Ernteerträge pro Hektar als Intensivierung bezeichnet. Dies geschieht z.B. durch den Einsatz von hochwertigem Saatgut, von Pflanzenschutz- und Düngemitteln sowie durch eine zeitaufwendigere Bodenbearbeitung.

Intensivtierhaltung
Bei der Intensivtierhaltung wird von einem Betrieb eine sehr große Zahl von Nutztieren (z. B. Schweinen, Hühnern) gehalten. Um Kosten zu sparen, sind in diesen spezialisierten Betrieben die Arbeitsabläufe (z. B. Füttern, Entmisten) stark automatisiert.

Jahrestemperaturamplitude
Differenz zwischen höchstem und niedrigstem Monatsmittel der Temperatur im Jahr

Klimazone
Klimazonen sind die gürtelartig um die Erde angeordneten Gebiete mit ähnlichen klimatischen Bedingungen (z. B. Temperatur und Niederschlag). Sie sind im Wesentlichen durch die unterschiedlichen Einstrahlungswinkel der Sonne bedingt. Die Erde wird grob untergliedert in die Polare Zone, die Subpolare Zone, die Gemäßigte Zone, die Subtropen und die Tropen.

Kolonialzeit
Während der Kolonialzeit eigneten sich europäische Staaten bis zur Mitte des 20. Jahrhunderts weite Teile Südamerikas, Asiens und Afrikas an. Die einheimische Bevölkerung wurde aus Siedlungs- und Wirtschaftsgründen unterdrückt und ausgebeutet.

kondensieren, Kondensation
Als Kondensation bezeichnet man den Übergang des Wasserdampfes vom gasförmigen in den flüssigen Zustand. Dabei bilden sich in der Atmosphäre Nebel und Wolken.

kontinentales Klima (auch Landklima)
Dieses Klima ist gekennzeichnet durch vergleichsweise große Temperaturschwankungen während des Jahres und geringe Niederschläge. Es tritt im Inneren der Kontinente auf.

Kreativwirtschaft
Wirtschaftssektor, der sich mit der Schaffung, Produktion und Verbreitung von kulturellen Gegenständen und Dienstleistungen befasst.

Kulturpflanze
Kulturpflanzen sind durch Züchtung veränderte Pflanzen, die ursprünglich von Wildpflanzen abstammen. Kulturpflanzen sind z. B. Reis, Weizen, Mais.

Küstenland
Als Küstenland bezeichnet man ein Land mit direktem Zugang zum Meer.

Lagerstätte
Eine Lagerstätte ist ein Bereich in der Erde oder an der Erdoberfläche, in dem sich natürliche Rohstoffe (z. B. Erze, Erdöl, Erdgas) konzentrieren und deren Abbau sich aufgrund der hohen

Mengen sowie der technischen Erreichbarkeit wirtschaftlich lohnt.

Landflucht
Der ländliche Raum ist oft gekennzeichnet durch niedrige Einkommen, wenige Arbeitsplätze und geringe Bildungsmöglichkeiten. Daher wandern Teile der ländlichen Bevölkerung, insbesondere junge Menschen, in die Städte ab. Dort erhoffen sie sich bessere Lebensbedingungen.

Landklima
siehe kontinentales Klima

ländlicher Raum
Unter dem ländlichen Raum versteht man ein Gebiet, das gekennzeichnet ist durch eine relativ geringe Bevölkerungsdichte, das Fehlen größerer Städte, eine überdurchschnittliche Anzahl von Beschäftigten in der Landwirtschaft, einen Mangel an Arbeitsplätzen in der Industrie und im Dienstleistungsbereich (z. B. Handel, Verkehr, Tourismus) sowie eine geringe Verkehrserschließung.

Längenhalbkreis (auch Meridian)
Längenhalbkreise sind ein Teil des Gradnetzes und verlaufen von Pol zu Pol. Durch Greenwich (Vorort von London) verläuft der Nullmeridian.

Leeseite
Die Leeseite ist die dem Wind abgewandte Seite (z. B. eines Gebirges).

Luvseite
Die Luvseite ist die dem Wind zugewandte Seite (z. B. eines Gebirges).

Macchie
Macchie bezeichnet eine immergrüne Vegetationsform des Mittelmeerraumes. Sie besteht aus ein bis drei Meter hohen Sträuchern und Baumsträuchern, die sich nach der Rodung der Hartlaubwälder entwickeln.

Magma
Sie ist die glutflüssige, gashaltige Gesteinsschmelze im Erdmantel.

marin
Wörtlich übersetzt bedeutet marin „zum Meer gehörig". Dementsprechend wird der Begriff für Prozesse verwendet, die mit dem Meer zusammenhängen.

maritimes Klima (auch atlantisches Klima, Seeklima)
Dieses Klima ist gekennzeichnet durch geringe Temperaturschwankungen während des Jahres und hohe Niederschläge. Es tritt auf Inseln und in der Nähe von Küsten oder großen Seen auf.

Massentourismus
Der Begriff wird häufig geringschätzig für Ferienregionen mit extrem hohen Urlauberzahlen (Massen) im Sinne einer Kritik an den Auswüchsen des Tourismus gebraucht. Auslöser sind meist preisgünstige Pauschalangebote, die es vielen Menschen überhaupt ermöglichen zu reisen (siehe Pauschaltourismus).

Mechanisierung
Mechanisierung ist der Ersatz der Handarbeit und der menschlichen Arbeitskraft durch moderne Maschinen und Geräte.

mediterranes Klima
Das Klima des Mittelmeerraumes (Mittelmeerklima) bzw. der Subtropen ist gekennzeichnet durch warme, trockene Sommer und milde, regenreiche Winter.

Meerenge
Eine Meerenge ist ein schmaler Durchgang, der zwei Meeresteile oder Meere miteinander verbindet. Ein Beispiel ist die Meerenge zwischen Jütland und der schwedischen Westküste, durch die die Ostsee an die Nordsee angeschlossen ist.

Metropole
Eine Metropole ist der städtische politische, wirtschaftliche und gesellschaftliche Mittelpunkt eines Landes. Beispiele: Paris, London

Metropolregion
Eine Metropolregion ist ein städtischer Verdichtungsraum, der eine deutlich höhere Einwohnerzahl, Bevölkerungsdichte, Industriedichte und Verkehrsdichte aufweist als die Gebiete, die an die Metropolregion angrenzen.

Migrant
Allgemein verwendet man den Begriff Migrant für einen Menschen, der langfristig seinen Wohnsitz ändert. Verlässt ein Mensch sein Land, ist er ein Emigrant, wandert er in ein anderes Land ein, ist er dort ein Immigrant.

Mikroplastik
Winzige, bis zu fünf Millimeter große Plastikteilchen bezeichnet man als Mikroplastik. Sie sind in vielen Hygiene- und Kosmetikartikeln wie Zahncreme und Duschgel, aber auch in Kunstfasertextilien wie Fleece enthalten.

Minerale
Minerale sind die Bestandteile, aus denen sich die Gesteine aufbauen.

Mineralstoffe
Mineralstoffe sind für das Wachstum der Pflanzen wichtig (z. B. Kalium, Stickstoff).

Mittelgebirge
Als Mittelgebirge werden ältere, stark abgetragene Gebirge mit abgerundeten Formen und Höhen von bis zu 1500 m bezeichnet.

Mittelmeer
Als Mittelmeer bezeichnet man ein großes Nebenmeer, das zwischen Kontinenten liegt. Das europäische Mittelmeer liegt zwischen Europa, Asien und Afrika und ist nur durch eine Meerenge, die Straße von Gibraltar, mit dem Atlantik verbunden.

Mittelmeerklima
siehe mediterranes Klima

Mittelozeanischer Rücken
Wenn sich am Ozeangrund zwei Erdplatten voneinander wegbewegen (divergieren), steigt Magma aus dem Erdinneren auf. Dadurch bilden sich lange Gebirge unter Wasser, die an manchen Stellen als Inseln über die Meeresoberfläche hinausragen können, z. B. Island.

Mobilität
Bezogen auf den Bereich Verkehr werden die Bereitschaft und die Möglichkeiten zum Transport von Personen und Gütern als Mobilität bezeichnet. Soziale Mobilität beschreibt hingegen den Wechsel des Wohnorts aus beruflichen oder privaten Gründen.

Monitoring
Die dauerhafte Beobachtung eines Prozesses oder Phänomens bezeichnet man als Monitoring. Monitoring wird z. B. zur Überwachung von Umweltschutzgebieten oder zur Prognose von bevorstehenden Umweltkatastrophen durchgeführt.

Monokulturen
Anbau einer einzigen Kulturpflanze über längere Zeiträume auf der gleichen Fläche

Nachhaltigkeit
Der Begriff Nachhaltigkeit wird heutzutage in Umweltschutz, Wirtschaft und Politik gebraucht. Es geht darum, dass alle Menschen sich so verhalten sollen, dass die Erde auch für künftige Generationen lebenswert bleibt.

Nanotechnologie
In der Nanotechnologie werden Materialien verwendet, die in mikroskopischer Form vorliegen und raffinierte physikalische Effekte erzielen (z. B. Lotuseffekt, bei dem Wassertropfen auf einer Oberfläche abperlen).

Nationalpark
Ein Nationalpark ist ein großes Gebiet mit einer besonders schönen oder seltenen Naturlandschaft. Dort gelten strenge Schutzbestimmungen, um die hier lebenden Tiere und Pflanzen in ihrem Lebensraum zu erhalten.

natürlicher Treibhauseffekt
Auf der Erde wird das eingestrahlte kurzwellige Sonnenlicht an der Erdoberfläche in langwellige Wärmestrahlung umgewandelt. Die langwellige Strahlung kann, wie das Glas in einem Treibhaus die mit Kohlenstoffdioxid, Wasserdampf und Ozon angereicherte Atmosphäre nicht vollständig durchdringen und sorgt für eine natürliche, lebenswichtige Erwärmung der Erde.

Nebenmeer
Der Oberbegriff Nebenmeer bezeichnet einen Teil des Meeres, der überwiegend von Land umschlossen (Binnenmeer) oder durch Inseln deutlich von einem Ozean abgetrennt ist (Randmeer).

öffentlicher Personennahverkehr (ÖPNV)
Das sind alle öffentlichen Verkehrsmittel, die gegen Bezahlung Menschen befördern, also z.B. Taxi, Bus, Tram, U- und S-Bahn und Eisenbahn.

offshore
Offshore bedeutet nicht an Land, sondern im Meer.

Ökosystem
In einem Ökosystem stehen die Umweltbereiche Klima, Tiere, Pflanzen, Wasser, Boden, Gesteine und Menschen in enger Wechselwirkung. Je nachdem, welche Lebensbedingungen herrschen, entwickeln sich unterschiedliche Ökosysteme wie eine Wiese, ein Wald, ein Gewässer oder ein Moor.

Orogenese
Sie bezeichnet Hebung und Faltung von Gebirgen.

Ozean
Ein Ozean bezeichnet die einzelnen, durch Kontinente voneinander getrennten Teile des Weltmeeres: Diese sind der Atlantische, der Indische und der Pazifische Ozean.

ozeanisches Klima
siehe maritimes Klima

Passivraum
In Europa stellt ein Passivraum eine Region dar, in der die Wirtschaftsleistung und der Lebensstandard unter dem europäischen Durchschnitt liegen. Passivräume sind meist durch mangelnde Infrastruktur und Bevölkerungsrückgang durch Abwanderung gekennzeichnet. Oft sind ländliche Regionen oder Altindustriegebiete betroffen.

Pauschaltourismus
Dies ist eine Form des Reisens, bei der ein Reiseveranstalter dem Urlauber ein komplettes Angebot von z. B. Flug, Hotel und Verpflegung vermittelt.

Pendler
Pendler sind Menschen, die regelmäßig ihren Wohnort verlassen, um in einem anderen Ort zu arbeiten, zur Schule zu gehen oder einzukaufen. Sie pendeln also meist täglich zwischen zwei Orten hin und her.

Pestizide
Bezeichnung für chemische Schädlingsbekämpfungsmittel

Pipeline
Bei Pipelines handelt es sich um Rohrleitungen zur Beförderung von Flüssigkeiten (z. B. Erdöl) oder Gasen (z. B. Erdgas) über große Entfernungen hinweg.

Qualitätstourismus
Um den Massentourismus und seine Folgen zu begrenzen, konzentrieren sich manche Urlaubsregionen auf höherwertige Tourismusangebote. Qualitätstourismus weist z. B. eine landestypische, ökologische Bauweise der Hotels sowie hochpreisige Angebote im Wellness-, Sport- und Kulturbereich auf.

Randmeer
Als Randmeer bezeichnet man einen Teil des Meeres, der durch Inseln oder Halbinseln vom offenen Ozean abgetrennt ist. Beispiel: Nordsee

Richterskala
Mithilfe der Richterskala kann bei einem Erdbeben die Stärke der Erschütterungen angegeben werden.

Salzgehalt
Der Salzgehalt drückt aus, wie viel Salz im Meerwasser enthalten ist. Durchschnittlich sind das 35 ‰ (Promille), also 35 Gramm Salz pro Liter.

Schelfmeer
Ein Schelfmeer bedeckt den Teil des Festlandssockels zwischen der Küste und einer Meerestiefe von etwa 200 Metern. Beispiel: Nordsee.

Schengenraum
Innerhalb des Schengenraumes werden keine Personenkontrollen durchgeführt, deshalb kann man sich innerhalb dieses Gebietes frei bewegen. Der Schengenraum umfasst im Jahr 2022 26 europäische Staaten.

Schwarzerde
Schwarzerde ist eine Bodenart mit einem mächtigen und stark humusreichen A-Horizont auf kalkhaltigem Lockersediment. Der Name beruht auf der dunklen Färbung des Bodens.

Schwerindustrie
Die Bezeichnung Schwerindustrie fasst alle Industriebereiche zusammen, die mit dem Bergbau und der Eisen- und Stahlerzeugung zu tun haben.

Schwerindustriegebiet
Dabei handelt es sich um ein Gebiet, das durch den Bergbau und die Eisen- und Stahlindustrie geprägt ist oder war, z. B. das Ruhrgebiet.

Sediment
verwittertes Gesteinsmaterial, das durch Wind, Wasser oder Eis transportiert und abgelagert wurde

Sedimentation
Ablagerung von verwittertem Lockermaterial auf der Erdoberfläche

Sedimentgestein
siehe Ablagerungsgestein

Seismograph
Gerät zur Messung von Erdbebenwellen. Der Seismograph zeichnet die Erschütterungen als Seismogramm auf.

Seeklima
siehe maritimes Klima

Sonderkultur
Sonderkulturen sind Nutzpflanzen, die mit hohem Aufwand an Arbeitskraft und Geld auf kleinen Flächen angebaut werden. Sie stellen besondere Ansprüche an das Klima und die Bodenbeschaffenheit, liefern aber auch hohe Erträge pro Hektar (z. B. Obst, Wein, Gemüse).

Spezialisierung
Mit Spezialisierung wird die Beschränkung landwirtschaftlicher Tätigkeit auf den Anbau ausgewählter Pflanzen (z. B. Weizen, Wein) oder auf eine Wirtschaftsform (z. B. Ackerbau, Viehzucht) bezeichnet.

Stadtstaat
Stadtstaaten sind Länder, die nur aus einer Stadt und gegebenenfalls ihrem engeren Umland bestehen.

Standortfaktor
Standortfaktoren sind Voraussetzungen, die ein Ort für die Produktion und den Vertrieb von Produkten bietet.

Steigungsregen
Er entsteht, wenn Luftmassen auf der Luvseite von Gebirgen zum Aufstieg gezwungen werden und abkühlen. Der in der Luft enthaltene Wasserdampf kondensiert und geht dann als Regen oder Schnee nieder.

Strukturwandel
Eine Region erfährt einen Strukturwandel, wenn bisher wichtige Wirtschaftsbranchen an Bedeutung verlieren und gleichzeitig andere oder neue Wirtschaftszweige an Bedeutung gewinnen.

Sturmflut
Sturmflut ist die Bezeichnung für die Flut, die durch besonders starke Winde (Stürme) höher an der Küste aufläuft als gewöhnlich. Bei besonders schweren Sturmfluten können Deiche brechen. Dann wird das Hinterland überflutet.

Subsistenzwirtschaft
Diese Wirtschaftsform dient nur der Selbstversorgung, nicht dem Verkauf.

Suburbanisierung
Unter Suburbanisierung versteht man die Abwanderung der Stadtbevölkerung an den Stadtrand oder in das Umland. Diese Entwicklung führt dazu, dass sich städtische Räume in die umliegenden Gemeinden ausdehnen und sich das Leben dort verändert.

Subventionen
Wenn einzelne Betriebe oder ganze Wirtschaftszweige durch den Staat finanziell unterstützt werden, spricht man von Subventionen.

Süßwasser
Süßwasser ist Wasser, in dem keine oder nur sehr geringe Mengen an Salzen gelöst sind.

Taiga
Der boreale Nadelwald wird in Russland als Taiga bezeichnet.

Tertiärisierung
Die Tertiärisierung beschreibt eine Entwicklung, bei der es zu einer zunehmenden Verlagerung von Arbeitsplätzen in den Dienstleistungssektor (tertiären Sektor) kommt.

Tidehochwasser
Erreicht der Wasserstand bei Flut den höchsten Wasserstand, spricht man vom Tidehochwasser.

Tiefdruckgebiet
So wird ein Gebiet mit niedrigem Luftdruck bezeichnet.

Tiefengestein
Dieses Gestein entsteht unterhalb der Erdoberfläche durch langsames Abkühlen von Magma. Beispiel: Granit

Tröpfchenbewässerung
Bei dieser sparsamen Form der Bewässerung erhalten die landwirtschaftlichen Nutzpflanzen nur so viel Wasser, wie sie aufnehmen können.

Tundra
Bei der Tundra handelt es sich um eine weitgehend baumlose Kältesteppe mit Flechten, Moosen und Gräsern nördlich des borealen Nadelwaldes.

Überfischung
Überfischung findet statt, wenn in einem Gewässer mehr Fische gefangen werden, als durch natürliche Vermehrung nachwachsen können.

Übergangsklima
So wird das Klima Mitteleuropas bezeichnet. Von Westen nach Osten nimmt der Einfluss des Atlantischen Ozeans auf Temperaturen und Niederschläge ab. Es stellt eine Übergangszone zwischen maritimem und kontinentalem Klima dar.

UNESCO
Die UNESCO ist die Organisation der Vereinten Nationen für Bildung, Wissenschaft, Kultur und Kommunikation.

Verdichtungsraum
größere räumliche Konzentration von Einwohnern, Wirtschaftsaktivitäten, Arbeitsplätzen und Infrastruktur

Verkehrsnetz
Wenn viele Verkehrswege miteinander verknüpft sind, spricht man von einem Verkehrsnetz.

Verordnung
Im Allgemeinen stellt eine Verordnung eine gesetzlich erlassene Vorschrift dar.

verstädtert, Verstädterung
Allgemein werden unter Verstädterung die steigenden Anteile der in Städten lebenden Bevölkerung eines Gebietes oder Staates gemeint. Darüber hinaus versteht man darunter aber auch die Verdichtung des Siedlungs- oder Städtesystems oder die Zunahme der Städtezahl in einem bestimmten Raum.

Verwitterung
Als Verwitterung wird der Zerfall von Gesteinen an der Erdoberfläche unter Einfluss von Wasser, Hitze, Frost und Kleinstlebewesen bezeichnet.

Wachstumsperiode
(auch Vegetationsperiode)
Dies ist die Zeitspanne, in der Pflanzen wachsen. Sie hängt vor allem von der Temperatur ab.

Währungsunion
Als Währungsunion bezeichnet man einen Zusammenschluss mehrerer Staaten, die eine gemeinsame Währung haben.

Wasserversorgung
Wasserversorgung bezeichnet die Erschließung und Bereitstellung von Trink- und Brauchwasser für Bevölkerung und Wirtschaft.

Watt
Das Watt ist der Teil des Meeresbodens, der bei Ebbe trockenfällt und bei Flut vom Meer überschwemmt wird.

Weltnaturerbe
Die UNESCO schreibt einzigartige Naturlandschaften mit hoher Bedeutung für die Menschheit als Weltnaturerbe aus. Die Natur soll so geschützt und erhalten werden.

Weltstadt
Weltstädte sind meist Millionenstädte mit einem hohen Bekanntheitsgrad sowie weltweiter politischer, wirtschaftlicher und kultureller Bedeutung.

Zeche
Eine Zeche ist ein Bergwerk, in dem im Untertagebau ein Bodenschatz (z. B. Steinkohle) gefördert wird.

Zoll
Abgaben beim Transport einer Ware über eine Grenze (Zollgrenze)

Zwergstaat
Land mit extrem kleiner Fläche und Bevölkerungszahl

Lexikon der Jahrgangstufe 10

Abgrusung (S. 38)
Verwitterung von Gestein in kleine scharfkantige Bruchteile

absolute Armut (S. 10)
Zustand, in dem sich ein Mensch die Befriedigung seiner wirtschaftlichen und sozialen Grundbedürfnisse nicht leisten kann

African Union (S. 89)
internationale Organisation, in der 55 afrikanische Staaten vertreten sind

Agrarkolonisation (S. 119)
Inkulturnahme landwirtschaftlich bislang noch nicht genutzter Landschaftsräume. Von Agrarkolonisation spricht man heute meist bei Erschließungen in den Tropen, weniger auch bei der Besiedlung und Kultivierung nördlicher Waldgebiete in Kanada oder Sibirien.

Agrofortwirtschaft (S. 123)
Agroforstwirtschaft bezeichnet ein teils mehrstöckiges landwirtschaftliches Produktionssystem, das Elemente des Ackerbaus und der Tierhaltung mit solchen der Forstwirtschaft kombiniert. Sowohl mehrjährige Bäume oder Nutzhölzer als auch einjährige landwirtschaftliche Nutzpflanzen werden auf derselben Fläche integriert.

agronomische Trockengrenze (S. 87)
agrargeographische Anbaugrenze, die Gebiete trennt, in denen sinnvoll Regenfeldbau möglich ist, von Gebieten, in denen dies nicht mehr möglich ist und gegebenenfalls Bewässerungsfeldbau oder der ebenfalls auf ausschließlicher Nutzung des Niederschlags basierende Trockenfeldbau

Albedo (S. 28)
Rückstrahlungsfähigkeit diffuser, nicht spiegelnder Oberflächen, in der Klimageographie das Verhältnis von reflektierter und eingehender Sonnenstrahlung, ausgedrückt durch eine dimensionslose Zahl zwischen 0 und 1

Aquifer (S. 59)
Gesteinskörper mit Hohlräumen, der zur Speicherung und Leitung von Grundwasser geeignet ist

äquatoriale Tiefdruckrinne (S. 27)
siehe Innertropische Konvergenzzone

Arabische Liga (S. 48)
Internationale Organisation arabischer Staaten, die am 22. März 1945 in Kairo gegründet wurde, wo sie auch ihren Sitz hat. Sie besteht aus 22 Mitgliedern (2022).

Bad Governance (S. 13)
Der Begriff steht für schlechte Regierungsführung aufgrund von z. B. fehlender Rechtsstaatlichkeit, Korruption oder autokratischer Staatsführung.

Biomasse (S. 34)
Gesamtheit aller lebenden, toten und zersetzten Organismen eines Ökosystems

Brandrodung (S. 114)
Rodungsverfahren, bei dem durch gezieltes und kontrolliertes Legen von Feuer Waldfläche entfernt wird

Bruttoinlandsprodukt (S. 10)
Gesamtwert aller in einem bestimmten Zeitraum innerhalb eines Raumes, z. B. eines Staates, erzeugten Güter und Dienstleistungen

Bruttonationaleinkommen (S. 10)
Summe der innerhalb eines Jahres von allen Bewohnern eines Staates (Inländer) erwirtschafteten Einkommen, unabhängig davon, ob diese im Inland oder im Ausland erzielt wurden

Cash Crops (S. 84)
landwirtschaftliche Produkte, die zu Verkaufs- oder Exportzwecken und somit zur Gewinnerzielung angebaut werden

Chemische Verwitterung (S. 35)
Veränderung der chemischen Zusammensetzung und in der Folge Zersetzung eines Minerals durch Reaktionen mit Wasser und darin enthaltenen gelösten Stoffen

Corioliskraft (S. 31)
„Scheinkraft“, die aus der Trägheit strömender Luftmassen und der Erddrehung resultiert

Dauerfeldbau (S. 115)
ganzjährige Nutzung von Kulturpflanzen, die durch gleichmäßige klimatische Verhältnisse oder durch Zuführung von Bewässerungswasser in Trockenperioden möglich ist

Degradation (S. 87)
Verschlechterung der Bodengüte durch natürliche Ursachen wie etwa Ausspülung oder anthropogen bedingt durch Brandrodung oder Überweidung

Desertifikation (S. 87)
Landschaftswandel in Trockengebieten, der unter anderem durch menschliches Einwirken ausgelöst wird und ein Vordringen der Wüste begünstigt

Diversifizierung (S. 66)
in der Landwirtschaft die Erweiterung der Anbaupalette auf mehrere, unterschiedliche Kulturpflanzen, in der Industrie die Ausweitung der Branchenvielfalt durch neue, bisher nicht vertretene Unternehmen

Dornstrauchsavanne (S. 36)
Vegetationstyp der Wechselfeuchten Tropen, der durch offenen Bewuchs und in relativ regelmäßigen Abständen stehende Büsche charakterisiert wird

Ekliptik (S. 24)
Die Ebenen der Umlaufbahnen der Planeten um die Sonne bezeichnet man als Ekliptik.

Emirat (S. 66)
Herrschaftsbereich eines Emirs; die Vereinigten Arabischen Emirate sind ein Bundesstaat aus sieben selbstständigen Emiraten, von denen jedes von einem Emir regiert wird.

Epiphyt (S. 34)
Pflanze, die auf anderen Pflanzen wächst, sich aber selbstständig ernährt

Erdrevolution (S. 24)
Die Erde umkreist innerhalb eines Jahres auf einer elliptischen Umlaufbahn einmal die Sonne.

Feuchtsavanne (S. 36)
In den Feuchtsavannen wachsen überwiegend Gräser, wie z. B. Elefantengras, die bis zu 6 Meter hoch werden können. Die Gräser nehmen in der Regenzeit oberflächennahen Niederschlag auf und vertrocknen in der Trockenzeit, weil sie keinen Verdunstungsschutz besitzen. Holzgewächse kommen nur im leicht geschlossenen Feuchtsavannenwald oder an Flüssen vor.

Food Crops (S. 84)
landwirtschaftlich angebaute Produkte, die vornehmlich der Selbstversorgung (Subsistenzwirtschaft) dienen und lediglich in geringem Maße auf dem Markt verkauft werden

fossiler Energieträger (S. 150)
Energieträger, die in lang vergangenen Zeiten beim Abbau von toten Pflanzen und Tieren entstanden sind

fossiles Grundwasser (S. 56)
Wasser in tiefen Gesteinskörpern, das seit der Prähistorie – teils auch deutlich länger – keinen Kontakt mehr mit der Erdatmosphäre oder Oberflächengewässern hatte

Fremdlingsfluss (S. 49)
ein Fluss, der aus einem Nicht-Trockengebiet kommt und in oder durch ein Trockengebiet fließt

Gated Community (S. 127)
Eine Gated Community ist eine Wohnanlage der Ober- oder Mittelschicht, welche durch Sicherheitseinrichtungen und Absperrungen – wie Alarmanlagen, Mauern, Zäune, Kameraüberwachung, privates Sicherheitspersonal – von der Außenwelt abgegrenzt wird.

Gini-Koeffizient (S. 11)
ein statistisches Maß für die Ungleichverteilungen in einer Gesellschaft (→ S. 20 Karte 1)

Good Governance (S. 15)
verantwortungsvolle Regierungsführung, die durch folgende Merkmale charakterisiert wird: transparent und effektiv, die Regierung legt Rechenschaft ab, beteiligt alle Menschen und berücksichtigt die Meinung von Minderheiten und die Bedürfnisse von Schwachen.

Grabenbruch (S. 78)
Bruchlinie der Erdkruste von kontinentalem Ausmaß

Hurrikan (S. 133)
Tropischer Wirbelsturm im nördlichen Atlantischen Ozean mit mindestens der Windstärke 12

informeller Sektor (S. 11)
Als informeller Sektor wird jener Teil einer Volkswirtschaft bezeichnet, dessen wirtschaftliche Tätigkeiten nicht in der offiziellen Statistik erfasst sind. Er entzieht sich der staatlichen und gesetzlichen Kontrolle, sodass dem Staat aus diesem Sektor keine Steuereinnahmen zufließen.

Innertropische Konvergenzzone (ITC) (S. 31)
Zone, in der die Nordost- und Südostpassate in Äquatornähe auf Bodenniveau aufeinandertreffen (konvergieren)

Insolationsverwitterung (S. 38)
Die Insolationsverwitterung beruht auf der Tatsache, dass sich das Volumen aller Gesteine in Abhängigkeit von der Temperatur verändert. Bei starker Sonneneinstrahlung dehnt sich das Gestein aus, nächtliche Abkühlung lässt es wieder zusammenziehen. Durch diese Prozesse wird der Gesteinsverband zerrüttelt und allmählich gelockert.

Kaufkraftparität (S. 10)
Kaufkraftparität zwischen zwei geographischen Räumen im selben Währungsraum liegt dann vor, wenn Waren und Dienstleistungen eines Warenkorbes für gleich hohe Geldbeträge erworben werden können.

Kernsprung (S. 38)
Form der physikalischen Verwitterung v.a. in warm-aridem Klima. Starke Sonneneinstrahlung kann in Gesteinsblöcken große Temperaturunterschiede und damit entsprechend große Spannungen erzeugen, sodass die Blöcke an Klüften aufgespalten werden.

Klimaänderung (S. 146)
ein anhand von statistischen Kenngrößen signifikant nachweisbarer Übergang zu einem anderen Klimazustand (auch Klimawandel)

Klimaszenario (S. 152)
Klimaprognosen, die entworfen werden, um die künftige Klimaentwicklung und deren Auswirkungen zu modellieren. Dabei bedient man sich sowohl realitätsnaher als auch extremer Szenarien.

Küstenwüste (S. 81)
Die Küstenwüste ist ein extremer Wüstentyp im Küstenbereich, der sich in den Tropen und Subtropen unter Einfluss eines kalten Meeresstromes entwickelt.

Kryptophyt (S. 39)
Kryptophyt ist eine Bezeichnung für eine Wuchsform von höheren Pflanzen, bei der die Überdauerungsorgane verborgen liegen, um ungünstige Jahreszeiten, z. B. Trockenperioden, besser zu überdauern.

kurzgeschlossener Nähr- bzw. Mineralstoffkreislauf (S. 35)
Der verkürzte Nährstoff- oder Mineralstoffkreislauf führt zur Bildung extrem nährstoffarmer Böden etwa in den inneren Tropen. Nährstoffe (z. B. Kalium, Kalzium und Magnesium) werden sofort von Wurzeln wieder aufgenommen und nicht im Boden gespeichert.

Landwechselwirtschaft (S. 84)
traditionelle Formen der Landwirtschaft, bei der ein periodischer Wechsel der Anbau- und Brachflächen stattfindet

Lithosphäre (S. 109)
äußerste Hülle der Erde, die aus festem Gestein besteht

Metropolisierung (S. 124)
Metropolisierung beschreibt einen Prozess vorwiegend in entwicklungsdefizitären Ländern, bei dem eine Stadt oder wenige Städte bezüglich Wirtschaftskraft, funktionaler Bedeutung und Einwohnerzuwachs eine dominante Rolle einnehmen. Metropolisierung führt zur Verstärkung räumlicher Disparitäten zwischen Stadt und ländlichem Raum, mitunter auch zu negativen Überlastungserscheinungen und randstädtischer und innerstädtischer Slumbildung.

Migration (S. 70)
Wanderung von Menschen mit dem Ziel, den Wohnort dauerhaft zu wechseln

Mykorrhiza (S. 35)
Mykorrhiza ist ein Pilzgeflecht, das an den Wurzeln meist mehrjähriger Pflanzen anhaftet und symbiotisch mit diesen verbunden ist. Besonders in den Inneren Tropen ermöglicht das Pilzgeflecht erst den direkten geschlossenen Nährstoffkreislauf.

nachholende Entwicklung (S. 66)
Sie beschreibt einen Aufholprozess eines entwicklungsdefizitären Landes gegenüber einem hoch entwickelten Industrieland, bei dem wirtschaftliche, gesellschaftliche, demographische und politische Prozesse, die sich in den hoch entwickelten Ländern über einen langen, meist epochalen Zeitraum vollziehen konnten, in kurzer Zeit ablaufen sollen.

Niederschlagsvariabilität (S. 85)
Sie beschreibt die Schwankungsbreite des Niederschlags in einer Region als Abweichung vom langjährigen Mittel. Im weiteren Sinn sind damit auch die zeitlichen Abweichungen des Eintreffens von Niederschlägen gemeint.

Oase (S. 56)
Eine Oase ist ein (meist) bewohnter Ort in Trockengebieten, der Menschen aufgrund von Wasserverfügbarkeit (z.B. Grundwasser, Fluss) einen räumlich begrenzten Lebensraum ermöglicht.

Passat (S. 31)
Die Passate (Südost- und Nordostpassat) sind beständig wehende Windsysteme der Tropen und Hauptbestandteile der innertropischen Zirkulation. Aus den Bereichen der Wendekreise wehen die beiden Passatzweige im Bereich der ITC in Bodennähe aufeinander zu.

Permafrostboden (S. 145)
Permafrostboden (auch Dauerfrostboden genannt) ist im Untergrund ständig gefrorener Boden der Subpolen/Polaren Zone bzw. in Gebirgsräumen, der nur in den Sommermonaten oberflächlich auftaut.

Physikalische Verwitterung (S. 38)
Bei der physikalischen Verwitterung werden die Gesteine durch mechanische Vorgänge ohne wesentliche chemische Veränderungen zersetzt, wobei die Mineralien erhalten bleiben.

Pilzfelsen (S. 38)
Pilzfelsen sind einzeln stehende Felsen mit schmalem Fuß und breitem Oberteil. Sie entstehen in semiariden und ariden Gebieten durch Winderosion, wobei der Wind feine Gesteinsteilchen und Sand mit sich trägt und quasi wie ein Sandstrahlgebläse die unteren Felsteile nach und nach abträgt.

Plantage (S. 84)
Eine Plantage ist ein forst- oder landwirtschaftlicher Großbetrieb, der sich auf die Erzeugung einer Cash-crop-Kultur für den Weltmarkt spezialisiert. Plantagen arbeiten im monokulturellen Anbau.

Pull- und Pushfaktor (S. 71)
Pullfaktoren sind Einflüsse, die Menschen aus einem bestimmten Gebiet in ein anderes ziehen, so etwa die Hoffnung auf bessere Lebensbedingungen in den städtischen Räumen mit der Folge einer Landflucht. Pushfaktoren wirken in den Ursprungsgebieten und drücken Bevölkerung sozusagen aus einem Gebiet heraus, so etwa fehlende Arbeitsplätze im ländlichen Raum.

Regenfeldbau (S. 84)
Im Regenfeldbau (auch: Trockenfeldbau) wird nur das natürlich vorkommende Niederschlagswasser für das Pflanzenwachstum innerhalb der Landwirtschaft genutzt.

Rentenkapitalismus (S. 51)
Vor allem im Orient verbreitetes Wirtschaftssystem, bei dem gegen Einbehalt von Ernteanteilen (Landwirtschaft) oder Ertragsanteilen (Handwerk) der/die Eigentümer die wesentlichen Produktionsfaktoren (z. B. Wasser, Bearbeitungsgeräte und Saatgut in der Landwirtschaft), Werkzeuge und Werkstoffe (im Handwerk) verleihen. Der Rentenkapitalismus ist insofern entwicklungshemmend, da er infolge der fehlenden Reinvestitionen seitens der Kapital- und Materialgeber in den landwirtschaftlichen oder handwerklichen Betrieb keinerlei Rationalisierungs-, Intensivierungs- und Spezialisierungsprozesse zulässt.

Rodinia (S. 148)
hypothetischer Superkontinent des Präkambriums, der vor 1,1 Milliarden Jahren entstanden und vor etwa 800 Millionen Jahren zunächst in zwei große Bruchstücke zerbrochen sein soll

Rückkopplungseffekt (S. 147)
Rückkopplungen resultieren in einer Selbstverstärkung (positive Rückkopplung) eines durch ein System bedingten Prozesses oder zu dessen Abschwächung oder Selbstbegrenzung (negative Rückkopplung). In der Geoökologie bedingen Rückkopplungen bei statischen Zuständen Stabilität, bei dynamischen Entwicklungen Verstärkungen oder Abschwächungen eines Prozesses.

Sahelzone (S. 86)
Unter Sahelzone (auch Sahel) versteht man die in etwa breitenkreisparallele Übergangszone zwischen Sahara und der Trockensavanne des subsaharischen Afrikas.

Solarstrahlung (S. 144)
von der Sonne ausgehende elektromagnetische Strahlung (auch Sonnenstrahlung)

Sparquote (S. 10)
Unter der Sparquote versteht man volkswirtschaftlich den Anteil des monatlich/jährlich Ersparten am Einkommen.

Stockwerkbau (S. 56)
Die natürliche Vegetationsvergesellschaftung des tropischen Regenwaldes gliedert sich in verschiedene „Etagen" mit ganz spezifischen Vegetationsformen (Krautschicht, Strauchschicht, untere Baumschicht, obere Baumschicht, Urwaldriesen).

Subduktion (S. 78)
Vorgang, bei dem ozeanische Lithosphäre am Rand einer tektonischen Platte in den Erdmantel abtaucht, während dieser Plattenrand gleichzeitig von einer anderen, angrenzenden Lithosphärenplatte überfahren wird.

Sukkulenten (S. 39)
Sukkulenten (lat. sucus für Saft) sind Pflanzenformationen, die an Wassermangel angepasst sind. Man unterscheidet Blatt-, Stamm- und Wurzelsukkulenten. Kakteen stellen die bekanntesten Vertreter der sukkulenten Pflanzen dar.

Tagestemperaturamplitude (S. 28)
Unterschiedsbetrag in Grad Celsius/Kelvin oder Fahrenheit zwischen höchster und tiefster gemessener Temperatur an einem Tag

Tageszeitenklima (S. 25)
Klima, das viel stärker durch die Tagesschwankungen der Temperatur geprägt ist als durch deren jahreszeitliche Schwankungen

thermohaline Zirkulation (S. 148)
Unter thermohaliner Zirkulation im weiteren Sinn versteht man eine Kombination von Meeresströmungen, die Meeresströmungen mehrerer Ozeane miteinander dreidimensional verbindet. Im engeren Sinn wird meist die Golfströmung verstanden, also die oberflächennahe Meeresströmung zwischen Golf von Mexiko und dem nordöstlichen Atlantik.

Therophyten (S. 39)
Therophyten sind ein- oder zweijährige, krautige Pflanzenarten von kurzer Lebensdauer, die als Samen im Boden überdauern.

Transpiration (S. 37)
Transpiration beschreibt botanisch und klimageographisch die Verdunstung von Wasser von den Pflanzenoberflächen (Blättern, Stielen).

Treibhausgas (S. 144)
Treibhausgase sind klimawirksame Gase in der Atmosphäre, die den natürlichen Treibhauseffekt erst ermöglichen, allerdings diesen auch durch zusätzliche Freisetzung anthropogen verstärken. Wichtige Treibhausgase sind z.B. CO_2 (Kohlenstoffdioxid), CH_4 (Methan), NOx (Stickstoffoxide) und Wasserdampf.

Trockensavanne (S. 36)
Vegetationstyp der Wechselfeuchten Tropen mit fünf bis sieben ariden Monaten und Jahresniederschlagsmengen zwischen 500 und 1 000 mm während einer ausgeprägten Regenzeit

Tropen (S. 24)
Astronomisch abgegrenzt sind die Tropen mit ihren Teilzonen Immerfeuchte Tropen, Wechselfeuchte Tropen und Randtropen die Großklimazone, in der die Sonne überhaupt nur im Zenit stehen kann, also der Bereich zwischen den beiden Wendekreisen. Klimageographisch betrachtet handelt es sich um den Bereich zwischen den beiden subtropisch-randtropischen Hochdruckgürteln der Nord- und Südhemisphäre. Die Tropen zeigen höhere tageszeitliche und geringere jahreszeitliche Temperaturschwankungen (→Tageszeitenklima).

Vulnerabilität (S. 132)
Bei der Erforschung von Entwicklungsdefiziten bezeichnet Vulnerabilität im engeren Sinn das Vorhandensein von Mangelerscheinungen und ungedeckten Grundbedürfnissen, darüber hinaus aber auch einen Zustand der Gesellschaft eines Landes/einer Region, der in besonderer Weise durch Anfälligkeit, Unsicherheit und Schutzlosigkeit gekennzeichnet ist.

Wärmestrahlung (S. 25, 144)
Unter Wärmestrahlung (auch thermische Strahlung genannt) versteht man elektromagnetische Strahlung, die am Ort ihrer Entstehung durch Umwandlung kurzwelliger Solarstrahlungsteile in langwellige Strahlung entsteht.

Wanderfeldbau (S. 114)
Wanderfeldbau wird als eine Art des Ackerbaus in den Tropen und Subtropen verstanden. Dabei werden die Ackerflächen in einem zeitlichen Rotationszyklus mit dem Ziel der Bodenregeneration und der Einhaltung von Brachzeiten rhythmisch verlegt. Werden die neuen Anbauflächen durch Brandrodung gewonnen, so spricht man vom Brandrodungswanderfeldbau.

Wendekreis (S. 24)
Die beiden Wendekreise liegen auf 23,5° nördlicher und südlicher Breite. Sie stellen die Linien dar, bis zu denen im Verlauf eines Jahres der Zenitstand der Sonne reicht.

Wendekreiswüsten (S. 29)
Wendekreiswüsten (z.B. Sahara) entstehen im Bereich der Wendekreise dort, wo Teile der Antipassatluftmassen absteigen, sich dabei erwärmen, zu Wolkenlosigkeit und damit zu hoher Sonneneinstrahlung führen.

Xerophyten (S. 39)
Xerophyten sind Pflanzen, die sich in besonderer Weise an trockene Standorte in Wüsten und Halbwüsten, aber auch in der Tundra angepasst haben.

Zenitalregen (S. 27)
Zenitalregen bezeichnet kurze, äußerst intensive Niederschläge in der inner- und wechselfeuchttropischen Zone, die infolge der Konvektion feuchter Luftmassen im Bereich der ITC fallen.

Zenitstand (S. 24)
Der Zenitstand beschreibt den Sonnenstand direkt über dem Beobachter, d.h. den Einfallswinkel der Sonne von 90°. Am Äquator steht die Sonne zwei Mal im Jahr genau im Zenit, an den Wendekreisen ein Mal im Jahr.

Zweischichttonminerale (S. 35)
Tonminerale sind Schichtsilikate. Die Zweischichttonminerale der inneren Tropen und der Feuchtsavanne besitzen nur eine geringe Austauschfähigkeit für Ionen, welche sich negativ auf die Bodenfruchtbarkeit und Ertragsfähigkeit auswirkt.

Bildquellenverzeichnis

|123RF.com, Hong Kong: Smit, Nico 39.3. |Aktion Deutschland Hilft e.V., Bonn: World Vision/Michael Arunga 103.1. |Alamy Stock Photo, Abingdon/Oxfordshire: Art Directors & TRIP 58.2, 65.1; Boethling, Joerg 100.1; Cecil, Charles O. 84.2; Dickinson, Nigel 114.1; Duby Tal / Albatross 62.1; Godong 90.2; Gross, Marcel 40.2; Hackenberg-Photo-Cologne 61.1; Jake Lyell & Associates 99.3; jbdodane 94.2; Mennig, Don 134.1; Netherlands Defence Ministry 132.5; Price, Norman 144.2; Prisma by Dukas Presseagentur GmbH 112.3; Rottem, Boaz 98.2; Stark, Friedrich 95.1. |Alamy Stock Photo (RMB), Abingdon/Oxfordshire: B.A.E. Inc. 58.1; Boethling, Joerg 97.2; McConnell, Andrew 86.1; PRILL Mediendesign 29.1; Rawles, Simon 85.1; Wilmar Topshots 51.2. |AS+P Albert Speer + Partner GmbH, Frankfurt/M.: Copyright © AS+P Albert Speer + Partner GmbH / Visualisierung: emptyform /tjie 93.2. |Baaske Cartoons, Müllheim: Bengen, Harm 159.1; Liebermann, Erik 16.1. |Bildarchiv Boden-Landwirtschaft-Umwelt, Creglingen: Prof. Dr. Karl Stahr 35.1. |Deutscher Wetterdienst, Offenbach: 142.1. |Diercke Weltatlas digital: 169.1. |dreamstime.com, Brentwood: Zurijeta 8.2. |Eckert-Schweins, Werner, Ingolstadt: 31.1, 168.2. |eoVision, Salzburg: 138.1, 138.2, 168.1; eoVision / GeoEye, 2010, distributed by e-GEOS 59.1. |ESA - European Space Agency, Frascati (Roma): SOHO (ESA & NASA) 146.1. |Evangelisches Werk für Diakonie und Entwicklung e.V. - Brot für die Welt, Berlin: Klaus Pitter 135.2. |Focus Photo- u. Presseagentur GmbH, Hamburg: Maze, Woodfin Camp 120.3; Nahr, Dominic 101.2. |fotolia.com, New York: 44.1, 44.2, 45.1; Radlgruber, Jakob 111.2; Znamenskiy, Oleg 36.2. |Getty Images, München: AFP/PIUS UTOMI EKPEI 94.1; LightRocket/Brazil Photos 119.1; NJIKIZANA, JEKESAI 84.3; Sygma/ COLLART Hervé 121.1; The Washington Post 59.2. |Google Earth: Image (c) 2021 Maxar Technologies 74.1; Image Landsat / Copernicus 28.1, 38.1, 38.2, 38.3, 38.4. |Gottscheber, Pepsch, München: 83.2. |Güttler, Peter - Freier Redaktions-Dienst (GEO), Berlin: 48.1. |Haitzinger, Horst, München: 122.1. |HüttenWerke, Klaus Kühner, Hamburg: 56.2. |ICRISAT, Hyderabad/Telangana: Photography by Bruno Gérard and Philippe Delfosse (ICRISAT) 89.2. |Imago, Berlin: Boethling, Joerg 88.2; Delimont, Danita 137.2; imago stock&people 112.2; imago/Xinhua 88.1; Shotshop 18.1; Ute Grabowsky / photothek 103.2. |Interfoto, München: imagebroker/Tipling, David 27.1. |iStockphoto.com, Calgary: Brasil2 121.2; Casado, Juan Alberto 9.1; Claudiad 90.1; Delpixart 66.1; dennisvdw 80.3; grafxart8888 143.3; IMZILEN, Mohamed 53.2; Joel Carillet 134.2; JohnnyLye 109.1; Juanmonino 127.2; MarcosMartinezSanchez 124.1; MediaProduction 14.1; moralesara 34.2; moronif 3.1, 38.5; Neurobite 111.1; Photo Beto 9.2; PhotoBylove 82.2; PJPhoto69 24.1; Ramdan_Nain 34.1; Roberto A Sanchez 137.3; Rodríguez, Erlantz Pérez 108.2; Shakeel Sha 58.3; Skazzjy 38.7; Starcevic 51.1; stefanofiorentino 50.1; Steidlinger, Andreas 35.3; TommL 8.1; xavierarnau 65.2; xeni4ka 39.2. |Karto-Grafik Heidolph, Dachau: 33.1, 33.2, 42.6, 68.1, 72.1, 73.1, 97.1, 99.1, 99.2, 116.2, 117.1, 117.2, 120.1, 131.1, 132.6, 136.1, 136.3, 137.1, 145.1, 145.2, 146.2, 148.1, 148.2, 148.3, 150.1, 150.2, 156.1. |Kartographie Michael Hermes, Hardegsen Hevensen: 93.3, 168.3, 169.2, 169.3. |Krüger, Fred, Erlangen: 96.1. |Langner & Partner Werbeagentur GmbH, Hemmingen: 21.1. |Marcot, G. Bruce, Portland: Bruce G. Marcot, used by permission 114.2. |mauritius images GmbH, Mittenwald: Timm Humpfer Image Art 135.1. |Mithoff, Stephanie, Ahorn: 26.1, 30.1, 41.1, 43.1, 43.2, 83.1, 113.1, 130.1. |NASA, Washington: 144.1. |NASA - Earth Observatory: 133.4; NASA Earth Observatory images by Joshua Stevens and Jesse Allen, using VIIRS day-night band data from the Suomi National Polar-orbiting Partnership, MODIS data from the Land Atmosphere Near real-time Capability for EOS (LANCE), sea surface temperature data from Coral Reef Watch, and storm track information from Unisys. Story by Adam Voiland. 132.2. |NASA/GSFC Scientific Visualization Studio: 132.1, 132.3, 132.4, 154.2. |OKAPIA KG - Michael Grzimek & Co., Frankfurt/M.: Danita Delimont Agency/Kazlowsk; Steve 154.1. |Panos Pictures, London: Rose, David 89.1. |PantherMedia GmbH (panthermedia.net), München: actionsports 116.1; cifotart 126.2; lazyllama 126.1. |Picture-Alliance GmbH, Frankfurt a.M.: 101.1, 160.1; Adalsteinsson, Egill 149.1; AP Photo 71.1; AP Photo/Curtis, Ben 17.2; AP Photos/Giusti, Carlos 132.7; dpa/Grimm, Horst-Heinz 118.1; dpa/Sator, Christoph 70.3; REUTERS/Zeitoon, Naseem 59.3; WILDLIFE/M.Harvey 120.2; Wildlife/Muller 35.2; ZUMAPRESS.com/Almasri, Karam 50.3; ZUMAPRESS.com/Amra, Ashraf 57.1. |Sahara Conservation Fund, Saint-Maur-Des-Fossés: Newby, John 40.1. |Sammlung Gesellschaft für ökologische Forschung e.V., München: 163.1, 163.2; Sammlung Gesellschaft für ökologische Forschung / Zängl, Wolfgang 143.2. |Schobel, Ingrid, Hannover: 133.1, 133.2, 133.3.

|Shutterstock.com, New York: 2014 Nebojsa Markovic 4.1, 46.1; 2018 Hailu Wudineh TSEGAYE 100.2; 2018 Tayvay 93.1; 2019 Daniela Collins 67.1; 2019 Delpixel 67.3; Alex, Marcelo 109.2; alexilena 136.2; Alfribeiro 128.2; Andrushko, Galyna 39.1; Animaflora PicsStock 158.1; Artemyeva 87.1; astudio 54.2; Belova, Catarina 5.2, 106.1; BOULENGER Xavier 84.1; Brastock 10.1; Caio Pederneiras 125.1; Collins, Daniela 67.2; creativei images 70.1; CRS PHOTO 151.2; de Boer, Dirk M. 115.2; De Jongh Photography 129.2; Dobrot, Dean 50.4; Dorin, Balate 52.2; Dr. Bochynek, Juergen 38.6; Gergely, Janossy 71.2; Graeme Shannon 78.1; Homo Cosmicos 82.1; KajzrPhotography 53.1; kavram 80.1; Kraft, Jess 113.2, 129.1; Majonit 56.1; Marianoblanco 54.3; Martchan 49.1, 57.2; Medvedev, Anton 98.1; MielnickiStudio 49.2; MT Exposures Titel; Mueller, Christian 52.1; Nazzu 36.1; NicoElNino 130.2; Othman, Ehab 70.2; Photofex_AUT 37.2; Pool, Bob 137.4; Pursche, Torsten 55.1, 55.2; Rifas, Mohammed 50.2; Rizzi, Lucas 127.1; Schnaider, Tarcisio 124.2; Skibinski, Przemyslaw 37.1; Sohm, Joseph 5.1, 76.1; Spencer, Adam 112.1; Tarras, Teo 54.1; UfaBizPhoto 17.1; urlaubsreise.blog 128.1; VanderWolf Images 52.3; Znamenskiy, Oleg 80.2. |Space Science and Engineering Center (SSEC), University of Wisconsin-Madison, Madison, WI: 42.1, 42.2, 42.3, 42.4, 42.5. |stock.adobe.com, Dublin: Bayer, Tom 151.1; Elenarts 147.1; Opaska, Pawel 108.1; Pictures news 53.3. |ullstein bild, Berlin: CARO/Göttlicher 118.2; Lineair 87.2. |United Nations: https://www.un.org/sustainabledevelopment/ „The content of this publication has not been approved by the United Nations and does not reflect the views of the United Nations or its officials or Member States“ 15.1. |Visum Foto GmbH, München: plus 49 / panos pictures 115.1; Steinmetz, Marc 143.1.

Alpen
4807 Mt. Blanc
Schwarzes Meer
Kaukasus
5642
Kaspisches Meer
Pamir
7495
Mittelmeer
Straße
Gibraltar
Algier
Kap
2328
Tunis
Rabat
Casablanca
Atlasgebirge
Tinerhir
Marrakech
Tubkal 4167
Ait Benhaddou
Wadi Draa
Oase Ouargla
Oase Douz
Kleine Syrte
Tripolis
Große Syrte
Große Sandwüste
Igidi
Schesch
Sahara
Ahaggar
Tahat 3003
Fessan
Adrar der 890
Aïr 1900
Tibesti 3415
Tschad-becken
Tschadsee
240
1735
Djebel Uweinat 1934
1310 Ennedi
Djebel 3088
Libysche Wüste
Alexandria
Gizeh
Kairo
23
2637
Nil
Assuan
94
Nassersee
Nubien
350
Atbara
Khartum
380
Blauer Nil
Weißer Nil
Kordofan
Abéché
Nyala
Bahr el-Arab
Bahr Salamat
Schari
Ndéle
Istanbul
Ankara
Bursa
İzmir
Taurus
Adana
Jerewan
Ararat 5137
Tiflis
Täbris
Tigris
Euphrat
Mesopotamien
Mossul
Erbil
Bagdad
Teheran
Elburs
5604
Meschhed
Hindukusch
Kabul
Peshawar
4148
Hilmend
Isfahan
Hochland von Iran
Schiras
4042
Mekran
Karachi
Aleppo
Beirut
Damaskus
Zaatari
Amman
Tel Aviv-Jaffa
Gaza
-401
Wadi as-Shirhan
Kuwait
Persischer Golf
Riad
Dubai
Golf von Oman
3018
Ras el-Had
Arabien
Große Arabische Wüste
Arabisches Meer
Rotes Meer
Djidda
Mekka
Sana
3760
Golf von Aden
Sokotra
Kap Guardafui
Dschibuti
-173
116
Assalsee
Ras Daschan 4550
Hochland von Äthiopien
Addis-Abeba
4307
Horn von Afrika
Somalihalbinsel
Mogadischu
Turkanasee
375
Juba
460
Asandeschwelle
Schwelle
Senegal
Dakar
Timbuktu
271
Niger
Bani
332
Niamey
180
Volta
Oberguineaschwelle
Conakry
Freetown
1752
Monrovia
Abidjan
Accra
Ibadan
Lagos
Niger-delta
Benue
Adamaoua
Kamerunberg 4070
Douala
Jaunde
Bouar
Bioko
Golf von Guinea
São Tomé
Ascension
Niederguineaschwelle
Uëlle
Ubangi
Kongo (Zaire)
Kisangani
Aruwimi
Mbandaka
Kongobecken
340
Kasai
Brazzaville
Kinshasa
281
Kuango
Luanda
Mbuji-Mayi
Lualaba
Mweru-see
Lubumbashi
Zentralafrikan.
Kampala
5109
Ruwenzori
1134
Victoriasee
773
Tanganjikasee
3175
Ostafrikanisches Seenhochland
Mt. Kenia 5199
Nairobi
Kilimandscharo 5895
Sansibar
Daressalam
Seychellen
Amiranten
Aldabra
Agalega-Inseln
8
60
48
50
49
69
71
58
64
51
101
81
52
56
57
76
86
54
85
93
95
17
32
26
40
9
78
82